U0214099

数字盆地
——石油地质信息化架构与实践

孙旭东　毛小平　著

科学出版社

北京

内 容 简 介

数字盆地作为信息技术与地质科学的交叉学科，是含油气盆地信息化解决方案的总称，泛指以石油地质研究为核心的油气勘探全过程信息化支撑体系，近年来在高效勘探的推动下其重要性日益凸显。

作为数字盆地技术体系探索与实践应用的成果。本书阐述数字盆地的层次架构和关键技术，指出数字盆地是以石油地质理论作为灵魂，通过将地质调查、物化探、探井与实验分析等技术成果形成系统的数据重组，通过三维地质模型的构建和系统的软件框架设计来实现盆地模拟与含油气系统评估，进而形成与地质理论和地质专家有机结合的技术体系及支撑平台。本书针对上述的各技术环节给出实现的原则、方法和具体的技术实践案例，既为信息技术人员提供行业问题的解决方案，也为行业内外的技术爱好者学习相关理论提供理论与参考。

图书在版编目（CIP）数据

数字盆地：石油地质信息化架构与实践/孙旭东，毛小平著. —北京：科学出版社，2017.7

ISBN 978-7-03-052858-2

Ⅰ . ①数⋯ Ⅱ . ①孙⋯ ②毛⋯ Ⅲ . 石油天然气地质–信息化① Ⅳ . ①P618.130.2-39

中国版本图书馆 CIP 数据核字（2017）第 110695 号

责任编辑：王腾飞 沈 旭 冯 钊／责任校对：贾娜娜
责任印制：张 倩／封面设计：许 瑞

科学出版社 出版

北京东黄城根北街 16 号
邮政编码：100717
http://www.sciencep.com

中国科学院印刷厂 印刷

科学出版社发行 各地新华书店经销

＊

2017 年 7 月第 一 版 开本：720×1000 1/16
2017 年 7 月第一次印刷 印张：22
字数：444 000

定价：198.00 元

（如有印装质量问题，我社负责调换）

序 一

近年来，全球的油气勘探工作在新技术新方法的推动下，从地质理论到勘探实践都取得了一系列重大进展。特别是信息技术，在基础数据库建设、地质成图技术发展、决策支持平台软件研发等方面进展尤为突出，对油气地质综合水平的提升和油气勘探的重大突破提供了重要的技术支撑。

当前，许多油公司、石油技术服务公司和地质研究机构都在数字油田、数字凹陷和数字盆地的建设上做了诸多有益的尝试，收到了明显的效果。但油气勘探工作要真正实现从数字盆地到智慧勘探，做到多学科综合、多技术协同以及相互渗透还有相当的距离，地质评价技术与信息技术的融合还有相当的差距。我们面临的问题是如何构建务实、有效的勘探信息技术，从而为油气勘探研究建立一个系统的勘探信息支撑体系，实现从勘探规划、地质综合研究和评价到勘探决策的数字化、自动化和智能化。在《数字盆地》这本书里，就探讨了这样一个解决方案和更好地实现两化融合的技术途径。

该书作者长期从事油气勘探信息化研究与管理工作，先后承担过 863 计划、油气重大专项、中国石油化工集团公司和胜利油田的相关科研课题，并担任首席技术员，被誉为数字油田技术专家，具有较高的油气勘探软件研发和大型数据库架构设计的能力。作者结合长期的勘探数据库与专业软件架构设计的经验，充分借鉴国际油气勘探信息化的理念和技术，针对我国油气勘探的特点和现状，系统分析了我国勘探信息化工作的数据流程、业务流程和业务模式，进一步提出了勘探信息化的技术框架、全面解决方案和数字盆地技术体系。与国际油公司与石油技术服务公司的信息战略不同的是，该书理性地对比了中外地质研究工作的业务流程与组织管理特点，提出数据、知识、架构、模型和应用的多层数字盆地架构体系，在此基础上提出了"微循环"和"系统工程"的信息化建设路线，从数据模型、软件框架、地质建模和模拟评价等方法技术来构建数字盆地的业务环节，同时结合专家智慧探讨了集"系统-专家-业务"一体的数字盆地智能化发展方向，为我们展现了一个技术可行、内容丰富而目标务实的数字盆地建设远景。

虽然这是一本关于信息化（软件）技术的书，但却是一本地质人员能够读懂的书。孙旭东博士的这本专著通过"数字盆地"这个信息化理论的提出，将先进的企业软件架构技术与国内地质理论发展现状相结合，为地质认识和评价提升认知方法、改进认知模式提出了一个直观而量化的平台。《数字盆地》中这一架构体系的提出，不仅为信息人员提供一个清晰的战略实施路线，也为地质人员提供一个先进工具和工作模式的蓝图，将充分提升地质行业的信息化和数字化水平，促进地质理论的深入发展。

　　这是一部精品力作，值得推荐。

高瑞祺

2017 年 2 月

序　二

中国的数字油田研究与建设长久以来都进行得红红火火，也取得了很大的成就。但是长期以来，人们都偏重于对油田数据进行数字化与管理建设，包括智能油田建设的研究与实践。而数字油田油气藏研究与建设一直处于边缘状态和游离状态，探索与研究以及成果甚少。

今天我收到了中国石油化工股份有限公司石油工程技术研究院的孙旭东专家的《数字盆地》书稿，非常高兴，他的这一研究与成果可以弥补我国这么多年以来数字油田研究的一个不足或者空缺。盆地既是油气生成与储存的重要地质单元，也是寻找油气资源重要的勘探单元，还是油气开发生产的实际单元，因为油气的形成、存储与勘探、开发、生产都是在盆地中进行的。数字盆地是将含油气盆地全面数字化，而数字化了的盆地就会形成数字化的条件，这样在盆地数字化的条件下人们才能利用最先进的信息技术、数字化技术和数据技术等，同传统的含油气系统盆地理论与技术结合，与传统的勘探技术、油气开发技术、油气地质研究技术、油气生产技术以及油藏工程技术融合，创新形成先进的数字盆地技术，这样就可以实施对盆地的数字化研究与开发。

旭东专家是数字油田学界一位年轻的老兵。说年轻，是年龄小，说老兵，是因为他在数字油田领域的影响力很大。我和旭东专家相识，是在 2008 年国家 863 计划重点项目"数字油气田关键技术研究"的课题评审中，他是这个重大项目的研究人员，也是该项目的课题负责人，而我是课题立项评委之一。在三年多的课题研究中，我再次有缘作为这一课题的监督检查评委，见证了旭东专家带领队伍凝心聚力，攻破了各个难关，取得了很好的成果。他是一位思想敏锐、勤奋学习、善于钻研的人，对每一个问题和细节都不放过，每次评审会，无论会上会下都要学习、落实、精益求精。同时，我们在全国的各种会议上都能见到他的身影，不断地学习与追求新知识和新方法，也常常给我们带来新技术和新思路。

数字盆地研究是一个很好的方向。之所以数字盆地和数字油气藏在数字油田研究中缺位或不足，其中一个重要的原因是难。难就难在含油气盆地研究牵扯到庞大的地质体系，特别是对于深埋地下数千米的地质构造、圈闭和油气目标，人们是无法看到、听到和嗅到，需要研究人员具备非常好的圈闭与油气藏分析方法；难就难在地下数千米深的地方我们无法用类似于在地面设施或油井抽油机上安装很多的装备、仪表及传感器进行检测与监控；难就难在对圈闭和油气藏的决策，需要动用很多领域的专业人员针对多领域业务、多源异构数据和多种行业技术展开协同研究，而由于岗位多、部门多、数据多很难做到协同。多少年来人们没有太好的办法实现这一协同与融合。

旭东专家先后研究了数年，写作用了 3 年。这是长期积累与刻苦钻研的结果，是他不断学习地质、油藏知识与拥有的 IT 技术融合的结晶。他的努力令人感动，也值得我们学习。在书中对数字盆地理念、数字盆地理论的形成，数字盆地建设内容、数字盆地架构与设计，对数字盆地实践等都做了很好的探讨与研究，也对数字油田的相关理论、技术与问题做了较为深入的探索，特别是完整地论述了数字盆地技术框架和实践方法，是一部数字油田领域难得的研究成果。

我特别期待着旭东同志的《数字盆地》专著早日出版，也希望我们数字油田研究百花齐放，在《数字盆地》之后还有更多的专著与研究成果问世。

长安大学数字油田研究所　高志亮

2017 年 2 月

序　三

数字油田需要情怀。

或者说，数字油田本身就是一种情怀。当然这并不否认数字油田是技术，是管理，是系统，是目标。数字盆地也一样。

我与旭东能讨论的东西大概集中在情怀方面。因为我更多地考虑的是横向的油田信息化的整体问题，而旭东更多地关注勘探领域，特别是盆地这个地质实体，或者说盆地级这个数字化实体。

无论从哪方面讲，旭东与我，相互都是交流最多的对象之一，一是我早年从事物探的经历能够较好地理解旭东的思想和他要干的事；二是也许我们都有那种"不问前程，脚踏实地，永不停息，坚持前行"的"拧"劲吧。当然，也有个人品性的共鸣。

基于共同的情怀，注定使我们成为同行的伙伴，有共同的使命。我与旭东，"同"是基本的，但我今天想说我们的"不同"。

我想在这里讲两个意思：《数字盆地》发展了数字油田的理论和实践，是数字油田学术研究的重大进展；我与作者存在不同观点，但我们相互尊重。

（一）《数字盆地》是一部"马鞍上的著作"

就像杰斐逊在马背上起草了《美国独立宣言》，就像袁宏的倚马雄笔，作者是一直战斗在第一线的石油勘探工作者，同时还是一名信息化工作者。他既是一名战士，也是指挥员和参谋员，还是领导他的整个团队的系统吸引子。这些决定了《数字盆地》落地扎根、两化深度融合的特点。

这本书首次从信息化的角度清晰界定了数字盆地到底是什么，也回答了应该怎么建和向哪里发展的问题。

在数字油田概念被首次提出后，在大庆油田所做的第一次描述中就把数字盆地放在了首位，其重要地位可想而知。数字盆地是数字油田最重要的组成部分，这早已是共识。然而，一直没有一个被大家广泛认可的定义和内容范畴可以赋予"数字盆地"这四个字。今天，《数字盆地》这本书应该是做到了。

更重要的是，这本书也是作者长期在石油勘探领域实践的深入思考和全面总结，给出了实现数字盆地的路线图，描绘了更加清晰、更加美好、更加可实现的远景。同时，本书提供了具体的、具有较大参考价值的实例。

总之，作者为数字盆地建设开出了他的药方，已有的案例已经证明其良好的疗效，相信可以在整个数字油田界产生更为广泛的作用和深远的影响。

（二）差异是数字油田和数字盆地创新发展的原动力

子曰："君子和而不同。"

我们没有必要去做那个可能很迂腐的"君子"，但我们必须重视数字油田建设的"和谐"，因为只有差异才能带来有序，只有有序才能和谐。这是普利高津的耗散结构理论的核心观点，也是数字油田的"大系统观"。

站在自己的专业角度，遵循自己的系统使命，唱出自己的和弦声部，发挥自己的独特作用，才是对数字油田事业和业界同仁最崇高的尊重。

旭东在邀请我写这个序言的时候，特意发给了我一些总结性的东西。我说我要写自己的东西，我不按一般套路出牌。他闻听后很兴奋。这可能就是我和他最大的共性，也可能就是情怀的一部分。

在《数字盆地》撰写的过程中，旭东一直保持和我的沟通，我提过一些零散的意见。书稿基本成型之后，旭东特意发给我征求总体意见。我利用一个周末的时间，仔细阅读了全书，总体感觉很好，令人振奋。但是，基于我们长期坚持的"存同求异"的系统思维习惯，我还是着重表达了我的不同意见：

第一，我认为作者在有意回避大数据、云计算、物联网、移动计算等他可能认为不太落地的技术思潮。

第二，我认为应该更多地站在信息化的角度对地质勘探等油田核心专业人员施加影响，让他们更懂信息化，更支持数字油田和数字盆地建设，并更深入地参与进来。

第三，我认为可以在经济、社会以及系统论和哲学层面更广泛地论述数字盆地的意义、作用和深远影响。

我们再一次达成"存同求异"的一致。这也许就是大系统观的一种最佳体现，也是最宝贵的思想财富。

数字油田、数字盆地都是系统工程。

这不是说说而已，希望这本书不仅能具体地指导数字盆地的建设，也能进一步强化我们的系统思维能力。

与其说这是"序"，毋宁说是"读后感"。也许读者看完全书再来看这个序更合适。

感谢旭东和他团队的朋友们为数字盆地和数字油田建设所做的勇敢探索和不懈努力。

王　权

2017 年 3 月 20 日

于大庆油田

前　　言

　　油气勘探，是指为了识别有利勘探区域，探明油气储量而进行的地质调查、地球物理勘探、钻探及相关活动。油气勘探是以石油地质理论为核心，以勘探程序为工作流程，以地质调查、分析化验和物化探技术为手段，以寻找勘探目标和油气储量为目标的一个综合地质研究过程，其本质是地质信息获取与知识的产生过程。

　　作为地质学的重要分支和油气勘探核心的石油地质学是研究石油和天然气在地壳中生成、运移和聚集规律的学科，是石油和天然气地质学的简称。大量的勘探和开采实践积累了很多有关油气生成、运移和聚集规律的知识，逐渐形成了这门学科，包括油气田地质学、调查和勘探油气的各种地质学、地球物理学和地球化学的原理和方法以及油气田开发的地质学原理和工艺技术等内容。

　　"数字盆地"本质是为石油地质研究建立一个信息化认知体系，从而辅助行业专家精确有效地分析勘探目标。石油地质学是一个高度技术与抽象化的科技领域，对其研究总是以最新的技术作为辅助，而数字盆地这一概念的来源，就是依靠数据库、软件、模型和算法等信息技术对其地质理论和研究方法进行提升的一系列技术的综合。尤其在现今阶段，如何充分而有效地利用信息技术的突破性进展，促使其与现有地质理论与方法研究充分融合，已经成为数字盆地的发展方向，也是促进油气勘探工作智能化提升的重要手段。

　　进入 21 世纪以来，随着以互联网为代表的信息化技术的迅猛发展，国外石油地质研究领域一方面不断丰富和细化地质理论，一方面借助信息技术的技术革新，建立了基于物探、探井和地质研究技术的数据模型和商业化软件体系，形成了针对数字盆地的系统化与立体化的解决方案，逐步占据了油气勘探的前沿技术与商业市场的制高点。然而，国内石油地质信息化技术，研究虽然从早期的盆地模拟、含油气系统模拟到数据库技术、专业软件研发技术都取得了大量的基础理论和专项技术的突破，但在信息时代却发展缓慢，不仅地质勘探的信息化技术出现了理论研究乏力与数据支撑不足的问题，其专业化软件工具受限于基础数据与业务水平的不足而长期原地踏步，不能形成基于当前地质理论和研究模式的商业化软件工具，严重制约了油气勘探领域理论与方法的发展。出现这种问题的最重要原因可以归结为两点，第一，软件研发逐渐成为一项复杂的系统工程，从底层数据模型到数据交换、软件框架、地质建模、二维三维图形技术到行业主题功能定制，每一部分都是复杂的技术和巨大的工作量，这是个人或小型研发团队难以突破的技术壁垒；第二，理论与工具、地质与信息、行业与技术的严重脱离，没有形成基于行业特色算法与技术的系统性整合，这种独立和分散的技术体系已经成为国内油气勘探的信息化乃至整体数字油田建设的巨大障碍。

基于以上两点认识，本书作者认为有必要针对国内油气勘探地质研究和勘探项目管理现状，通过油气勘探的信息化基础平台——"数字盆地"的技术体系研究，来探索一条系统的、实用的勘探信息化解决方案和实施方法，通过基于地质模型的认知模式的建立，形成油气勘探理论和实践发展的高速公路，提升量化研究、协同研究和智能化水平，最终逐步形成科学勘探、高效勘探的工作模式。

"数字盆地"的本质是为油气地质勘探建立一个信息化的认知体系，辅助行业专家精确有效地分析勘探目标。本书从油气勘探业务流程、技术方法和管理模式剖析入手，将数据模型设计、软件架构、知识体系等关键信息技术分析作为基础，详细剖析以地质学理论为核心的"勘探系统"与"勘探程序"，提出面向业务体系特点的数字盆地理论体系与建设方法，这包括："针对石油地质数据特点的数据模型和领域模型设计""针对大规模油气地质研究工作的企业级软件架构设计与建设方法""基于业务体系、数据体系与软件功能特点的知识描述技术""基于地质研究科学体系的地质动静态建模技术""基于地质建模的成藏模拟与评价技术"等内容。最后，本书基于这一数字盆地理论体系，通过"自动化快速成藏模拟""CSI 综合工作法""地质综合研讨厅"等解决方案，阐述数字盆地技术体系在油气勘探中的重要技术支撑作用，同时，针对油气勘探的智能化和智慧化趋势提出个人的理解和展望。

国际油公司与石油技术服务公司的先进技术和成功经验需要借鉴，但更值得学习的是其丰富技术体系之下的信息发展战略、设计思想和建设方法。本书突出国内石油地质研究的方法和流程特点，充分借鉴国际石油勘探信息化工作的系统性和逻辑性优点，从油气勘探的核心——石油地质学的信息化，即从数字盆地的业务核心理论入手，通过分析国内外信息技术体系的优劣和差异，从数据模型、软件框架、地质建模和模拟评价等方法技术来构建数字盆地技术架构。同时，结合专家智慧在数字盆地中的核心定位，探讨一个可行、务实而有效的数字盆地技术框架，进而结合油气勘探工作流程的特点，进一步构思智能勘探的体系结构和技术实现方法。

本书共分为 3 部分针对数字盆地理论展开论述：1～3 章，通过"业务剖析"部分，阐述油气地质勘探的石油地质理论、油气勘探的技术与方法，剖析隐藏在业务之后的数据和信息化支持技术，应用信息化技术对地质研究流程进行解构；4～7 章，围绕"地质信息化技术"，通过国际发展趋势和国内现状分析，构建和设计包括数据模型、业务模型、软件架构、关键工具在内的"数字盆地"方案；8～11 章，充分结合地质理论与地质信息化技术，基于数字盆地的应用架构，搭建"业务应用体系"，重点针对勘探生产中的设计分析、地质研究中的模拟分析和行业管理中的快速决策等领域形成解决方案，将数字盆地的技术实现落实到解决具体业务问题的"智能勘探"中。

油气地质的信息水平提升来自于地质实践与信息技术的充分渗透与深度融合。本书一方面从地质行业角度分析信息化技术的作用，另一方面通过促进两个专业的相互理解与渗透从而促进地质专业与信息专业的深度融合。

首先，本书首先面向石油信息化与软件研发者们，以帮助理解专业领域的理论框架和工作方法，促进对油气地质研究行业的学习、理解和融入，明确地质研究行业的信息化需求和发展趋势，理解专业化软件研发中复杂的架构、层次和技术体系，从而促进面向油气地质研究的软件架构与支撑体系构建；其次，本书提供给地质研究专家与业务过程管理者，提供对当前先进地质信息技术的学习，拓展信息技术应用的视野，通过从信息专业角度剖析地质研究的业务体系，辅助业务专家充分应用信息技术手段，提升行业的研究与管理水平；最后，本书给地质信息化领域的管理决策人员提供一个了解国际上信息技术与地质技术结合的基础概念、关键技术和发展趋势的平台，辅助管理层做出科学的、务实的、可行的行业信息化规划和解决方案。本书的完成来自作者多年来于国家高技术研究发展计划（863 计划）、重大专项等科研项目及中国石油化工集团公司科研与信息投资项目的建设经验，也来自长期与哈里伯顿、兰德马克、贝克休斯等国际石油信息技术服务公司的深入学习和密切交流，更是来自长期奋战在研发一线的架构设计与管理经验以及在此基础上的深刻思考与总结升华。

本书由孙旭东与毛小平合作完成，作为信息化和石油地质领域的研究人员，在本书的撰写过程中引用了大量个人的研究成果，同时参考了很多学者的文献，对此表示衷心的感谢！如有疏漏和不足，还请不吝指出，我们将在第一时间补充并致谢。由于作者水平所限，较多的理论、设计和实现方法存在一定的不确定性与风险性，真诚的希望借此交流机会，获得专家与朋友们的建议和指导！

孔旭东　毛小平

2016 年 5 月

目　　录

第1章 绪　　论

1.1　数字油田与智能油田

数字盆地作为数字含油气盆地信息化解决方案的总称，泛指以石油地质研究为核心的油气勘探全过程信息化支撑体系，其发展源于数字油田技术与石油地质理论两个方向上的不断延伸、发展和深度融合。

从狭义上看，数字盆地指油气勘探各环节源头与成果数据的归类和管理，通过数据集成和应用集成提供多领域协同研究。从广义上看，数字盆地从狭义所述的基础上延伸到了知识管理、地质模型、成藏模拟评价等技术与方法的综合。但无论哪一种范畴，数字盆地都是以石油地质理论作为其灵魂。基于这一核心，数字盆地理论通过将地质调查、地质物化探、探井与实验分析等技术成果形成系统的重组数据，通过三维地质模型的构建和软件体系设计来实现盆地模拟与含油气系统评价，进而形成与地质理论及地质专家有机结合的技术体系和支撑平台。

1.1.1　数字油田理论体系发展

信息时代的油田建设发展与核心竞争力打造离不开蓬勃发展的数字油田技术。作为两化融合的重要领域，"数字油田"作为与油田勘探开发结合的信息技术，正是探讨信息化技术深度融合行业并促进其发展的有效手段。

国内数字油田的概念来源于数字地球，在 1999 年年末由大庆油田提出。随后，王权研究生论文中对此进行了较为详细的论述，将数字油田整理为广义的数字油田和狭义的数字油田。王权（2003）认为，"从广义角度看，数字油田是全面信息化的油田，即指以信息技术为手段全面实现油田实体和企业的数字化、网络化、智能化和可视化；从狭义角度看，数字油田是一个以数字地球为技术导向、以油田实体为对象、以地理空间坐标为依据，具有多分辨、海量数据和多种数据融合、可用多媒体和虚拟技术进行多维表达，具有空间化、数字化、网络化、智能化和可视化特征的技术系统，即一个以数字地球技术为主干，实现油田实体全面信息化的技术系统"。

到目前为止，尤其在中国石油天然气集团公司与中国石油化工集团公司的大庆油田、新疆油田、胜利油田以及大学科研部门的共同推动下，数字油田的概念自从1999 年在大庆油田诞生以来已经具有了很大的发展。在数字油田的构想之初，它的概念还比较模糊，各方面的专家和学者已经为数字油田做出了很多定义。虽然这些定义出发点不同、表述不一、内容亦有所差别，但是都对数字油田的概念进行了细化和扩展。总体来说，大部分专家和学者都侧重于数字油田的技术含义，即仿照在美国马里兰大学数字地球研讨会上广泛传播的数字地球而定义的数字油田。

在国内以大庆油田为代表的很多油田同时兼顾了数字油田在管理方面的内涵。数字油田不仅是技术目标，更是管理目标——油田总体发展战略的一部分。在广义数字油田的内涵中包括了以下几方面的含义：

（1）数字油田是数字地球模型在油田的具体应用。

（2）数字油田是油田自然状态的数字化信息虚拟体。

（3）数字油田是油田应用系统的集成体。

（4）数字油田是企业的数字化模型。

（5）数字油田是数字化的企业实体。

（6）数字油田的能动者是数字化的人。

为了对比不同专家与学者对数字油田的观点，可粗略地把各种观点划分为若干派别（图1-1）：①企业再造流派，数字油田是数字化的油田企业，强调信息技术在油田全面的、深层次的应用，兼顾各个流派的数字油田技术功能和对企业实体的改造作用，重视资源的重整与优化，突出数字油田的战略意义；②信息管理流派，数字油田是企业的神经系统，强调信息流、业务流、知识管理、系统工作环境和决策支持；③工程应用流派，数字油田是油田专业应用系统的集成体，强调应用系统的整合、数据共享和整体的实用性；④地质模型流派，数字油田是油田地质的数字化模型，强调对地质实体模型的互动性和地质属性的精细度；⑤数字地球流派，数字油田是数字地球的分支，与数字城市、数字农业等同类，强调数字地球和GIS的作用。

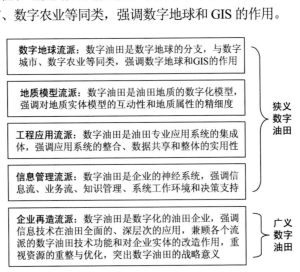

图1-1　狭义数字油田与广义数字油田

在上述的分类中，"企业再造流派"是一种广义数字油田定义的表述，而"信息管理流派""工程应用流派""地质模型流派""数字地球流派"四种流派都是一种狭义的数字油田表述。同时，由于出发点不同，不同流派学者主张不同的数字油田模式。这种划分方法不一定准确，只是为了更清晰地显示各种数字油田内涵的差别。各个流派的出发点和侧重点虽然不同，但随着研究与应用的深入，数字油田的内涵将逐步走向统一。

中国石油天然气集团公司新疆油田总结了数字油田的概念与实施情况，将数字油田的概念归结为四个特点（陈新发等，2013）：

（1）数据中心建设是数字油田的核心任务之一。

（2）数字油田以地理空间信息建设为基础，并融合多种学科和技术。

（3）数字油田是多学科综合集成的油田信息系统，包括纵向一体化和横向一体化。

（4）数字油田实质是对真实油田整体及其相关现象的统一性认识与数字化再现，是一个信息化的油田。

基于上述的四个特点，不同流派仅仅是从不同维度来解读和实践数字油田。何生厚等（2005）提出了基于二维 GIS 平台的数字油田理论体系，提出数字油田是建立在数字油田框架之下的在线油田空间信息服务；而陈强等（2002）提出了基于地球物理专业角度的数字油田定义，即"数字油田是数字地球在石油勘探开发中的直接应用"，是"把复杂的地表三维地形和地下地质情况经过地球物理成像转化成动态可视和可交互的三维图像"；李剑锋等（2006）针对数字油田提出了系统的数字油田概念，从数字油田的信息系统架构、业务体系、数据库、虚拟现实与网络、信息安全技术和油田经营管理多个层次描述了数字油田概念体系；新疆油田作为数字油田理论的完善者和重要实践者，不仅提出了完整的数字油田概念，指出了数字油田目前朝着数据高精度和高密度、数据范围的业务化、数据管理水平提升和应用软件的服务化的技术发展方向，更是提出了数字油田的智能化发展方向，即智能油田的理论体系，即油田四个高层次的发展方向：①数据资源的价值利用将进一步深入；②数据管理将逐步上升到知识管理的层次；③工作模式也将逐步实现协同工作的普及化；④虚拟现实技术得到广泛的应用。

自 2006 年始，长安大学高志亮教授从数字油田的概念体系出发针对各家的数字油田理论进行了总结和提升。2009 年以来，高教授引领长安大学数字油田研究所，通过《数字油田在中国》系列专著，有序地阐述了数字油田的概念、业务体系、信息技术、理论发展路线合格建设效果评价方法，针对数字油田从总体架构、数据集成、物联网和应用软件展开的研发和实践，有重点地突出了数字油田建设中"服务勘探开发"核心业务的重要理念。《数字油田在中国》系列图书的出版是中国"数字油田"理论发展的一个标志性事件，其重要意义在于梳理和规范了数字油田建设过程中的理论和技术路线，即数字转化为数据，数据转化为信息，信息转化为知识，知识转化为智慧。这也是长安大学数字油田研究所定义的数字油田的核心理念。可以说，正是这套丛书的出版标志着国内数字油田理论体系正式确立，也标志着中国数字油田建设有了实践的方法论，有了其独有的特色。

近年来，随着油田勘探开发数据应用和大数据分析技术的发展，高志亮等（2016）提出，数字油田以数据采集、数据管理和数据应用技术体系作为基础，其"不仅仅是企业的信息化，而是油田企业发展的新理念，其本质上就是数字化的思维和思想方法。"数字化的油田可以完成将数字转化成数据，将数据转化成信息，从而在油田生产作业过程中依靠数据分析，实现远程的指挥调动和控制，提高工作效率的目的。这也是"让数字说话，听数字指挥"（长庆油田）建设思想的根本，更重要的是"在油气勘探开发中依靠数据完成各种地质图件，建立地质与油藏模型，将数据转化为油藏信息，从而发现和寻找油气资源，提高采收率，实现油气藏的科学决策。"这一针对数字油田建设内容的表述，有效地突出了数字油田针对"油气藏"这一油气业务概念的重视，突出了以油气藏概念为核心的业务体系划分，进而展开油田的数据集成与软件集成建设的发展路线，使得多年的数字油田的理论争论能够走上信息与行业理论相融合的路线上来。

1.1.2　国内外油田信息化实践

实际上，在数字油田概念出现之前，油田的信息化工作已经如火如荼地开展起来。自 20 世纪 80 年代以来，计算机与数据库技术已经广泛应用在石油勘探开发的各个环节，包括野外物探采集技术、地震资料的处理与解释、探井物化探探测技术、油藏地质评价与施工参数优化、计算机信息管理等方面。随着油气田数据库技术与软件研发技术的提出，计算机与软件技术开始应用在勘探开发核心业务、生产经营、企业管理等方方面面。

1. 石油数据模型及资产化建设实践

国际上油气勘探开发领域使用得较多的数据模型是 POSC（petrotechnical open standards consortium）和 PPDM（public petroleum data model）两种。国外开展信息集成平台建设得较多的是兰德马克绘图国际公司（Landmark Graphics Corp.）、斯伦贝谢公司（Schlumberger）等。

目前，国内石油公司常见的数据模型建设方式是结合国内油田勘探开发信息化建设的实际需要，引用和借鉴国外的石油勘探开发信息标准（POSC、PPDM），基于标准的建模思想和方法，在业务过程分析、概念模型和物理模型三个方面形成符合油田生产管理需求的数据库标准应用模型，在概念层次上兼容 PPDM 标准。

石油行业信息资源的内容向综合型发展，变得越来越多元化。许多国家（如俄罗斯、英国、挪威、美国、印度尼西亚等）建立了国家石油数据仓储（national petroleum data repositories），把数据作为资产来管理，并维护数据的高质量、可跟踪性、完整性和安全性。不断延伸数据使用的深度和广度是石油公司信息技术应用的突出特点之一。

2. 石油软件的数据集成与应用集成

从 20 世纪 90 年代开始，在国内大力发展信息管理系统的同时，国际石油公司已经形成了以勘探开发为核心的专业软件体系，并且为了保证各个专业软件体系能够共享数据、沟通流程，由英国石油公司、雪佛龙、埃尔夫阿奎坦集团公司、埃克森美孚公司和德士古公司等石油公司发起并成立了石油技术开放标准联盟（Petrotechnical Open Standards Consortium，POSC），用以解决大量勘探开发软件的数据集成与软件集成的问题。这也是国际油公司和油气技术服务公司进行系统化和一体化数字油田建设的开始，从那时开始，国际油公司的数字油田建设自始至终就是围绕一个核心：“油气勘探开发的数据与应用集成”。这种高度的目标导向，保证了国际油公司在数字油田的建设中能够时刻把握油田信息化建设的业务需求核心，保证所有的信息化工作能够充分体现商业利润和业务效益。

3. 知识管理与知识集成

在国际上，另一个更重要的趋势是在数据集成的基础上开始尝试知识管理与知识集成，并利用知识库和知识管理系统为石油行业生产和研究提供智能服务。WesternGeco 利用 Schlumberger InTouch 系统把野外人员与信息、专家、团体、集体经验和学问连接起来。InTouch 服务是知识管理的例子，通过加速知识资产的获取、共享和精炼，改进业务沟通效率。技术中心通过了解变化中的野外和客户需要，实现技术改进和创新。WesternGeco 数据处理与油藏地震服务人员可直接使用过程、最佳实践、技术警报数据库和其他文档。这些信息在所有 WesternGeco 职员中共享，在一个地方发现的解决方案可以由另一个地方使用，无论是处理中心还是地震船、丛林或沙漠中野外队。InTouch 已经在斯伦贝谢公司内部获得认可，是维持其全球一致的高标准服务的关键。

4. 国内油田信息化管理方面具有特色化技术

国内一些规模较大的油气田企业，如大庆油田、胜利油田、塔里木油田和中国石油化工集团公司西南分公司等已在数字油气田领域展开基础信息化建设和相关探索，正在研究和建设勘探开发与生产信息系统或数据中心。例如，胜利油田已形成了以勘探、开发、钻井、地面建设、技术检测等各类专业为代表的综合管理信息系统，同时，形成了以生产管理和各专业科学研究应用为代表的包括勘探、开发、钻井、采油工艺、工程设计以及生产管理等全方位、多角度的自主版权软件体系，在生产科研中发挥了重要的作用，并取得了较大的经济效益。

"十五"期间，新疆（克拉玛依）油田建立了完善的信息化管理体系和一整套信息标准规范，建立了集数据采集、传输、管理与应用为一体的软件体系和稳定、安全、可管理、全覆盖的网络环境，可以快速地查询、调用到自己所需要的数据。一体化的工作平台还使得研究方式发生了一种深刻的变革——科研从多学科串行为主转变为多学科并行互动为主，初步建成了以"克拉玛依油田桌面化"为特征的数字油田，以地震综合解释为主。

塔里木油田通过"数字油田"课题攻关，推进油田的信息化应用水平，建设包括勘探开发数据库在内的一系列应用数据库，解决数据通用问题；生产运行实现细化、优化，实现所有油气井生产运行数据的准确和及时把握，对重点探井、重点工程做到实时了解，逐步实现管网、电网、水网、站库等的系统运行和优化运行。

5. 国内外石油信息化建设对比

总的来看，国内的石油公司在信息资源集成方面，目前其软件系统缺乏统一的数据服务平台和软件集成平台，对核心勘探开发专业性的支持远远不足，造成各软件的数据重复加载、功能重复开发、专业服务能力不足，大型的专业软件工具基本为国际大型油气技术服务公司所垄断。中国石油化石集团经济技术研究院有关学者撰文指出，数字油田已经成为石油企业未来的发展趋势，尤其是业务流程革新、多元异构数据整合以及专业技术软件的开发将在相当长一段时间内困扰数字油田的发展。

国外公司在国内石油业内也开展了信息集成服务平台的建设，虽然理念先进，但大多是功能相对单一的专业应用服务，这是由国际石油技术专业化服务的市场格局所决定的。

1.1.3　数字油田的信息化框架

数字油田的框架结构与数字油田的内涵是密切相关的，所以不同流派的专家学者画出的数字油田架构图也会差别很大。2003 年，大庆油田在《大庆油田有限责任公司数字油田模式与发展战略研究》中提出了数字油田的基本架构——数字油田参考架构模型（digital oilfield reference architecture，DORA），如图1-2所示（王权，2003）。

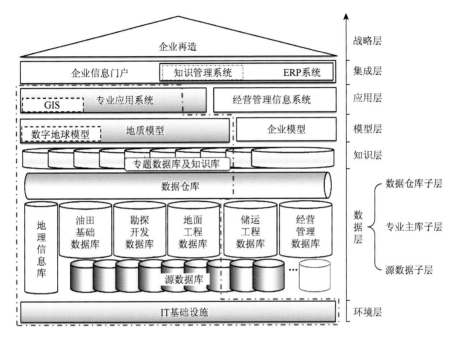

图1-2　数字油田参考架构模型（王权，2003）

可以将广义数字油田的结构划分为环境层、数据层、知识层、模型层、应用层、集成层和战略层七个层次，其中数据层包含源数据子层、专业主库子层和数据仓库子层三个分层次。

1. 环境层

环境层是数字油田的最底层，主要是指信息化基础设施，包括计算机系统、网络、电子邮件等公共系统。它为数字油田提供全方位的信息技术支持。

2. 数据层

数据层处于数字油田结构的底部，为数字油田提供数据支持。数据层的主要内容是各类数据库和非结构化数据体以及组织、管理这些数据的基础平台（数据仓库等）。这些数据是构建油田模型的基础信息，主要包括基础地理信息数据和油田研究、生产、经营管理数据。

数据层被分成三个子层，各个子层的数据由下至上逐渐集中。源数据分布在整个油田的各级单位和岗位，但以基层为主。源数据库系统是数字油田的前端信息采集器和存储器。专业主库是油田工程和管理单元划分的若干类源数据的汇总，可供一定范围内的单位使用，并由他们进行日常管理。数据仓库的作用是完成油田各类数据的整合与调度，它的一个重要部分是元数据库。

3. 知识层

知识层主要包括各类专题数据库（知识库）。专题数据库是指面向不同应用或研究主题的项目数据库或专题数据库。实际上，专题库中的内容在数据层已经存储，设置专题库是为了应用方便和保证数据层的稳定性以及相对独立性。这种双层的数据结构已经被有经验的用户群普遍认可并被实践所证明。

4. 模型层

该层定义油田的地质模型和企业模型。这些模型是在丰富的信息基础（数据层和专题库层）上建立的，通过模型实现数字油田的仿真和互动功能。地质模型以数字地球模型为参考和基础。

5. 应用层

应用层由油田的石油专业和经营管理两方面的各个应用系统组成，解决油田科研、生产、经营管理的实际问题。应用层以软件系统为主，是最复杂的一层。

6. 集成层

在集成层，利用企业信息门户等技术把整个应用层及以下各层的应用系统整合起来，实现完整的数字油田的统一入口，并建设知识管理系统。

7. 战略层

战略层是数字油田结构的最高层，是整个数字油田方向的主导者。在战略层，要依靠数字油田建设达到企业再造的目的——在新时期就是新型工业化道路。战略层制定数字油田的整体性方案与建设策略。

在图 1-2 所示的虚线内部，表示狭义数字油田的覆盖范围，其核心是数字油藏（digital reservoir）、数字盆地（digital basin）等。数字油藏和数字盆地等是狭义数字油田的主要组成部分，主要是指数字化的石油地下储存地质构造。这些地质构造的模型从属于地质模型。因为油气勘探、油藏数字模拟要应用大型的软件系统，所以一部分专业应用系统被包括进来。数字油藏和数字盆地是地质模型流派数字油田的核心内容，被大批的地质学家和油藏工程师所推崇，在油田中具有广泛的影响力。要想实现数字油田，首先必须实现数字油藏和数字盆地。但是，数字油藏和数字盆地是数字油田的一部分，尤其是与广义数字油田的概念相比，它所占的分量更小一些。

虚线框以外的大部分可归属到信息管理系统和 ERP、BPR 等技术与思想的研究与建设范畴。其中，企业模型是实现企业再造的前提条件，具备企业模型的数字油田才是完整的。

1.1.4　数字油田建设存在的问题

多年来的数字油田建设虽然取得了理论与实践的持续发展，但国内油田的体系建设依然存在问题。与国际先进水平相比，其最大的差异就是技术发展的专业性和系统性的不足。这导致国内的油田信息化建设无论在数据体系还是软件体系上都处于一种较低的水平，数字盆地理论与实践严重不足。国内与国际的数字油田建设，大部分都集中在油田地面工程与生产过程的数字化，而在数据建设中主要以数据中心数据库和网络建设较多，有学者在探索数字盆地支撑技术、开发数字盆地的软件产品，但是，将数字化盆地理论与实践进行很好的结合较少，究其原因，主要是以下几点。

1. 数字油田偏重理论创新，基础技术难以突破

轻基础技术研究是目前各领域建设普遍存在的一个问题。个人认为，理论的创新，首先是一个思想，然后必须通过基础技术的研究和突破让这个思想变成现实，才能在此基础上提升为一种理论，如果基础技术的研究和实践应用不够丰富，这种理论便不具有很强的可实施性。

2. 数字油田规划偏战略，轻实践，少积累

当前做数字油田，很大一部分是在做企业规划，而未能切入到行业核心环节，或者在行业应用中的信息化工作极为薄弱。例如，盆地模拟与含油气系统评价中的油气二次运移模拟，国内仅仅在陆相断陷盆地的探索阶段，而国际上针对陆相、海相和不同岩性储层的运移算法均有所涉猎，甚至在非常规油气的分析上也具有了初步的研究结果。类似的这种基础研究的不足，导致国内现今的数字油田的软件停留在 MIS 软件，油田专业的信息化渗透液停留在"管理"层次，进而导致油田信息化战略停留在"油田规划"层次。

3. 软件应用技术体系表象化

数字油田的建设存在骨架化和空心化问题。国内较多的油田信息化建设不以

服务行业作为出发点，热衷于框架和体系的搭建，因此很多时候框架有了，骨架有了，规划有了，但是研发人员的实施能力严重不足，信息人员专业化水平及技术实力与国际一流水平差距甚大，导致数字油田实施过程中的"空心化"问题，即具体的业务功能模块实现的水平较低，不仅在专业深度上不足，在领域的广度上也存在很大的差距。

4. 地质和油藏技术与信息化技术缺乏融合

数据与软件专家同地质与油藏专家在各自领域相互独立，大量的信息化规划和技术方案都是由信息人员制定，过于关注数据模型和软件架构等信息层面建设，在具体实施中没有有效地解决行业问题，也没有提升专业化研究水平或提升生产效益。

如何解决上述的系列问题是摆在每一个数字油田建设者面前的挑战。然而大量问题并不是简单的软件技术和研发方法的要求，很大程度上是一个系统性的问题。因此，要针对上述问题建立一个能够有效解决问题提升企业效益的实践体系，需要从专业理论、行业特点、管理流程等方面展开剖析，在此基础上建立一个全新的方法论。

实际上，具体业务上的数字油田建设往往存在脱离具体业务需求的问题，如目前建设的统一模型和平台技术在距离业务应用方面便存在断层。例如，地质人员需要的信息化，可能并不是什么模型和平台，也不是集成和整合，或者说并不仅仅是这种表述的方式。地质人员需要为信息化做三件事：①为油气勘探的地质探索准备足够的信息；②把地质理论、算法和方法变成软件工具，并且能够将这些工具整合成一个各流程衔接的工具包，使地质专家可以用来解决问题；③能够将各阶段研究成果按照业务理论和数据模型组织起来，让研究人员能够在这上面去构建多专家协作的"智慧"体系。只有这样的基本要求得到满足，才有可能形成真正的数字油田应用效果。因此，在设计数字盆地的信息技术框架的时候，这种需求必须得以重视和满足。

1.2 数字盆地的背景

1.2.1 国内外石油勘探开发的主要流程

在展开数字盆地技术体系的设计之前，需要剖析油气勘探的业务特点，从而做出有针对性的系统设计。

由于油气行业面对的地质及油气藏的复杂性，其数据体系也存在海量、多源异构、体系复杂、组织多样的特点，数据的分析和处理具有高度的复杂性，这预示着油田的油气勘探与开发是一个高度集成化、图形化、知识化和智慧化的过程。

如图 1-3 所示,埃克森公司的"综合盆地分析"项目运行方法是油气工业界盆地评价模式的一个典范(童晓光等,2011)。"综合盆地分析"的项目运行方法图从盆地油气资源评价的角度阐述了油气从勘探到最终经营效益分析的全过程。从勘探选区开始,到综合应用沉积学、地质学、地球化学、地球物理等基础技术,展开地质综合研究以及形成油气勘探中的地质思想认识,而后通过知识的汇合集中进行创新,进而展开油气参数分析,最终通过资源与风险评价实现经济效益。在这个典型的石油勘探开发的业务过程中,数据的应用贯穿始终,从战略时期的规划数据到地质研究时期丰富的技术手段带来的数据库信息,最终在地质认识过程中加工和处理为知识,而后通过汇合集中和在油气参数分析过程中转化为智慧,实现数据的转变,也实现了数据应用的演化和升级。

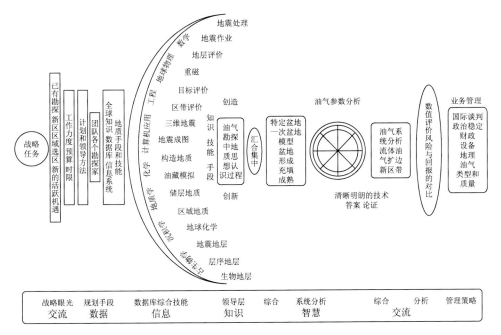

图 1-3 埃克森公司"综合盆地分析"项目运行图(资料来源:Green 等,1997)

通过上述业务流程及其数据转化流程的分析,针对油气勘探开发行业的业务流程与信息技术总结出以下几点认识。

(1)数据的应用以基于数据库的数据集中服务为基础。油气勘探开发的数据体系建设就是将行业中分散的、异构的各类数据以业务为核心进行关联和集成,从而为信息组织和知识的产生创造条件。

(2)数据的应用是一个从数据、信息到知识的加工提炼过程。数据的应用是利用数据进行认识和分析油气为目标,进而形成针对油气藏的认识,并最终成为业务解决方案，指导油气生产和研究的过程。

（3）数据的应用是以软件的形式实现沟通和交流。数据库中的数据存在数据量大、形式多样、结构复杂的特点，尤其石油勘探开发领域的数据具有海量和多源异构的特点，通过 GIS、图表及二维和三维图形等技术实现数据分析和数据处理，进而达到获取知识的目的。

（4）油田数据应用具有模型化和可视化特点。油田业务是针对地下地质状况和油气藏现状进行预测和分析的过程，是一个根据探测的数据不断加深对地下地质认识的过程。因此，油田数据最终是要形成一个完整的数据模型并以可视化的方式来表述地下地质概况，从而提供油气工作者直观认识地质对象的形象化手段。

综上所述，针对上述对油气田数据应用的认识，依托油田业务的数据应用流程，在数据应用模式和应用技术方面展开探讨，从而进一步明确数据应用的特点，为后期平台和相关软件系统的研发提供指导。

1.2.2　石油地质勘探的业务特点

如图 1-4 所示，石油地质勘探，或者说油气勘探是指为了识别勘探区域或探明油气储量而进行的地质调查、地球物理勘探、钻探活动以及其他相关活动。油气勘探是油气开采的第一个关键环节，它是油气开采工程的基础，其目的是为了寻找和查明油气资源，利用各种勘探手段了解地下的地质状况，认识生油、储油、油气运移、聚集、保存等条件，综合评价含油气远景，确定油气聚集的有利地区，找到储油气的圈闭，并探明油气田面积，搞清油气层情况和产出能力的过程。

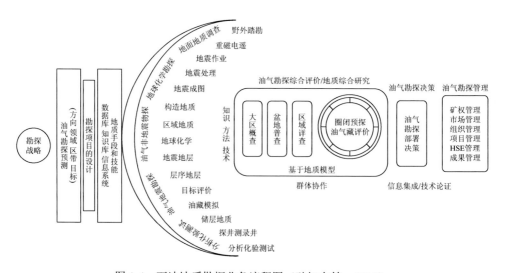

图 1-4　石油地质勘探业务流程图（孙旭东等，2015）

石油地质勘探的核心是石油地质学理论。作为地质学的分支学科，石油地质学是研究石油和天然气在地壳中生成、运移和聚集规律的学科，是石油和天然气地质学的简称。石油是流体，与固体矿产相比，有其独特的生成和聚集规律。石油在生成后，必须通过运移才能聚集在有利的圈闭中。大量的勘探和开采实践积累了很多有关油气生成、运移和聚集规律的知识，逐渐形成了这门学科，包括油气田地质学、调查和勘探油气的各种地质学、地球物理学和地球化学的原理和方法以及油气田开发的地质学原理和工艺技术等内容。作为石油地质学的重要实践，油气地质的综合研究工作具有以下行业特点。

1. 石油地质综合研究具有多学科性

开展油气勘探需重视对勘探对象展开综合地质研究，这种研究是反复、深入、持久的，是多学科的交互渗透与融合，即从地质学、地球物理、地球化学出发，在多个方面，包括地质构造、板块、沉积学、生烃、古生物、层序地层等，对含油气盆地整体、区带和局部的勘探目标进行综合研究。

具体地说，油气勘探是综合应用石油地质学与物化探、钻录井、测井、测试与试油等各种勘探技术，寻找并查明油气藏形态、性质、资源，提交可动用探明储量的生产活动。从勘探精度上讲，油气勘探包括盆地勘探、区带勘探、圈闭评价、油气藏评价等阶段。按勘探方法划分，油气勘探分为地震勘探、物理勘探、化学勘探和钻井勘探。高效、高精度、低成本的油气勘探离不开新技术、新方法的应用。

日常勘探综合研究内容，主要划分为地层研究、构造研究、烃源岩评价、储层评价、盖层研究、圈闭评价、油气运移研究、成藏研究、综合评价、井位部署等。这是从局部到整体的递进式综合研究和应用阶段。勘探规划部署、储量计算与勘探综合研究关系也很密切，考虑到勘探综合研究及其成果的完整性，通常将规划部署和储量计算也纳入到勘探综合研究中。这些业务过程都有独立的工作流程和成果体系，产生了大量图件和研究成果数据。

2. 石油地质综合研究具有时间上的阶段性

油气勘探须坚持从全局着眼，整体研究、整体评价。在取全取准第一手资料的基础上，经过认真地综合分析研究，查明其地质结构和构造发展史、沉积史和烃类热演化史才能选准勘探方向。而在阶段研究中，油气勘探程序分为区域普查、区带详查、圈闭预探和油气藏评价四个阶段，前一阶段是后一阶段的准备，而后一阶段是前一阶段的继承和发展，如地质学家所言，"阶段不可超越，节奏可以加快"。其中，区域普查的主要目的是提交盆地与凹陷的推测资源量；区带详查阶段主要是提交区带潜在资源量；工业勘探时期的主要目标是提交工业储量（包括预测、控制和探明储量），它可进一步细分为圈闭预探和油气藏评价两个阶段。

针对一个具体的油气田而言，大致都要经历从区域普查到区带详查，到圈闭预探，再到油气田评价才能提交开发。但从空间上看，同一盆地或者区带内各地区的勘探程度并不平衡，当盆地的某一处已经进入圈闭预探阶段，而有的地方还在进行区带详查工作，甚至有的地方还处于普查阶段。从不同的构造层（勘探层）来看，也是如此。因此，勘探程序在纵向上是连贯的，但是在横向上是可以交叉的。

3. 地质综合研究在方法上具有多技术性

从油气勘探技术来看，油气勘探分为四种主要的技术类型：地质调查技术、探井探测技术（探井井筒技术）、实验室分析模拟技术和地质综合研究技术。前三种油气勘探技术以信息采集为主要方法，并通过资料的处理与解释，从不同的侧面来再现地下石油地质情况，而作为核心的地质综合研究技术，就是依据上述三种技术手段获取的信息和解释成果进行综合研究，从而对勘探对象和勘探目标进行系统化、定量化的评价。概括地说，地质综合研究是油气勘探中贯穿了盆地、区带和圈闭以及油气藏研究所有环节的核心技术流程。

4. 地质综合研究在成果上具有图形性

地质综合研究必须以地质信息科学理论为指导，针对油气地质研究信息繁多、业务复杂的现状以及当前地质决策的问题所在，其综合研究和决策的解决方案基础就是各类阶段研究的成果。由于地质研究的抽象性和创新性，其勘探研究成果也具有非结构抽象表述和图形表述（即图形性）的特点。

地质综合研究的过程也就是产生成果的过程，由于地质环境的复杂性，对勘探目标的认识是通过多种抽象的图形来表述的。多年来，勘探工作者积累了大量的成果图件，这些成果是一笔宝贵财富，指导后续的研究和认识的深化。每个阶段又都会产生一批新的图件作为成果，这些图件和成果是各路专家和研究人员智慧的结晶，是科学决策的依据和前提。

5. 地质综合研究具有不确定性

油气勘探工作是油气地质工作者正确地认识地下地质状况并获得油气资源信息的基本途径。勘探研究注重提出地质认识上的新思路，即创新思想，需要充分摆脱先验论的束缚，需要有打破思维定式、创新勘探思路的意识；需要建立勘探目标之间的关联思维，通过综合的勘探项目，使地球物理、地球化学、钻井、测井、录井、油井完井、酸化压裂成为一整套的系统工程。

油气勘探具有极强的探索性和高风险性，造成研究结果的多解性和不确定性，这是由于地质环境的复杂和认知的困难决定的。因此，油气勘探的过程就是一个从数据采集、信息处理、知识发现最后落实到管理决策的高度智慧化的过程。油气地质综合研究作为核心环节，是勘探开发部署论证的重要依据，油气地质综合研究工作的总体水平决定了勘探开发决策的正确性和有效性。在地质综合研究环节中，各地质勘探专家能否灵活地调度和高效地利用与各类地质要素相关的海量数据资料，并从不同角度开展深入的探讨，充分地表达自己的见解，将决定最终决策的正确性。因此，应当把油气地质综合研究环节视为油气勘探工作的核心环节。

1.2.3　数字盆地的目标及定义

盆地是含油气系统中最大的地质单元，油田企业是组织勘探、生产的机构单元，油田是组织油藏开发、生产的实体单元。数字盆地是数字油田的一个核心组成部分，其关注地下多尺度地质元素，如从盆地、区带到目标圈闭的研究流程，这些关键的地质要素及其工作模式是数字盆地的信息化实现的主题内容。

为规范石油天然气勘探工作，我国制定了《盆地评价技术规范》（SY/T 5519—2011），规范指出，盆地评价全过程划分为盆地评价早期和中后期2个阶段，主要地质任务分别是：①在盆地评价的早期阶段，一是运用盆地分析方法综合评价，优选出具有含油气远景的盆地（或拗陷或凹陷），经技术经济可行性论证后提出下阶段勘探计划和部署意见；二是通过盆地模拟方法，进一步优选出有利的含油气区带，为开展圈闭评价做好准备。②在盆地评价中后期阶段，运用盆地模拟和其他综合评价方法优选出有利的含油气区带，提出进一步的勘探部署建议。对评价工作总结报告的结构和层次要求包括盆地概况和勘探程度、盆地石油地质特征、资源预测与评价、评价经验与勘探效果分析、下一步勘探规划。以上引述资料表明：石油天然气勘探规范是应石油天然气工业的需要而制定的，此类规范是我国首创，对油气勘探具有重要的指导意义。因此，在考虑数字盆地研究地质内容时应充分研究盆地评价规范，把规范要求作为数字盆地研究的基本要求。

目前，"数字油田"概念体系已经较完整，但"数字盆地"无论理论和还是实现上都相对较为分散，其理论框架有待具体化。应该重点借鉴"数字油田"的技术体系，凸显"数字盆地"的业务特性和信息特性，从而体现系统化规划和业务体系定位。在过去多年的具体实现过程中，国内各油田和研究团队依托自身优势，从多个方面对数字盆地展开理论探索与实践应用，逐步形成了其独特的"数字盆地"的理论和技术体系，目前主要包括以下几个方面。

1. 以地震解释为核心的盆地资料统一管理

新疆油田公司 2003 年开始实施"盆地级地震解释项目",以准噶尔盆地为对象对全盆地数千条二维地震测线、上百块三维地震数据和千余口探井资料进行整理,数据总量约 400 GB,并能够在同一个地震解释平台上平稳运行,有力地支持了相关科研项目的资料需求,大大缩短了项目数据的准备时间。国外某石油公司在某海湾统一管理了 45×100 口井的数据(包括测井、测井解释、地质分层、录井、岩心照片以及其他相关数据)及叠后地震数据,将多块地震数据处理形成了一个大的地震连片数据,连片数据总量为 150 GB(8 位)和 600 GB(16 位)。该公司还建立了一个企业级的地学综合平台,使不同学科的研究成果能够实时共享,保证了数据的一致性和数字化盆地的准确性。

2. 依托构造-地层框架体系建立三维数字盆地

中国地质大学(武汉)吴冲龙等(2006)认为,由于进行盆地分析和油气系统分析涉及众多影响因素,既要考虑空间结构的整体性和时间系列的完整性,又要密切注意盆地系统整体演化的外部条件,仅建立空间结构的三维模型是不够的,有必要采用空间信息系统技术来建立一个功能完善的盆地地质信息系统。

该地质信息系统是一种三维可视化的盆地空间信息系统,或称为三维数字盆地。它可以将地质调查、资源勘探、物化测试等数据资料有效地存储、管理起来,让用户能方便地查询、检索、统计、综合、编图和应用;它还应当提供三维可视化图形编辑与分析工具,用户可以对所生成的数字盆地任意地挖刻沟和坑洞,任意地切制垂向剖面图、水平切面图和栅状图,随机或组合地进行空间信息与属性信息的查询。利用该系统,用户能够深入到盆地内部的各个角落,身临其境地对盆地构造格架以及构造之间的相互关系、地层格架以及地层之间(包括层序地层格架以及层序地层单元之间、成因地层格架以及成因地层单元之间)的相互关系进行观察、分析和思考,开展断层封堵性分析、精细油藏描述、水平井可视化设计和剩余油分布分析。在此基础上,还可以实现盆地构造演化、沉积演化、热演化、有机质演化、油气成藏的三维动态模拟和油藏描述。

3. 中国石油天然气集团公司的多学科协同界定

2006 年,中国石油天然气集团公司信息管理部先后组织了两轮大规模的数字盆地项目可行性论证,要给"数字盆地"一个清晰的界定。李伟忠等(2009)将"数字盆地"做出定义:以盆地为研究单元,通过规范化整合地表遥感、地质图像、地下地震、井筒数据和各种实验分析及油田化学资料,在局部目标研究和精细描述的基础上,采用先进的计算机集群、实时三维可视化手段实现跨目标、跨油田区域的资料规模化连片处理和集成化综合分析，最终完成盆地资源普查、有利区带评价、圈闭优选、风险探井确定、储量及产能预测和经济效益评估等决策的大型网络一体化多学科协同工作平台。

4. 中国石油化工集团公司面向盆地评价的含油气盆地数据库建设

2009 年，中国石化石油勘探开发研究院高长林等（2009）通过对中国油气盆地勘探历史和盆地研究历史的分析，认为我国油气盆地研究历史经过石油大地构造盆地研究阶段（1945～），盆地分析和盆地模拟阶段（1980～），现已进入数字盆地研究阶段（2000～）。数字盆地和数字油田各自具有不同的研究领域。数字盆地是综合运用现代盆地系统研究理论和现代数字信息技术进行油气盆地地质资料的数字化，为油气盆地评价提供技术支撑。数字盆地的核心问题是油气盆地评价数据库的建设，数据库应由 12 个子库组成。

数字盆地是综合运用现代盆地系统研究理论技术和现代数字信息技术进行油气盆地地质资料的数字化，为油气盆地评价提供技术支撑。现代盆地系统研究理论技术应包括盆地理学和盆地工学，数字盆地的核心问题是油气盆地数据库的建设。数字盆地数据库应由 12 个子库组成（高长林等，2009），分别是：①盆地理学部分为盆地形成背景、盆地演化、盆地变形、沉积系统、水动力、热力学、油气系统和油藏地质子系统 8 个子库；②盆地工学包括盆地模拟技术、资源评价技术、油气盆地评价的现代技术手段和油气盆地评价系统数据库 4 个子库。

综上所述，数字盆地目前在定义上"相对较为薄弱，有待具体化，在此过程中，应该重点借鉴'数字油藏'与'数字油田'的技术体系，突现数字盆地特性，从而体现系统定位、服务特定群体"（李伟忠、刘明新等，2009）。虽然上述的数字盆地具有不同的侧重点和功能特点，但其基础为基于含油气盆地的多种数据集成管理，其功能是以地质模型为核心的盆地模拟与评价。因此，通过综合考虑各油田对数字盆地的定义基础，重点以吴冲龙教授的"三维数字盆地"理论体系作为核心内容，给予数字盆地的定义如下：

数字盆地是数字化含油气盆地的简称，是以石油地质理论为指导，通过将地质调查、地质物化探、探井与实验分析等技术成果形成系统的数据重组，通过三维地质模型的构建和软件体系设计来实现盆地模拟与含油气系统评价，进而形成与地质理论与地质专家有机结合的支撑体系。

1.2.4　数字盆地建设的重点问题

数字油田和数字盆地建设具有完全不同的模式。数字油田可以分为广义和狭义，可以从流程、管理、地质和生产等不同的侧重点来建设，而数字盆地却具有清晰的专业特性。从上述的特点可以看到，数字盆地是以石油地质理论为核心的，通过地质调查与实验、地球物化探、探井等方法手段不断分析地质目标，判断和评价地质储量的过程。因此，数字盆地的研究内容不能泛泛而谈，更不能忽略其核心业务，将重心偏重到企业管理、流程协同或者数据管理的某一个点，而是要清晰地把握其地质特点，有效地利用各种勘探技术方法的成果，形成针对地质目标的量化分析和模拟，能够建立一种充分发挥人的智慧的信息、软件和专家三要素相互融合的智慧的工作模式。

然而，在国内的数字盆地建设中，数字油田实践中存在的问题同样存在于数字盆地的建设中，而且由于油气勘探庞大的专业性和复杂性，导致数字盆地建设的问题更为突出。只有从油气勘探的核心——"石油地质综合研究"中展开深入的剖析，才能客观地认识和规划数字盆地技术体系的发展蓝图。

目前，国内数字盆地设计与建设面对的重点问题可以归结为以下几点。

1. 石油地质理论的定性与定量结合的问题

国内石油地质理论经过长期发展，形成了基于陆相断陷盆地的完整理论体系。但由于信息技术发展的不足，在具体地质理论到数学模型的转化上结合不够，尤其基于数学算法与模型的软件体系发展落后于国际先进水平，这制约了数字盆地技术体系的发展。

如油气运移与成藏领域，虽然近几年围绕成藏发展出相势控藏、TS 运聚、网毯理论等，但成藏过程中控制因素和地质演化的量化分析不足，导致理论处于模式阶段，难以实现定量评价，更难对历史时期的成藏分析作出有效地表述，影响了油气勘探的理论和技术深入。

2. 数字盆地的三维地质模型建模流程标准化问题

国际的油气勘探工作和石油地质综合研究基本具有完整的工作流程和软件工具，在完成必要的地震解释和属性分析后会建立基于层面构造格架与网格的属性体，实现对地下地层物性的精确描述。国内由于长期的工作习惯，目前还是以二维图形作为主要的地质研究成果，基于地质研究的三维地质建模工作尚未大范围开展，导致油气勘探与油藏开发环节存在一定的断层。

3. 地质模型的有形化、可视化技术问题

当前数字盆地的建设重心还是在各类数据的集中管理。地震解释与地质综合研究工作主要通过不同厂商的商业化软件实现，无论构造格架还是地层属性，均未能建立统一的地质模型，基于油气勘探各类业务对象，如地震体、网格体及井筒对象的可视化集成与交互操作功能均与成熟的国际化产品存在较大差距。这个问题一方

面是由国内传统的研究特点决定的, 另一方面是由相对落后的软件研发技术决定的。

4. 石油地质研究与信息化技术实现深度融合的问题

国内石油地质领域的信息化工作偏重于管理软件, 针对石油地质研究与决策的专业化功能支持较为薄弱, 软件技术与地质研究领域存在一定的割裂, 没有实现专业化的融合, 导致信息化处于较低的"数据提供"层次。例如, 油气成藏关键要素的研究 (输导要素刻画及能力评价、圈闭有效性评价、成藏期确定及其能量平衡控藏过程、超压作用、油气水三相混移作用等), 目前仅从石油地质理论的角度进行过探讨, 地质作用的数学表达不充分, 软件研发未能有效跟进。

5. 数字盆地软件体系系统化、层次化、专业化和协同化战略设计问题

数字盆地的建设作为勘探信息化建设的基础与核心, 在其体系设计上应作为一个系统的、完整的信息体系来设计。长期以来, 石油地质的信息化体系, 一般分为数据层、数据集成、应用集成和业务层, 这种划分作为信息化思维下指导的软件架构模式并无错误, 但却存在对业务特点和软件体系的忽略, 没有将石油地质的业务体系与软件体系之间的那种密切融合的关系梳理出来, 导致在数据与软件的集成工作中不断发生很大的偏差。

油气的勘探本身是一个系统工程。国际上以勘探项目的模式实现地震、地质、油藏与石油工程一体化的研究流程和工具体系, 而国内存在勘探开发分离甚至勘探内部各流程缺乏整合, 不仅缺乏配套的组织方式、管理流程, 也缺乏有特色的软件工具支持, 导致各领域的油气勘探专业无法实现专业化的协同研究与决策。

1.3　数字盆地的设计方法

1.3.1　油气勘探的业务特点

油气勘探开发过程是一个从数据采集、信息处理、知识发现, 到管理决策的高度智慧化过程。针对油气勘探的业务流程也是伴随着信息技术不断深化应用的过程。国内专家结合埃克森美孚等国际油公司的盆地油气勘探的业务体系展开了较为系统的论述, 在从勘探规划到油藏评价的流程中, 充分体现着业务的知识化特色, 一个完整的油气勘探过程, 就是从数据的全面采集到形成信息, 再到形成知识、产生行业智慧的过程, 最终, 这些基于数据的分析成果, 经过专业团队的讨论、交流和总结, 形成了业务层面的生产与管理策略。

国内油田的勘探流程也体现着勘探的智能化特点。在胜利油田的油气勘探业务体系中 (图 1-5), 油气勘探业务体系分为生产科研、过程管理、勘探决策三个层次，分别进行数据的采集与分析、针对业务的信息系统化管理、目标决策与反馈。由生产与科研，过渡到第二层次的管理，到最核心的勘探决策，可以发现，勘探业务的过程就是依托有限信息进行分析，不断接近地质事实的过程，例如，勘探生产过程通过物理化学方法获得地质信息，勘探研究过程展开数据处理和分析，勘探管理过程实现信息集中与流转，而勘探决策过程形成统一理论和认知，最终，对于地质认识则以概率和量化指标体系表述，因此，油气勘探工作的本质就是知识的获取和再创造的过程。从系统学角度看，与此业务特色相配套的智能勘探的技术框架，则是一个从数据到决策支持的多层框架体系。

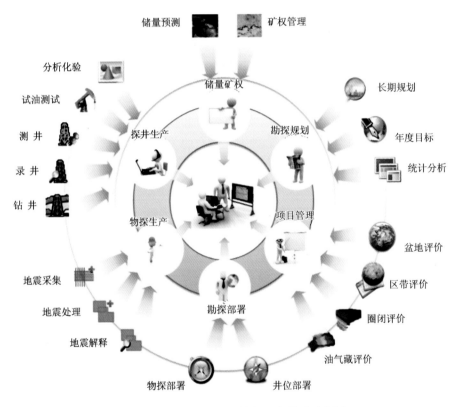

图 1-5 胜利油田的油气勘探业务体系示意图

国外斯伦贝谢、哈里伯顿、贝克休斯等石油公司的信息服务部门都发展了地质理论与信息技术支持的一体化手段，以油气勘探的业务效益为目标建立了较为系统的数据模型、软件架构与业务应用体系。国内各油田针对数字油田的总体框架设计做了大量的探索，以大庆油田、新疆油田与胜利油田为代表的国内油公司做了大量深入而有效的探索，目前在整体框架层次上基本能够达成一致（图 1-6），即数据模型与管理、数据管理与服务、应用软件架构、面向业务的信息技术层、业务系统 5 个层次。

图 1-6　数字盆地：勘探信息化的连接层定位

　　然而针对这种业务框架的实施，尤其是如何设计一个有效的业务支持框架，一直是软件体系中的薄弱环节，尤其是这个框架体系中"信息技术与业务体系连接层"部分的设计，长期缺乏有效的信息技术实践。与此同时，在油气勘探的地质研究领域，虽然地质理论经过长期发展已经趋于成熟和丰富，但其量化分析方面长期缺乏软件工具的支持，这种缺失很大程度上在于信息化软件框架及其实现方法的发展乏力与技术薄弱。因此，正是由于缺乏一个有效的业务支撑框架设计，而无法将现有地质理论和信息技术实现之间形成一个有效的桥梁，也未能形成一个面向业务目标的系统化框架。

1.3.2　数字盆地设计思路

　　数字盆地是为油气勘探工作提供的一种认知模式和工作场景，其本身就是一个包容业务和信息内容的生态系统，在这一生态系统中，信息、软件和业务体系形成一个相互依存、相辅相成的整体。其中，油气勘探业务是作为这个生态系统的核心而存在。

　　油气勘探是以地质理论为出发点，以各类勘探方法为工具，针对油气勘探目标展开研究的商业活动。因此，数字盆地的建设是以油气地质理论作为其灵魂，以软件架构搭建起骨架，以业务功能和逻辑作为其内容，以数据作为其资源和素材的一个有机整体。这个有机体的目标是勘探对象，它通过地质模型的建模技术建立研究目标的数字化表述，在此基础上将思维模式和研究方法以数学模型的方式固化和沉淀下来，并使用它来解释和解决面对的研究目标和问题。

　　基于上述理解，数字盆地作为一种信息化的解决方案，必须是紧紧围绕勘探行业理论与实践过程展开的。如图 1-7（基于地质业务特点的数字盆地的设计方法）

所示，数字盆地的设计方法就需要从"业务体系""信息体系""软件工具"三个方面分别展开分析，确定其建设的内容。其中，业务体系是其设计的出发点与核心内容；信息体系是整体业务体系的资源和成果，是业务工作的基础和结果；而软件工具是数字盆地业务实践过程中解决问题的具体方法和模型，它是技能和知识的沉淀。这三个关键点内容及其关系简述如下。

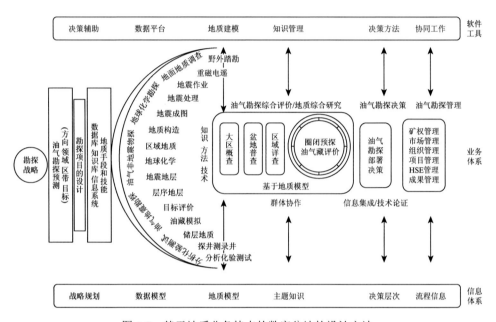

图 1-7　基于地质业务特点的数字盆地的设计方法

1. 数字盆地的业务体系

数字盆地建设内容面向的是油气勘探的全体业务流程。在建设数字盆地之前，必须以清晰的油气勘探的战略和计划方法作前提。以此作为宏观指导，全面地展开地面地质调查和技术实践，这包括地面地质调查、地球化学勘探、非地震物化探、地震勘探和分析化验等系列的知识、方法和技术。通过上述技术，地质专家以多专业群体协作的方式开展地质综合研究，按照勘探流程和勘探程序展开大区概查、盆地普查、区域详查和圈闭预探与油气藏评价，建立针对地质目标的概念模型和地质模型，从而形成针对勘探目标的定量化评价。在此基础上，油气勘探展开探井的设计、部署和钻探，进一步明确圈闭储量，细化对其矿权和储量的管理，推进后续的油藏开发工作。

2. 数字盆地的信息体系

数字盆地的信息体系是数据与知识的采集和管理。信息体系主要分为以下三个工作：首先，建立数据管理体系，描述业务活动本身，同时要将业务活动各个环节的信息输入和成果纳入统一管理，建成较为完善的数据模型和数据管理体系。然后，在数据的基础上进行数据加工、处理和再创作，形成地质模型的信息规格与结构的表述，实现通过不同的模型技术来表示物探、探井和地质认识等数据。最后，信息体系需要建立系统化的知识表述，尤其是依托信息研究的主题建立数据、信息与知识的关联组织，提供面向特定业务主题的信息支持。

3. 数字盆地的软件体系

数字盆地的信息化工作最终以软件工具的方式提供给业务人员展开业务活动，尤其在现今的地质综合研究的工作中，软件工具作为方法和理论的载体，是分析和解决复杂业务问题不可缺少的手段。这些软件工具，一方面，是一个个面向具体业务环节的局部解决方案；另一方面，这些大量的软件工具又共同构筑了针对这个行业问题展开操作和研究的标准化工作流程和工作程序，从而形成了一个整体的行业解决方案。

软件工具的认识需要从两个角度来分析。从软件应用角度上看，面对不同业务的软件工具是直接面对用户的工作工具，其操作和使用代表了核心业务活动的全部内容。从软件研发角度上看，虽然面对的业务内容千差万别，但软件本身具有大量同质性的技术内容，这就需要从软件架构的角度设计一个合理的行业软件框架，用来实现不同层次和不同粒度的软件功能的复用与共享，实现软件与业务体系、数据体系的有效整合与集成，从而更为有效地服务行业发展战略。

1.4　数字盆地的框架设计

1.4.1　广义的数字盆地

长期以来，智能勘探在专业与信息的建设思路上存在着不同的认识，国内各油田在数字油田建设中形成了数字油田的软件框架，为油田信息化建设提供了理论指导。为保证信息技术支持体系的落地，需要在此软件框架的基础上建立一个勘探业务与信息技术的连接层，即要达到勘探业务的智能化，在数据和软件集成层之上建立一个业务智能化的技术层面，实现软件技术与业务的有效衔接（图 1-8）。

该框架的设计立足于业务层的展开，建立连接信息与业务的中间架构层：①油气勘探知识管理平台，实现油气勘探多源异构的信息组织；②数字盆地支持平台，实现基于业务的软件功能定义；③智能业务协同平台，实现以模拟分析为核心的业务认知；④智库系统决策中心，实现团体智能化的决策指挥。

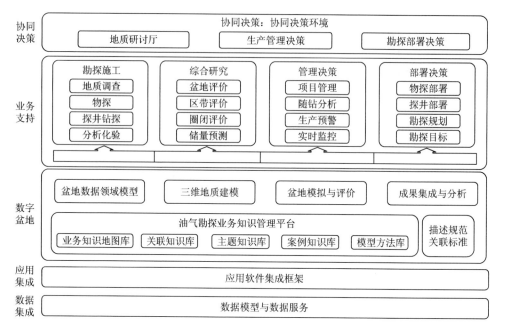

图 1-8　智能勘探软件架构设计（孙旭东，2015）

　　该体系结构中第一个层次是油气勘探知识管理平台：这是在信息集成和软件集成基础上建立的针对勘探业务的主题化表述，从而形成对现有各类勘探数据的有组织的整理，形成业务知识地图、主题知识、关联知识、案例知识和模型方法的五类知识定义（孙旭东等，2015）：①业务知识地图库，实现油气勘探从盆地区带到圈闭研究的全流程业务体系描述，突出地质研究的勘探程序；②主题知识库，针对特定勘探业务研究与决策主题，整合相关的信息与支持手段，建立围绕业务主题的工具与数据体系；③关联知识库，针对油气勘探思维的风险性与创新性特点，实现各类勘探对象与成果的关联，提供信息的关联组织和分析对比；④案例知识库，依托地质研究的"每一口探井就是一个系统工程"的中国油气勘探综合工作法理论（翟光明等，2007），针对探井典型案例的系统化信息组织；⑤模型方法库，针对油气勘探中的盆地拟"五史"理念与相关算法（石广仁，2004），建立油气地质研究的地质演变、生排烃、运移和聚集过程中的各类数学模型、图版与经验公式组织，提供基于三维空间数据的数学模型。

　　第二个层次是数字盆地支持平台。盆地是含油气系统中最大的地质单元，油田是组织勘探、生产的实体单元，多年来针对数字盆地的研究取得了丰硕的成果（吴冲龙，2014）。数字盆地地层设计关注于地下多尺度地质元素集中管理和图形化表达，建立全盆地的交互分析环境，提供油气勘探研究、分析和决策的基础平台。

数字盆地技术研究的核心部分划分为四个部分建设，即通过"全盆地数据资源接口"，实现各专业和平台信息导入；通过"三维地质数据建模"，实现信息归一化与多尺度融合；通过"全盆地勘探成果集成"，实现地下地质对象的可视化表述；通过"全盆地可视化交互分析环境"，实现全盆地地质对象的空间交互分析。在实现方法上，由于国内地质研究技术的延续性，数字盆地可以由三个方法建设实施：基于功能模块的传统成果集成、以地面为核心的三维集成和以地下为核心的三维集成。未来的数字盆地将逐步形成地面地下一体化、地质与工程一体化的全三维地质模型集成，成为勘探研究与管理的基础平台。

第三个层次是智能业务协同平台，该平台实现地质研究成果的定量化、可视化和知识化。莱沃森说过，"如果说新油田的形成，首先是在地质学家或找油者的脑海里，那么它的发现当然必须有待于我们智慧的形象化，即我们的想象力"（Pratt，1984）。这说明油气勘探的成功来自于地质学家的创新认识。但是面对同样的勘探目标，不同地质学家脑海中的认识差异是不可见的，只有提供必要的共享和传递手段才能进行沟通和对比。因此，通过"定性描述→过程量化；将地质理论→数学模型；将文字图形→三维可视"的方法，从而实现隐性知识到显性知识的转变；从个人想法到团队认识的转变；从专家知识到形成行业思维框架。而智能业务协同平台就能够解决这种思维模式的工具化问题。

石油地质研究协同平台，用以实现各团队中智能化业务的有效协同，这种协同包括两个方面，一个是纵向层次协同：建立纵向信息快速流转机制，实现勘探施工→地质研究→勘探管理→勘探决策全过程的信息实时、全面传递。另一个是横向流程协同：建立同层面的管理沟通，实现针对同一研究主题的决策过程能够在多学科分析中快速流转，促进理论认识不断迭代提升。

基于研究协同的智能业务是针对从地质综合研究到建模，到含油气系统模拟与评价，到圈闭评价，到油气资源评价的全部地质过程。其主要内容包括三个组成部分，第一是盆地知识工具，实现含油气盆地内多学科的研究成果的知识化管理；第二是数学地质模拟工具，针对地质构造演变、沉积、剥蚀、地热、地压、生排烃、油气运移与聚集等专业化过程，提供智能化的模拟算法与数学模型；第三是针对各研究环节的成果设计分析评价模型、预测决策模型等。上述三种工具体系用于提供勘探各环节的智能化分析。

智能勘探框架的第四个层次，即最高一个层次是智库系统决策中心，即智慧化的决策中心建立。智慧化决策中心设计是以"人"（团队）为核心的智能化目标解决方案，形成信息、知识、工具与方法的综合应用。

如图 1-9 所示，依托于油气勘探信息支撑框架的智能化决策中心具有以下四个特征：①业务知识体系的建立，形成了业务背景，使研究和管理能够从盆地区带到圈闭这样一个宏观的、历史的、系统的角度来看待问题；②场景实时动态支持,实现勘探最新的生产动态、研究动态、流程变更等信息实时反映到决策中心,保证决策的针对性;③智能交互分析,通过提供不同粒度的预测模型、预警模型、决策模型提供三维交互分析环境,促进复杂问题的简单化与清晰化;④团队智慧协作,通过多学科协同、沟通和交流技术等信息交互技术的设计,实现从个人决策到团队决策的转变,使个人的智慧变成团队的智慧,形成多学科协同的群体决策模式。

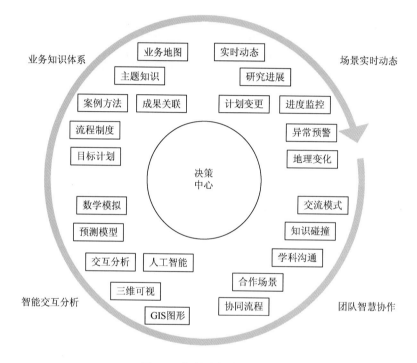

图 1-9　智能决策中心设计

1.4.2　狭义的数字盆地

　　狭义的数字盆地是一种较为纯粹的信息化解决方案,关注于数字盆地的核心业务的信息化支撑,是一个基础的信息集成与软件集成平台。相对于前文所述的"广义数字盆地"的概念,"狭义数字盆地"抛开数据管理和软件架构技术,抛开业务应用系统的实现,而注重实现三维地质建模以及在此模型上的模拟与分析方法,其内容仅为"广义数字盆地"的第三层次部分。

　　狭义数字盆地其架构体系包含四个技术点(图 1-10),即解决含油气盆地信息化建设中的数据资源接口、地质模型的建模、盆地动态模拟与评价、集成分析平台四个方面的技术实现，其核心内容是盆地模拟与评价。前两项技术负责为盆地模拟评价来准备、处理和模型化相关数据体系，后两项负责将盆地模拟评价的计算成果与相关信息统一集成，通过二维、三维图形交互技术建立的基础平台，为地质研究与管理决策提供基础。

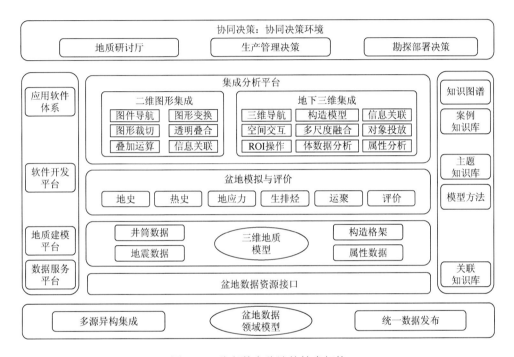

图 1-10 狭义数字盆地的技术架构

我们前面提到，目前油田的石油地质及其信息化的工作存在这样几个问题：石油地质理论的定型与定量结合的问题；数字盆地的三维地质模型建模流程标准化问题；地质模型的有形化与可视化技术问题；石油地质研究与信息化技术实现深度融合的问题；数字盆地软件体系系统化、层次化、专业化和协同化战略设计问题等。实际上，狭义数字盆地的信息框架就是一个针对以上问题的解决方案。通过上述业务背景、设计方法的分析，我们提出数字盆地的内容与层次递进关系如下。

1. 数据重组织：盆地数据资源接口

盆地数据资源接口作为地质模型数据的入口，实现各类数据的统一组织和模型化管理，为地质模型的建模做好数据准备。

该部分作为上层软件体系的基础 API，针对油气勘探结构化与非结构化各类数据体系展开关联和索引，提供数据重组织的模式，实现各类勘探方法过程中采集的各类数据。这部分的数据管理重点，是以领域模型的方式，系统地为上层的数据预处理并为地质建模提供数据内容。

2. 形成业务信息模型：地质模型的建模

国际上油气勘探工作具有较为通行的工作流程：在完成必要的地震解释和属性分析后，建立基于层面的构造格架和基于网格的属性体，实现对地下地层物性的精确描述，而后基于该模型展开数学模拟与评价工作。因此，地质建模及其工具，是勘探地质研究中重要的一个环节，是实现地质对象的可量化表述的基础工作。

国内由于行业发展背景和长期工作习惯，目前还是以二维图形作为主要的地质研究成果，基于地质研究的三维地质建模工作尚未大范围开展，导致油气勘探与油藏开发环节存在一定的断层。当前数字盆地的建设重心还在各类数据的集中管理，地震解释与地质综合研究工作主要通过不同厂商的商业化软件实现，无论构造格架还是地层属性，均未能建立统一的地质模型，基于油气勘探的各类业务对象，如地震体、网格体及井筒对象的可视化集成与交互操作功能均与成熟的国际化产品存在较大差距。这一问题一方面是由国内传统的研究特点决定的，另一方面是由相对落后的软件研发技术导致的。

地质模型建模，就是基于地质建模所需的各类数据组织，通过工区和测区的概念将井筒、地震和地质研究概念成果等信息集成于统一的数据体系，然后分为"地质模型框架""岩相模型"和"岩石物性模型"三步建立地质模型。地质建模是建立地质对象的静态模型，即构造、网格和属性建模，用以表述油气地质相关的层位、断层等构造要素，表述与勘探目标有关的烃源岩与储集层等体模型及其地质参数等属性，为后期动态模拟和分析做好准备。在后续章节中，我们通过角点网格来完成岩石的物性模型，并通过实验区的建模案例阐述建立模型的全部过程。

综上所述，在狭义的数字盆地概念中，我们需要设计一种合理的数据组织和处理流程，综合国内外地质工作流程特点，形成构造格架、地质体（网格）及地质属性等可量化地质模型，为油气地质研究提供一个可量化分析的业务数据表达。

3. 信息的模型化与知识化：盆地动态模拟与评价

前文提到，从石油地质理论上看，基本形成了基于陆相断陷盆地的完整理论体系，但由于信息技术发展的不足，在具体地质理论到数学模型的转化上结合不够，尤其基于数学算法与模型的软件体系发展落后于国际先进水平，制约了数字盆地技术体系的发展。

国内石油地质领域的信息化工作偏重于管理软件，针对石油地质研究与决策的专业化功能支持较为薄弱，软件技术与地质研究领域存在一定的割裂，没有实现专业领域的充分融合，导致信息化处于较低的"数据提供"的层次。例如，油气成藏关键要素的研究，包括输导要素刻画及能力评价、圈闭有效性评价、成藏期确定及其能量平衡控藏过程、超压作用、油气水三相混移作用等，目前仅从石油地质理论的角度进行过探讨，地质作用的数学表达不充分，导致软件研发未能有效跟进。

因此，在狭义数字盆地架构中，我们提出：基于地质建模技术形成的地质构造与属性体，以数据模型、数据服务和软件一体化平台为基础，以石油地质理论为核心，构建油气成藏的模拟与评价技术。在后续章节探讨的解决方案中，这种技术是以含油气系统为对象，以烃源岩体、输导体、聚集体格架建立为基础，以流体动力学和运动学模型的建立为基础，在构造体、输导体、聚集体发育的历史格架下，利用现代数学和计算机技术在空间上再现地质单元体内油气生、排、运、聚、散的演化过程。这种针对地质机理量化的表达，实现了从传统的定性研究到定量研究的重要一步。因此，狭义数字盆地中的"盆地动态模拟与评价"技术，本质就是一种行业算法与算法组织的软件架构技术实现。

4. 实现知识与专家智慧的结合环境：盆地集成分析平台

狭义数字盆地中的"盆地集成分析平台"是建立一个面向地质目标的综合分析的研究与决策平台。这一平台将实现将地质模型、数学算法模型和专家智慧三者的统一，通过图形化的描述环境，实现地质对象和研究目标的数字化、可视化和智能化。

数字盆地作为勘探信息化建设的核心，在其软件集成模式本身也是作为一个完整的信息体系来设计的。长期以来，我们的石油地质信息化体系一般被分为数据层、数据集成、应用集成和业务层，这种划分存在对业务特点和软件体系的割裂，没有将石油地质的业务体系与软件体系之间的那种密切融合的关系梳理出来，导致我们在数据与软件的集成工作中不断发生很大的偏差。国内油田勘探虽然并不缺乏配套的组织方式、管理流程，但缺乏有本地特色的软件工具支持，导致各领域的油气勘探人员无法实现专业化的协同研究与决策。

从集成模式来看，国内勘探信息化工作依旧以传统的基于二维图形的集成模式为主，各个研究阶段具有相对独立的图件表达，这是由当前油气勘探研究与管理现状所决定的；国际上以勘探项目的模式实现地震、地质、油藏与石油工程一体化的研究流程和工具体系，这种体系一般是基于三维空间的地质对象集成模式。从技术发展角度来看，从二维图形集成向全三维环境发展不仅是信息技术发展的趋势，更是地质研究量化的基本要求。

从长远看，建立一个科学的、系统的数字盆地软件集成模式，可以为专业领域的油气勘探与地质研究专家们提供一个数字化的认识模型。这种认知模型通过信息体系与专家智慧的双向反馈，可有效促进研究方法与思维模式的升级，促进油气勘探工作模式的提效与变革，这不仅是软件集成的目标，也是我们数字盆地分析的目标。

1.4.3　数字盆地建设的意义

无论广义的数字盆地，还是狭义的数字盆地，其本质都是为地质工作者展开工作、认识勘探目标提供一个量化认知模型。长远来看，建立数字盆地理论体系与技术体系，无论对于勘探信息化工作，还是地质勘探业务本身都有着重要意义。

1. 数字盆地是油田勘探信息化技术的系统化与科学化总结

多年来，随着国内外油田信息化建设的逐渐深入，数字油田理论在数据、软件和业务支撑等层次上形成了有效的理论体系，这些有效的技术与业务实践对以地质研究为核心的油气勘探工作具有很强的指导与引领作用。通过学习和实践数字油田技术体系，以地质研究为中心建立油田勘探的信息化理论与技术体系——数字盆地，可以将现有的各类信息化工作进行一个合理的梳理和总结，明确各种新方法、新技术的定位与作用，通过系统性地规划和建设，逐步形成一种多层次架构、多技术配合和多学科协同的理论框架，形成有目标、有秩序、有过程、有效果的信息化研究进程。

数字盆地是一种面向行业解决方案的、复杂系统思维架构下的技术整合，它是数据模型、知识管理、软件架构以及数学模型等信息技术以及大数据、云计算等新技术的融合，进而形成一个面向石油地质勘探全流程的"信息化支撑体系"。因此，数字盆地作为一种行业解决方案，不仅有效突出信息化对于行业的效益提升和效率促进，对于今后油田勘探信息化工作的科学化、系统化持续发展也具有重要的意义。

2. 数字盆地运用信息技术建立了服务勘探业务的研发体系

长期以来，油气勘探信息化工作与业务工作存在着一定的断层，信息技术关注于数据模型和软件架构，对业务逻辑与功能的实现关注相对匮乏。造成这种现象的原因一部分是业务工作本身的复杂性，另一方面是基于业务的研发需要大量的复杂信息技术，如数据组织、业务表述、图形交互、专业算法及复杂软件定制等，这些技术壁垒限制了业务软件的持续研发。而基于数字盆地的数据集成和软件集成，则形成了面向业务主题的研发支持体系，通过这一体系的逐步建立和完善，专业化的软件研发人员将可以充分利用数字盆地提供的数据服务、知识服务、算法服务与功能插件，快速地设计、完善和发布面向特定主题的工具，随着这一体系的逐渐丰富，将有效促进信息化技术与业务工作的快速融合。

3. 数字盆地为地质人员认识勘探对象提供了一个认知模型

长期以来，油气勘探业务利用计算机与信息化技术作为工具展开地质探测和研究工作。信息技术作为各类工具的统称，为专业人员提供了快速观察、认识和分析地质目标的有效手段，随着数据组织以及网络化、图形化技术的持续发展，勘探信息化逐渐实现了多来源多尺度的大量数据组织管理，提供了有效的信息来源。现在，依托数字盆地技术，这些数据将在业务模型和知识体系的组织下，逐步形成具有地质意义的地质模型，同时，依托基础算法和专家经验形成的数学模型，也能够为地质专家提供自动化和分析与评价手段，辅助专家智慧更好地发挥。因此，数字盆地技术的发展，实际上是提供了一种前所未有的、更为直观和有效的认知模型，这是一种认识油气地质的有效工具。

4. 数字盆地为勘探工作提供一套科学的技术规范和工作流程

数字盆地不仅是一套信息技术体系，同时也为业务工作的整合提供了一套可量化的流程和规范。当前，油田勘探的地质理论和工作方法不断发展，勘探工作面临工作模式和思维模式的变革，信息技术虽然不能直接带来行业理论变革，但通过信息化技术带来的更快捷、更实时和形象的技术手段，可以有效地提升管理与决策水平、促进专家智慧，也可通过提供多学科多领域的专家沟通、交流与成果共享的手段，促进团队智慧的产生和发展。

概括而言，数字盆地是行业技术与信息技术深度融合的产物，它是一个工作环境、场景和创新的平台，通过数据、知识和工具的集成，通过技术规范和工作流程的设计，数字盆地将是未来开展勘探工作和地质研究的统一平台。

5. 数字盆地为行业发展提出了一个系统的技术体系和发展路线

国际上以勘探项目的模式实现地震、地质、油藏与石油工程一体化的研究流程和工具体系，国内油田勘探虽然并不缺乏配套的组织方式、管理流程，但缺乏有本地特色的软件工具支持，导致各领域的油气勘探人员无法实现专业化的协同研究与决策。从长远看，建立一个科学的、系统的数字盆地技术体系，为油气勘探和地质研究提供一个数字化的认知模型，不仅促进研究方法与思维模式的升级，也能够促进油气勘探工作模式的提效与变革。

今后，基于数字盆地的数据模型、软件架构、知识表征、地质模型、数学模型等环节所奠定的信息化基础，数字盆地将充分剖析行业的需求与发展方向，应用当前互联网络、大数据、人工智能等新技术发展的成果，充分融合、吸收和整合到这一一体化业务平台中，实现从数字盆地到智能勘探的持续发展和升级。

1.5　本章小结

本章针对国内油气勘探领域的理论和技术发展现状进行综述，指出了作为勘探核心——石油地质的主要概念、技术体系和作用，进而剖析了国内这一理论的发展现状及与国际研究的特点差异与技术差距，从数字油田技术与石油地质理论两个方向着手，针对现存的多种数字盆地定义进行了梳理和剖析，在此基础上提出了数字盆地较为系统的定义并概述了其技术框架和建设内容。

（1）数字盆地概念的起源与定义。数字盆地的概念源于数字油田技术与石油地质理论两个方向上的延伸、发展和融合。本章首先从数字油田理论体系的产生、发展和内容框架的不断完善过程展开论述，在这一技术框架基础上提出了数字盆地理论在信息化发展方向上的起源；之后，从石油地质勘探领域的业务特点和数字化发展趋势展开讨论，探讨了进入 21 世纪以来数字盆地概念的诞生和丰富的发展过程，针对现存的多种数字盆地定义进行了梳理和剖析，在此基础上提出了数字盆地较为系统的定义。

（2）狭义数字盆地与广义数字盆地的设计。数字盆地是一个内涵不断发展、体系不断延伸的理论体系，其信息化架构的发展也是一个不断丰富和完善的过程，因此，本章也重点针对数字盆地的信息化框架体系做了系统的分析与设计。数字盆地作为早期勘探信息化的理论性总结，其目的是加强基础数据管理和应用建设，重点进行各研究环节成果数据的归类和整理，通过一体化应用集成工作，提供多领域研究协同工作水平和生产管理决策水平的提升，实现油气勘探生产、科研和管理全过程的数字化，从而提升勘探效率并提升油气勘探的突破能力，这种定义称为"狭义数字盆地"。随着技术的发展，勘探信息化在早期数字化的基础上形成了一体化的层次架构，分别从原有的数据组织管理和应用框架基础上延伸出了知识管理、地质模型、业务生态系统的概念，这种新时期的勘探信息化总体框架，是针对业务体系的需求而形成的自下而上、业务导向的多层次系统架构，这一新的层次架构的理论，称为"广义数字盆地"。

（3）数字盆地的建设意义。本章最后结合目前石油地质勘探领域的形势与存在的问题，针对数字盆地建设的必要性、紧迫性做了论述，进而对数字盆地乃至未来油气勘探的智能化（智能勘探）建设的方法做了总结和展望。本书在绪论之后的内容中，将按照本章提出的数字盆地理论与技术体系，分别从业务体系和信息体系两个方面展开论述，其业务体系将从石油地质基础理论、油气勘探的组织模式、油气勘探的方法与技术等几个方面展开；在此基础上，将在第 4 章针对石油地质的特点提出数字盆地的信息化解决方案。

　　在后续章节中，将从信息技术体系方面，依次针对数据模型、软件架构、知识表征、地质模型、数学模型（模拟评价）等几个方面展开技术论述，最后通过第 10 章的业务实践和应用扩展以及第 11 章的智能化展望提出从数字盆地到智能勘探的发展蓝图。

第 2 章　石油地质学与油气成藏

一切不以油气地质理论为核心的地质信息技术都会流于表面化和边缘化。因此，只有充分剖析并量化油气地质理论，才能透彻地把握行业与用户的真实需求，才能以此需求展开信息技术应用实践。只有依托完善的石油地质理论体系，才能在后期的模拟计算与量化评价中，对油气产生和运移聚集的过程进行模拟，形成定量化分析的数字平台。

数字盆地的建设需要一个技术体系之上的指导理论，即油气地质理论。油气地质理论不仅是油气勘探的指导理论，也是数字盆地建设的业务目标，所有的油气勘探信息化工作，其内容和服务对象都是油气地质理论与技术体系的延伸。只有围绕油气地质的分析展开数据、算法、模型和工具的建设，才能使勘探信息化的理论体系，即数字盆地技术与方法形成一个有效的支撑系统。因此，认识和剖析作为油气勘探核心的石油地质理论体系，发现其技术本质，对于设计高效服务于油气勘探的生产、管理与决策的数字盆地技术是至关重要的。

2.1　石油地质基础理论

2.1.1　油气勘探的基础理论概述

数字盆地的每一个层次和环节都需要以石油地质理论为核心并作为出发点来设计。

石油地质学，地质学的分支学科，是研究石油和天然气在地壳中生成、运移和聚集规律的学科，是石油和天然气地质学的简称。石油是流体，与固体矿产相比，有其独特的生成和聚集规律。石油聚集的地方并不是生成的地方，石油在生成后，必须通过运移才能聚集在有利的圈闭中（图 2-1）。大量的勘探和开采实践积累了很多有关油气生成（烃源岩）、运移和聚集（油气运聚）、储存（储集层）、保存（圈闭、盖层、保存条件）等规律的知识，逐渐形成了这门学科，包括油气田地质学、调查和勘探油气的各种地质学、地球物理学和地球化学的原理和方法以及油气田开发的地质学原理和工艺技术等内容。

石油地质学主要研究石油及其伴生物天然气、沥青的化学组成、物理性质和分类；石油成因与生油岩标志；储集层、盖层及生储盖组合；油气运移，包括油气初次运移和油气二次运移；圈闭和油气藏类型；油气藏的形成和保存条件。油

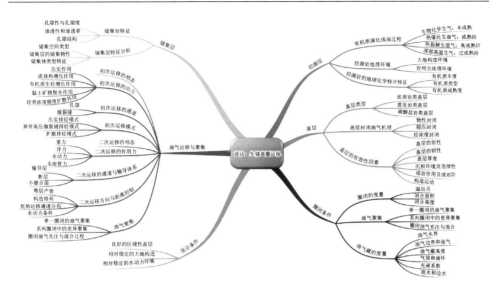

图 2-1　石油地质的理论体系知识图谱

气藏的形成过程就是在各种因素的作用下，油气从分散到集中的转化过程。能否有丰富的油气聚集并且被保存下来，主要取决于是否具备生油层、储集层、盖层、圈闭、运移和保存这 6 项条件（生储盖圈运保）。其中最重要的两个条件是充足的油气来源和有效的圈闭。

石油地质学的基础理论来源于油气勘探的实践并指导着油气勘探的实践工作。在具体的勘探方法实践和石油地质综合研究工作中，石油地质理论是基础、出发点，也是工作的指导，因此，无论是油气勘探生产、科研，还是管理与决策，要建立数字化的信息体系，就必须在每一个技术环节充分发挥石油地质理论的指导作用。

基于以上地质理论和具体实践方法，如果需要建立数字化的含油气盆地（数字盆地）的信息支撑体系，就要基于以上的地质目标特点来考虑数据特点、软件特点、框架选型以及不同算法模型的相互协调模式，只有充分明确各个地质阶段的内容与机理，才能有效地设计数据体系、软件体系、算法体系和应用流程，这是数字盆地设计的出发点和应用目标。

2.1.2　石油的成因及成油阶段

根据对原始生油物质的不同认识，关于石油的成因有无机成因说和有机成因说两种学派。前者认为石油及天然气是在地下深处高温高压条件下由无机物合成的；后者主张油气是地质历史发展过程中分散在沉积物中的动植物等有机物质逐步转化生成的。按照现今的油气成因理论，石油主要是有机成因的，天然气大部分是有机成因的，但不排除一部分天然气是无机成因的。

有机成油理论的机理研究决定了后期数字盆地建设的数据体系和功能体系，也直接影响针对油气成藏过程的模拟和评价。因此，本小节针对这一理论展开简单介绍。

根据有机晚期成油理论，石油是脂类、碳水化合物、蛋白质及木质素四种有机化合物演化而成的，但普遍认为最有利生油的是脂类。而生成油气的原始物质是沉积岩中那些不溶于有机溶剂的分散有机质——干酪根，而干酪根是原始有机质在成岩作用阶段经过生物化学作用和缩聚作用形成的。沉积有机质在埋藏过程中必然经历地质条件下的生物、化学和物理作用时期，发生与介质环境相适应的变化及有机和无机的相互作用。沉积有机质经过微生物分解、化学水解和聚合作用形成腐殖酸，腐殖酸进一步聚合演化形成干酪根，成为生成大量石油及天然气的来源。

干酪根形成之后，随着埋藏深度的进一步增加，各种类型的干酪根将进一步演化，通过热降解作用和热裂解作用生成石油和天然气。随着埋藏深度的增大，只有当温度升高到一定数值时，干酪根才开始大量生烃，这个温度界限成为干酪根的成熟温度和生油门限温度，这个成熟温度所在的深度成为成熟点或生油门限深度。

由于有机质所处的环境和所受的动力因素不同，致使有机质所发生的反应性质及形成的主要产物都具有明显的区别，从而使得有机质的演化过程和烃类的生成过程具有明显的阶段性。目前，国内外有两种阶段划分方案应用较为普遍，一种是根据有机质的成熟度对有机质演化阶段的划分；一种是根据油气生成的机理和产物类型对有机质演化阶段的划分。

有机质成熟度是指在温度的作用下，有机质的热演化程度。有机质的成熟度可以通过一系列的指标来衡量，目前常用的指标是镜质体反射率（R^o）。随着镜质体（有机质的一种显微组分，由植物的茎叶和木质纤维经过凝胶化作用形成）演化程度增加，其反射光的能力增强。根据有机质镜质体反射率的大小，一般将有机质的演化过程分为四个阶段：未成熟阶段、成熟阶段、高成熟阶段和过成熟阶段。各个阶段由于所处的环境不同，促使有机质演化和油气生成的动力也不同，有机质演化的产物也有显著的区别。根据有机质演化过程中油气生成机理和产物类型的变化，对应的四个阶段分别是：生物化学生气阶段、热降解生油气阶段、热裂解生凝析气阶段和深部高温生气阶段。当然，上述的各阶段有机质成烃演化过程是连续过渡的，对于不同类型的有机质，每一个演化阶段的界限和产物特征可能有所变化。

2.1.3　烃源岩及其评价

烃源岩是指富含有机质、在地质历史过程中生成并排出了石油和天然气的岩石。烃源岩的概念中既强调已生成和正在生成油气，也强调已排出或正在排出油气。由烃源岩组成的地层称为烃源层或源岩层。源岩层是自然界生成石油和天然气的岩层，在沉积盆地中，油气是从源岩层中生成并运移到具有多孔介质的储集层中储存形成油气聚集的，因此，烃源岩研究既对探讨油气成因具有理论意义，同时也是指导油气勘探实践的主要依据。烃源岩评价的主要目的就是根据大量地质和地球化学的分析结果，在一个沉积盆地中从剖面上确定烃源层，在空间上确定出有利的烃源区，为油气勘探提供科学依据。

1. 烃源岩生成的地质环境

干酪根晚期生油理论认为，油气生成必须具备两个条件，一是要有足够的有机质并能够保存下来；二是要有足够的热量保证有机质转化为油气。因此，具有形成烃源岩的地质环境一般应为水体安静、气候温暖、生物繁茂、稳定沉降。这样的环境有利于大量的有机质的形成、堆积和保存，也有利于有机质的成熟和演化，这种环境受到区域大地构造和岩性古地理条件的严格控制。

首先，为了确保有机质不断堆积并长期处于还原环境，且能够提供足够的热能供有机质降解，必须有一个长期持续下沉以及沉积物得到相应补偿的大地构造环境。其次，丰富的有机质堆积和保存是油气生成的基本前提，这不仅取决于生物的大量繁殖，还取决于周围的氧化还原环境，只有在还原条件下，有机质才能保存并向油气转化。目前来看，具备此条件的岩相古地理环境包括海相、陆相和海陆过渡相。

2. 烃源岩的演示类型

有机质的堆积、保存、演化和油气形成是在上述特定的环境中发生的。这个特定的环境就是浅海、深湖-半深湖、浅水湖泊和沼泽等水体安静缺氧、稳定下沉的区域。因此，烃源岩一般是细粒度、色泽暗、富含有机质和微生物化石的岩石，其中常含原生分散状的黄铁矿和游离沥青质，一般来说，泥岩和灰岩是石油原始物质大量赋存的岩性。世界上大部分的大油气区都和泥岩、灰岩密切相关。

3. 烃源岩的地球化学特征

在一个沉积盆地中，只有有效的烃源岩才能提供商业的油气聚集。作为有效的烃源岩首先必须具备足够数量的有机质、良好的有机质类型，并具有有机质向油气演化的过程。烃源岩的地球化学特征包含三个方面：有机质丰度、有机质类型和有机质演化程度。通过对上述烃源岩的地球化学特征进行研究，可以判断和评价岩石的生烃能力。

1）有机质丰度指标

有机质是决定演示生烃能力的主要因素，因此采用有机质丰度来代表岩石中有机质的相对含量来衡量和评价岩石的生烃能力。普遍采用的有机质丰度指标包括总有机碳含量（TOC）、氯仿沥青"A"和总烃含量等。总有机碳是指岩石中干酪根的碳和岩石中可溶于有机质中的碳，也称总有机碳，总有机碳含量就是一单位质量岩石中有机碳的质量百分数；氯仿沥青"A"是指能够溶于氯仿的可溶有机质（能够用氯仿从岩石中提取出来的有机质）占岩石质量的百分数；总烃是指氯仿沥青"A"中的饱和烃与芳香烃组分含量，总烃含量就是用总烃与岩石质量的百万分数来表示。与总有机碳含量一样，氯仿沥青"A"含量与总烃含量也是最常用的有机质丰度指标。

2）有机质的类型

有机质类型不同的岩石具有不同的生烃潜力。有机质类型是从可溶有机质（沥青）和不可溶有机质（干酪根）的结构和组成来区分。通常使用的方法是根据干酪根的元素分析将其分为 I、II、III 和 IV 型。

3）有机质的成熟度

有机质的成熟度是表示沉积有机质向油气转化的热演化程度。沉积岩中的有机质只有达到一定的热演化程度后才能开始大量的生烃。只有在成熟烃源岩分布区才有较高的勘探成功率。

由于在烃源岩的演化过程中烃源岩的有机质的许多物理化学性质都发生了相应的变化，并且这一过程是不可逆的，因而可以应用有机质的某些物理性质和化学组成变化特点来判断有机质的热演化程度，划分有机质的热演化阶段。因此，评价有机质成熟度的方法包括镜质组反射率、孢粉与干酪根颜色、岩石热解法、可溶有机质化学法、TTI 等。例如，镜质体反射率法中的镜质组是有机质中富含氧的显微组分，由同泥炭成因有关的腐殖质组成，具有镜煤的特征。镜质组反射率就是镜质组反射光的能力，作为温度和加热时间的函数，它具有不可逆性，因此是目前研究干酪根演化和成熟度的最佳参数之一。

目前，国内外有机质成熟度的衡量参数较多，参数的标准和参数间的对应关系还不统一，在实际应用时应该选择适合本地区的参数指标来综合评价。

2.1.4　油气的储集层

地下的油气储存在那些具有相互连通的孔隙和裂缝的岩层内。而具有一定储集空间，能够储存并渗滤流体的岩石称为储集岩，由储集岩所构成的地层称为储集层。孔隙性和渗透性是储集层的两个基本特性，也是衡量储集层的储集性能好坏的基本参数。

1. 储集层的种类

储集层一般按照岩石类型被分为三种：碎屑岩储集层、碳酸盐储集层和特殊岩储集层。储集层中如果含有具有工业价值的油、气流则被称为油层、气层或者油气层，这是油藏的核心。油气层的层位、类型、发育特征、内部构造、分布范围以及物性的变化规律等与油气储量、产能以及产量密切相关，直接影响到油气勘探开发的部署。

2. 碎屑岩储集层的主要特点

碎屑岩储集层是目前世界上各主要含油气区域的重要储集层，其油气储量约占全世界总储量的 60% 左右，对于我国来说，这个比例更高，中国的碎屑岩储集层是最重要的储集层类型，其油气储量占全国总储量的 90% 左右，如大庆油田、胜利油田、大港油田及新疆油田都属于这一类型。碎屑岩储集层的岩石类型主要包括砂岩、砂砾岩、砾岩、粉砂岩等碎屑沉积岩，其中以中砂岩、细砂岩和粉砂岩储集层最为常见，其次为砾岩等。碎屑岩的储集层的差异性、非均质性等特征很大程度上归结于沉积环境的多样性。地下存在的碎屑岩储集层是在一定的沉积环境下堆积下来的碎屑沉积物经过漫长而复杂的成岩后发生变化而形成的，因此，其储集物性受物源、沉积环境以及成岩后生作用等多方面的控制。

我国主要的含油气盆地的碎屑岩储集层多是陆相，绝大多数属于浅湖相、滨湖相、河流相、三角洲相、半深湖-深湖相、浊积扇相等沉积。与海相盆地相比，陆相盆地具有多物源、多沉积体系、砂岩体类型多、各相带大致呈环形分布的特点。纵向上，不同时期、不同成因的砂岩体互相叠加。因此，对砂岩体的岩性、岩相、厚度、几何形态及古地理恢复的研究尤为重要。

2.1.5　盖层

盖层是指位于储集层之上的，能封隔储集层，使其中的油气免于向上逸散的岩层。盖层的作用是阻碍油气的逸散。在油气源充足的条件下，盖层的分布和封盖性能控制油气的运移、聚集和保存。良好的盖层可以阻滞油气渗流运移、降低天然气的扩散散失，使其在盖层之下聚集成藏，是油气成藏的必要条件。按岩性可以将盖层分为泥质岩类盖层、蒸发岩类盖层和碳酸盐类盖层，其中泥质岩类盖层约占 65%，我国绝大多数油气田的盖层为泥质岩类盖层。

根据盖层阻止油气运移的方式，可以把盖层封闭机理分为物性封闭、超压封闭和烃浓度封闭。

1. 物性封闭

物性封闭是指依靠盖层岩石的毛细管压力对油气运移的阻止作用，因此，也称为毛细管压力封闭，也有人称为薄膜封闭。它是盖层封闭油气最普遍的机理。

2. 超压封闭

盖层依靠异常高流体压力而封闭油气的机理称为流体压力封闭，简称超压封闭。封盖能力取决于超压的大小，压力越高，能力越强。

3. 烃浓度封闭

所谓烃浓度封闭是指具有一定的生烃能力的地层，以较高的烃浓度阻滞下伏油气向上扩散运移。这种封闭主要是对以扩散方式向上运移的油气起作用。

上述的物性封闭是最重要和最基本的封闭机理，它是指依靠盖层岩石的毛细管力封堵油气，因此又称为毛细管力封闭。

在特定时刻，油气要通过此盖层进行运移，必须首先排替其中的水，克服毛细管压力的阻力，即油气的浮压必须要达到进入毛细管的最小压力。如果油气的浮压小于毛细管压力的阻力，则油气被遮挡于盖层之下。

评价毛细管压力的封闭能力一般使用排替压力，即岩样中非湿润相流体排驱湿润相流体所需要的最小压力。由于盖层孔喉十分细小，导致排替压力很高，在实际的地层条件下油气向上运移的动力难以达到这样的数值，因此被遮盖在盖层之下。由于针对盖层的排替压力是一定的，它所能遮挡的最大油气柱高度（最大封存烃柱高度）也是一定的，因此，根据盖层这一特点并结合其他地质条件，可以估算油气藏可能的最大油气柱高度。

此外，从另一个角度考虑，较薄的盖层由于难以在较大范围内保持横向的连续性而不破裂，因此，从盖层的有效性考虑要求盖层具有一定的厚度。根据对世界各油区的统计看，有效盖层的厚度一般在15m以上，针对大油藏而言，其厚度最好在30～40m（廖明光等，2011）。

2.1.6 油气的运移

地壳中的油气在地层条件下、各种自然因素的作用下所发生的位置的移动称为油气的运移。油气从烃源岩运移到储集层是一个漫长的地质过程，其运移过程受到多种地质因素的限制，是一个十分复杂的过程。烃源岩生成的油气从烃源岩向储集层的运移称为初次运移，从油气进入储集层之后的一切运移活动称为二次运移。经过初次运移和二次运移，从分散的状态逐渐在圈闭中聚集的过程称为油气的聚集，分散的油气在圈闭汇总聚集起来就形成了油气藏。

1. 油气的运移

石油和天然气在地层中的任何移动都称为油气运移。石油和天然气的运移，也可以说在油气生成的同时，油气运移已经开始。

在生油岩中正在生成的石油是分散的。生油岩所生成的石油首先需要从孔隙细小、渗透率极低的生油层中运移出去，汇集在有一定孔隙性和渗透性的储集层中，然后再从储集层向适宜油气聚集的地质体中运移。显然，油气从生油层向外运移与油气在储集层中的运移在许多方面是很不相同的。因此，在油气运移领域，很自然地就形成了油气初次运移和油气二次运移这两个基本概念或研究范畴。

在生油层中生成的油气，自生油层向邻近的储集层中的运移称为初次运移。相应地，把油气进入储集层后的一切运移称为二次运移。

显然，无论是油气初次运移或是油气二次运移，对于油气藏的形成都是十分重要的。油气初次运移，生油层中生成的油气最初是呈分散状态存在于生油层中。要形成有工业价值的油气藏，就必须经过运移聚集的过程。要实现这一过程，生油层生成的油气首先就必须从生油层向外、向临近的储集层运移（即初次运移），才能开始和继续油气聚集成藏的过程。由此可见油气初次运移的重要性。如果能够比较清楚地了解、掌握了油气初次运移的特点和规律，那么对研究其后的油气二次运移和油气藏的形成规律都将具有重要的意义。

1）油气初次运移的时间

油气初次运移的时间始于生油层开始生油的时间，而止于生油结束的时期。现今比较一致的看法是，石油是一边生成一边运移的。要使生油过程得以继续，也必须让已生成的石油陆续外移。当然，油气初次运移的高峰期应是在生油层大规模进行生油的时期。研究油气初次运移的时间有助于推断油藏形成的时期：任何油藏的形成不会早于其油气初次运移的时期。

2）油气初次运移的通道

天然气可以比较容易地从生油岩的细小孔喉中排出，但液态石油肯定难以通过生油岩的细小孔喉。那么，石油是怎样排出生油层的呢？比较一致的看法是：石油是通过生油岩中的微裂缝完成其排出生油层的初次运移的。在生油层埋藏深度增加、压实作用增强的同时，差异压实常可产生一定数量的裂缝。此外，许多研究认为，在压实作用最强烈的阶段，沉积岩大量脱水，会产生类似水力压裂的作用，导致泥质岩类产生相当数量的微裂缝。这都会有利于油气的初次运移。

3）油气初次运移的物理状态与载体

由于烃类难溶于水，因此多数看法认为：在油气初次运移时，大部分石油是以原有相态（液态石油）运移的，只有少量油气可能以溶于水的方式运移。

生油层中含有大量的原生水,这些水随着埋藏深度增加,压实作用增强,将会从生油层中大量排出,而这时正是生油层生油的时期。这些原生水的运动对油气的初次运移起着极重要的"运载体"的作用。

4)油气初次运移的动力

由于生油岩孔喉细小,渗透率很低,油气在其中运移困难,显然需要特别的动力。关于油气初次运移的动力,已有许多研究认识。主要的运移动力有:压实作用,使孔隙流体受压外排;水热增压作用,由于埋深增加,温度增高,使地层中大量的水受热膨胀产生外排动力;渗透压力的作用(泥页岩中部盐度低,边部盐度高,流体由盐度低处向高处流动);黏土脱水作用(蒙脱石在埋深 2000～3200m 时会大量脱水转化为伊利石,大量脱水既提供油气运移的载体,又产生油气自生油层向外排油的动力)等。总之,油气初次运移的动力较多,单独一种动力的情况可能较少。由此也可以看出,油气的初次运移是不乏动力的。

5)油气初次运移的方向与距离

关于油气初次运移的方向,一般认为以向上或向下的垂直运动为主,横向的水平运动较为次要。因为油气初次运移主要发生在孔喉细小的生油岩中,在这样的条件下要想长距离运移显然是不现实的。生油层生成的油气只有向其上、下最接近的储集层运移才是最容易、最可能的(其横向运移可以在油气进入储集层后比较容易地进行)。

油气初次运移的距离可能与生油层裂缝发育情况、排油动力大小、生油层与储集层的接触状况等因素有关。有人认为,油气初次运移的距离大致在生油层与储集层接触面的上下14m左右的距离内。据此,有人认为,生油岩的单层厚度以10～20m 为最好;单层太厚时,其中间部位生成的石油难于排出。

2. 油气二次运移

石油和天然气自生油层进入储集层后的一切运移都称为二次运移。它包括油气在储集层内的运移以及油气沿断层或不整合面等通道的运移,也包括已形成的油气藏遭受破坏使油气发生重新分布的运移。可见,油气的二次运移是紧接着初次运移进行的,也可以说,油气二次运移是初次运移的继续。油气进入储集层之后,其运移的环境条件有了很大的改善。最根本的改善是运移通道的渗透性大大提高,这就为油气的二次运移提供了良好的条件,使油气可以在很大范围内运移、聚集、富集、成藏。

1)油气二次运移的动力

石油生成并从生油层运移出来以后,要形成具工业价值的油气聚集,必须经过较长距离、较大规模的二次运移,才能使分散的油气富集成藏。显然,这种较长距离、较大规模的油气运移需要较为强大、较为持久的动力。油气二次运移的动力可能是多方面的，但主要的动力有如下三种。

（1）构造作用力。在地质历史时期，地壳的构造运动是频繁的。每次构造运动，地层中都会有应力活动，这些应力必然会促使地层流体产生运移和重新分布。与此同时，多数构造运动都会使地层产生一定的褶皱、弯曲、断裂等变形，从而为油气进行较长距离、较大规模的二次运移提供动力与通道。

地壳中的油气总是沿着动力最大、阻力最小的方向运移，这是油气运移的基本规律。油气运移动力的大小主要取决于运移通道的倾斜程度。运移通道较陡，则油气运移的动力（浮力）较大；运移通道平缓，则油气运移的动力较小。其具体运移的主要方向则受多种因素控制，其中最重要的因素是区域构造背景，即凹陷区与隆起区的相对位置和发展历史。在一般情况下，位于生油凹陷附近的隆起带和斜坡带常是油气运移的主要方向。

（2）浮力。天然气比水轻，液态石油一般也都比水轻。当油气进入饱含水的储集层后，油、气、水就会按密度大小进行分异。天然气最轻，居上部；水最重，居下部；液态石油居中。在储集层出现倾斜或上下两个分隔的储集层之间出现断层、裂缝连通时，油气就会在浮力的作用下持续向上运移，直到遇到某种封隔遮挡才会停止。

（3）动水压力。当某些储集层与地表连通，并有外界水源供给时，其中的流体会出现经常性的定向流动。当生油层生成的油气进入这样的储集层时，其中的油气自然会随动水压力的作用进行运移。

2）油气二次运移的主要时期

虽然油气二次运移是在油气初次运移开始不久即已开始，即油气生排烃与二次运移时期几乎是同时发生的，但油气二次运移的主要时期一般是在主要生油期之后的第一次构造活动时期。一般来说，只有构造运动的作用力才会促成油气的大规模运移。

正是由于构造活动使地层发生了倾斜、褶皱和断裂，破坏了油气的平衡，从而导致已经进入储集层中的油气在浮力、水动力和构造的运动力作用下，向着流体势梯度变小的方向发生较大规模的迁移，并在局部的圈闭中聚集起来。当然，如果在油气聚集后发生了第二次、第三次甚至更多次的构造运动，则每一次运动对油气运移和聚集都会产生一定的作用。起作用的大小取决于构造运动对原有圈闭的改造程度。

3）油气二次运移的距离

关于油气二次运移的距离，长期以来一直是石油地质界争论的问题。有人主张长距离运移，有人主张短距离运移。从我国油气田的情况看，它们大都有靠近油源区分布的特点。根据对中国含油气盆地远距离运移的统计（庞雄奇，2006），大中型油气储量的 95%分布在距油源中心 50km 以内的范围，这说明油气二次运移的距离一般不会很大。

　　4）油气二次运移的通道

　　油气二次运移的主要通道应是连续的储集层、大型层间裂缝、断层、不整合面等可在平面、剖面的较大范围连通的通道。连续的储集层和区域不整合面可将油气输送到较远的地方，大型层间裂缝和断层可将下部储集层的油气转送到中部、上部另外的储集层。这就大大扩大了油气运移聚集的范围，有可能形成大型、特大型油气藏。

　　对于胜利油田这样的陆相断陷盆地来说，针对构造与地质的特点可以推断，油气二次运移的通道主要是骨架砂体与断层。

　　5）二次运移的主要结果

　　油气二次运移的最终结果是停止运移，在圈闭中聚集成藏。此外，运移过程中的油气也要发生一些性质和数量上的变化。二次运移中的石油高分子量成分以及极性成分容易被矿物表面吸附，轻烃和无极性成分比较容易通过，即产生天然的色层效应。色层效应的结果往往是使石油中的胶质、沥青质与重金属减少，轻组分相对增多，在烃类中烷烃增多，芳香烃减少，烷烃中低分子增多，高分子烃相对减少，反映在物理性质上就是密度变小、颜色变淡、黏度变稀。

　　油气二次运移还会发生脱气、晶出和氧化等作用。石油在二次运移过程中，还会留下一些原始的微样品——有机包裹体，研究其成分、盐度、均一化温度和相态都能提炼出许多有关追踪油气运移方向和时期的信息，这在盆地模拟和含油气系统模拟评价等数学模型中可以提供至关重要的参数。

2.1.7　油气聚集和油气成藏

1. 圈闭与油气藏

适合油气聚集、形成油气藏的场所都称为圈闭。

　　圈闭一般由三个部分组成：①储存油气的储集岩；②储集岩之上有防止油气散失的盖岩；③有阻止油气继续运移的遮挡物。这种遮挡物可由地层的变形如背斜、断层等造成，也可以是因储集层沿上倾方向被非渗透地层不整合覆盖以及因储集层沿上倾方向发生尖灭或物性变差而造成。但是圈闭中不一定都有油气，只有油气进入圈闭才可能发生聚集并形成油气藏。一旦有足够数量的油气进入圈闭便可形成油气藏。

　　圈闭的大小和规模往往决定着圈闭储集油气数量，圈闭的大小可用其最大有效容积来度量。圈闭的大小取决于闭合面积、圈闭的溢出点和闭合高度三个因素。其中，闭合面积是指通过溢出点的构造等高线所圈出的面积；所谓溢出点系指流体在圈闭中开始外溢的点；闭合高度是指从圈闭的最高点到溢出点间的海拔高差。可见，闭合面积和闭合高度越大，圈闭的有效容积也越大。此外，圈闭的有效容积也与储集层的孔隙度有关。油气藏的大小是用油气的储量来度量，它主要取决于圈闭的大小和油气在圈闭中的充满程度。

油气藏是油气在单一圈闭中的聚集，是地壳上油气聚集的基本单元。一个油气藏一般具有独立压力系统和统一的油气水界面。油气藏是地壳中最基本的油气聚集单位。若油气聚集的数量足够大，具有开采价值，则称为工业油气藏（或者叫做商业油气藏），否则称为非工业油气藏（非商业油气藏），而这个聚集量则随着时间和技术的发展取决于政治、技术和经济等各个方面的条件。过去认为，没有开采价值的油气藏会随着开采技术和工业条件的发展成为具有开采价值的商业性油气藏，所以，工业油气藏（商业油气藏）的概念可以随着时间和条件的改变而变化。

2. 油气聚集的原理

油气在圈闭中积聚形成油气藏的过程称为油气聚集。在油气进入圈闭之前，圈闭中是充满了水的，由于油、气、水的密度不同，在圈闭中会产生重力分异，在单个圈闭中则会形成气在上、油居中、水在下的分布状态，而在一系列溢出点依次抬高的连同圈闭中则会形成油气的差异性聚集的现象。因此，油气在不同类型的圈闭中聚集的机理和聚集过程也存在差异。

1）单一圈闭内的油气聚集过程

在静水压力条件下，如果油气源源不断地进入圈闭中，油气在单个圈闭中的聚集过程可以分成三个阶段：第一阶段，圈闭中聚集了油气，原来占据圈闭的水，被排出一部分，由于重力分异，气体占据在圈闭的顶部，油在中部，水在下部；第二阶段，油气数量继续增加，油水界面一有降低到溢出点，但油气数量还在继续增多，一部分石油便从溢出点沿上倾方向溢出；第三阶段，油继续进入圈闭，天然气向圈闭上部聚集，将石油推向溢出点，石油不断被排出，当天然气的数量足够占据整个圈闭时石油便不可能再进入圈闭，而是沿溢出点向上倾方向溢出，于是圈闭完全被天然气所充满。

2）油气在系列圈闭中的差异聚集

油气差异聚集原理是由加拿大地质学家 Gussow 提出的（Levorson，1967），指的是在静水压力条件下，统一渗透层的连通圈闭的溢出点海拔依次递增，而且在没有局部支流运移和溶解气体影响的条件下，会出现以下油气差异聚集的结果。

（1）距离供油区最近且溢出点最低的圈闭中，在气源充足的前提下，形成纯气藏；距离稍远且溢出点较高的圈闭中，可能形成油气藏或者纯油藏；在溢出点更高、距离油源区更远的圈闭中，可能只含水。

（2）一个充满了石油的圈闭仍然可以作为有效的天然气圈闭，而一个充满了天然气的圈闭则不再是一个聚集石油的有效圈闭了。

（3）若油气按相对密度分异比较完善，则距油源区较近且溢出点较低的圈闭中聚集的石油或者天然气的相对密度应小于距油源区较远且溢出点较高的圈闭中的油气密度。

（4）所形成的纯气藏、油气藏和纯油藏的数目取决于油气来源供应的充分程度及圈闭的大小和数目。

但是，在实际地质情况下，只有一些大型沉积盆地才能够达到 Gussow 提出的（Levorson，1967）差异聚集条件，更为普遍的是，油气并不一定是充满圈闭后从圈闭的最低部位溢出。如果盖层质量不高，圈闭中聚集的油气达到盖层能够封闭的最大油气柱时，部分油气便可能突破盖层发生渗漏并向上运移，油气的分布出现多样性，造成最轻的烃类占据高的层位，最重的烃类占据最底部的层位。这类油气运移聚集模式称为渗漏型油气差异聚集。

3. 圈闭中的油气充注过程

油气在单一圈闭和系列圈闭中的聚集过程表示了油气在圈闭中的宏观特征。实际上，由于储集层孔隙结构的非均质性和油气流体的非均质性，油气在圈闭中的微观聚集过程是十分复杂的，它包括油气进入圈闭时由于储集层不同，部分孔隙性和渗透性的差异造成充注过程的微观差异，也包括在油气充满圈闭后，由于流体的非均质性所发生的混合作用和分异作用。

1）充注过程

充注是油气不断进入圈闭储集层空间的过程。由于储集层的非均质性，储集层的空隙大小不一，造成油气在进入不同孔径的孔隙时受到的毛细管力大小不同，因此，油气是优选毛细管力较小的大孔隙，呈树枝状进入储集层；随着油气不断地向圈闭中充注，烃柱随之增高，浮力增大，油气在增大的浮力作用下逐渐进入较小的孔隙并将储集层的地层水排出；如果充注的油气充足，最后将充满整个储集层的孔隙空间。

2）混合过程

储层的非均质性和充注过程造成了圈闭中的油气组成和性质在横向和纵向上的非均质性。这种非均质性主要表现为油气在组分和密度上的差异。这种组分和密度上的差异构成了油气在圈闭中混合的动力。

　　油气进入圈闭，往往早期注入的成熟度较低、密度较大的石油聚集在储集层的顶部，晚期注入的成熟度较高、密度较低的石油聚集在储集层的下部。在密度差的驱动下，高密度的石油将下沉，低密度的石油将上浮，从而使得圈闭中的石油发生纵向上的混合，直到石油按照密度分异完全为止，这叫做"密度差驱动的混合作用"。

　　油气充注的过程也可以导致石油组分在横向和纵向上存在非均质性，造成同一烃类组分在圈闭不同部位的浓度不同。基于这种浓度差，烃类组分将发生扩散作用，使组分的浓度趋于平衡而发生混合作用，这叫做"浓度差驱动的混合作用"。一般而言，油田规模的油气充注造成的非均质性不会由于扩散作用而达到均质化。

2.1.8　圈闭与油气藏的分类

1. 圈闭的分类

　　划分圈闭类型的方法很多：①以储层形态，把油气藏分为层状、块状、不规则状；②按圈闭的封闭性划分为封闭型、半封闭型和不封闭型；③按成因把圈闭划分为构造圈闭、地层圈闭和复合圈闭三种；④近代有人将圈闭概括为构造圈闭和非构造圈闭两大类，他们把由非构造作用形成的圈闭统称为非构造圈闭，一般包括地层圈闭、岩性圈闭、水动力圈闭及复合圈闭，与以前所论述的隐蔽圈闭-地层圈闭、不整合圈闭及古地貌圈闭大致相当。至于对非构造圈闭如何进一步细分，尚无统一的意见。目前，中国基本上采用 Levorson（1967）提出的圈闭分类，即根据圈闭的成因把圈闭分为构造圈闭、地层圈闭和复合圈闭 3 大类。有的石油地质学家还加上了水动力（流体）圈闭。

　　1）构造圈闭

　　储集岩层及其上盖层因某种局部构造形变而形成的圈闭。主要有褶皱作用形成的背斜圈闭、断层作用形成的圈闭、裂隙作用形成的圈闭、刺穿作用形成的圈闭和由上述各种构造因素综合形成的圈闭。

　　其中，背斜圈闭是世界上最早被认识的圈闭类型。在石油工业发展的初期，人们从广泛的实践中总结出了背斜学说，提出了要在有背斜的地方去找油，卓有成效地推动了当时石油工业的发展。实践表明，背斜圈闭是最主要、最普遍、最明显也最易找到的圈闭类型；而非背斜圈闭成因复杂，形态多样，隐蔽圈闭的勘探难度大，但也可以形成大油气田。随着勘探的深入发展，非构造圈闭将愈来愈显示出其勘探价值，特别是在老油气区，它将成为勘探的主要目标。

2）地层圈闭

由储集层岩性横向变化或地层连续性中断而形成的圈闭。主要有由透镜体砂岩、岩相变化、生物礁体等形成的原生地层圈闭，由地层不整合、成岩后期溶蚀作用等形成的次生地层圈闭。

3）水动力圈闭

储集岩层中水动力发生变化造成流体遮挡而形成的圈闭。如酒泉盆地北部单斜带的单北油田，即属于这一类圈闭。

4）复合圈闭

上述两种或三种圈闭因素共同作用形成的圈闭。主要有构造-地层复合圈闭、构造-水动力复合圈闭、地层-水动力复合圈闭和构造-地层-水动力复合圈闭。

根据不同标志对圈闭进行分类。圈闭类型是划分油气藏类型的主要依据，反映油气藏的成因，并对勘探具有指导意义。多年来，它一直是石油地质工作者研究的重要课题之一。

2. 油气藏的分类

主要是根据圈闭的成因分类，相应地把油气藏分为构造油气藏、地层油气藏、水动力油气藏和复合油气藏 4 大类。构造油气藏包括背斜油气藏、断层油气藏、裂缝性背斜油气藏和刺穿油气藏 4 个亚类。地层油气藏包括岩性油气藏、地层不整合油气藏、地层超覆油气藏和生物礁块油气藏 4 个亚类。水动力油气藏包括构造型水动力油气藏和单斜型水动力油气藏 2 个亚类。复合油气藏包括构造-地层复合油气藏、构造-水动力复合油气藏、地层-水动力复合油气藏和构造-地层-水动力复合油气藏 4 个亚类。中国有人把油气藏按圈闭成因分为构造油气藏、地层油气藏和岩性油气藏 3 大类，甚至也有简单地分为构造油气藏和地层油气藏两大类。这一分类方案认为，在复合油气藏中总可以找到一种起主导作用的圈闭因素，没有必要单列一类，而水动力圈闭发现不多，还不足以独立为一类。

圈闭的成因不同，油气藏的类型也就不同，对油气藏的勘探和开发方法也就不同。通常认为，圈闭的成因分类较之于形态分类更科学而且更具实际意义。单纯的形态分类往往把成因上互不相干的油气藏归为一类，不能真正反映它们之间的区别和联系。

在工业发展的初期，世界上油气勘探的主要对象是背斜构造油气藏。后来，由于 1930 年发现了美国的东得克萨斯大型地层油气藏，地层油气藏日益引起人们的重视。如图 2-2 所示的东营凹陷的油气藏中，单纯的构造油气藏较少，多数为地层油气藏和岩性油气藏。

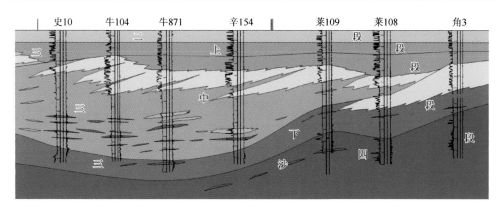

图 2-2 地质剖面图：油气成藏过程及分布示意

2.2 油气藏形成的基本条件

油气藏的形成是烃源岩、储集层、盖层、圈闭、运移和保存条件等多种地质要素综合作用的结果。烃源岩的形成是油气藏的物质基础，储集层为油气的储集提供了空间，盖层是为了避免储集层的油气向上逸散的有效屏障，圈闭是油气得以聚集的场所，运移过程则是油气从分散的状态向圈闭中集中从而形成油气藏的过程，地质历史中的油气藏只有在一定条件下才能保存下来形成油气资源。这 6 个方面的地质要素概括起来就是"生、储、盖、圈、运、保" 6 个字。但是，一个盆地要形成丰富的油气资源仅仅具有这些成藏要素是不够的，上述成藏要素的优劣、各个成藏要素之间的时间、空间的有效匹配对于油气藏的形成和富集起着重要的控制作用。廖明光（2011）等概括总结为"充足的油气来源、有利的生储盖组合配置关系、有效的圈闭、良好的保存条件" 4 项油气藏形成的基本条件。

2.2.1 充足的油气资源

充足的油气来源是形成储量丰富的大型油气藏的基本条件，而油气资源的丰富程度取决于烃源岩的规模和质量。首先，大规模的烃源岩是保证充足油气来源的基础，只有烃源岩面积大、烃源层系多、烃源岩的累积厚度大，烃源岩的规模才能大。其次，烃源岩质量的高低也对一个盆地油气来源的丰富程度具有重要影响。烃源岩的质量高低主要取决于烃源岩的有机质丰度、有机质类型和有机质的成熟度。丰度高、类型好和成熟度适当的烃源岩有利于大量烃类的生成，是充足油气来源的必要保障。

目前，在各类量化模拟和评价中，一般使用生烃强度来评价盆地的含油气丰富程度，这是单位盆地面积内某一层系内烃源岩的生烃量。

2.2.2　有利的生储盖组合配置关系

生储盖组合是指在地层剖面中紧密相邻的包括生油层、储集层和盖层的一个有规律的组合，称为一个生储盖组合。有利的生储盖组合是形成丰富的油气聚集，尤其是形成大型油气藏必不可少的条件。

由于在实际地层剖面中岩性往往是过渡的、互层的、厚薄不均一的，所以对生储盖组合的划分也不是截然的。一般取相近的主要生油层、主要储集层和盖层划为一个生储盖组合。在任何一个地区，正确划分生储盖组合对于预测可能的油气藏类型，指出有利的勘探地区具有重要的意义。

根据生油层、储集层和盖层三者在时间上和空间上的相互配置关系，可将生储盖组合划分为四种类型（张厚福等，1999）。

（1）正常式生储盖组合：指在地层剖面上，生、储、盖层表现为由下而上的正常分布关系，即生油层位于组合下部，储集层位于中部，盖层位于上部的组合形式。在正常式生储盖组合中，油气从生油岩向储集层运移，以垂向运移为主。

（2）侧变式生储盖组合：由于岩性、岩相在空间上的变化而导致生、储、盖层在横向上发生变化而形成的组合形式。这种组合多发育在拗陷内生油凹陷向边缘斜坡过渡带或隆起的斜坡上，以生油层、储集层同属一层为主要特征，油气以横向的同层运移为主。

（3）顶生式生储盖组合：指生油层与盖层属同一地层，而储集层位于其下的组合类型。

（4）自生、自储、自盖式生储盖组合：指生油层、储集层和盖层都属同一地层的组合类型。石灰岩中的局部裂缝发育段储油，泥岩中的砂岩透镜体储油以及一些泥岩中的裂缝发育段储油都属这种组合类型。

此外，根据生油层与储集层的时代关系，还可划分出新生古储、古生新储和自生自储三种形式。新生古储是指较新地层中生成的油气储集在相对较老的地层中；古生新储是指较老地层中生成的油气运移到较新地层中聚集；而自生自储是指生油层与储集层都属于同一层位。

从生储盖组合的评价角度看，不同类型的生储盖组合中，烃源层和储集层的接触关系和接触面积不同，使得油气输导能力和富集条件不同，从而造成不同生储盖组合有效性的差异。一般来说，互层式生储盖组合的有效性最高。

2.2.3　有效的圈闭

在具有油气来源的前提下，并非所有的圈闭都能够聚集油气，而是有的圈闭形成了油气藏，而有的圈闭只含水，形成空圈闭。因此，圈闭的有效性指的是具有油气来源的前提下圈闭聚集油气的实际能力。

1. 时间配置：圈闭形成的时间与油气区域性运移的时间关系

油气只有在圈闭形成后才能产生聚集，如果一个沉积盆地内，圈闭是在最后一次区域性油气运移之后才形成，那么其形成的时候油气早已运移过去了，因此，只有在油气区域性运移前形成的圈闭对油气聚集才是有效的。

2. 空间配置：圈闭与油源区的距离

沉积盆地中的生油拗陷控制着油气的分布。油气生成后首先运移到油源区内及其附近的圈闭中聚集起来形成油气藏，多余的油气则一次向着较远的圈闭进行运移聚集。如果油源有限，不能满足盆地内所有圈闭的总有效容积，则距离油源区较远的圈闭通常会成为无效圈闭，所以，圈闭所在的位置距离油源区越近越有利于油气的聚集，圈闭有效性就越高。

不同的沉积盆地有所差异。陆相沉积盆地中储集层的岩性和岩相在纵横向上的变化比较大，油气运移的距离短。因此，在生油区内及其附近的圈闭是最有利的，油气富集程度高，而远离生油区的圈闭富集程度低或者是无效的。海相地层发育的沉积盆地储集层岩性一般比较稳定，连通性也好，油气能够较长距离的运移，因此，圈闭位置与油源区的对应关系不如陆相盆地那么重要。

3. 空间配置：圈闭位置与油气运移优势方向的关系

由于盆地构造格局、沉积体系的分布、断裂的分布、盖层地面构造形态及水动力因素影响，油气在盆地内的运移是不均衡的，导致在有些方向上的流量要大于其他方向的流量，从而形成盆地内的优势运移方向。因此，位于油气优势运移方向上的圈闭对于油气的聚集比非优势方向上的圈闭更加有利，圈闭有效性更高。

盆地内油气总的运移方向是从拗陷向隆起、从盆地中心向着边缘、从深层向着浅层，大型隆起区和盆地边缘的斜坡区是油气运移的主要指向。在这一运移的大背景下，优势输导体系的分布控制着油气的优势运移方向。盆地中砂岩体发育的各种沉积体系的分布方向往往也是油气侧向运移的优势方向，区域盖层底面的构造脊也控制着油气运移的优势方向，断裂的分布控制了油气垂向运移的优势方向。上述的优势运移方向关系的总结，是应用信息技术来模拟和计算油气运移的出发点和理论基础，其量化的过程，就是地质模型向数学模型转化的过程。

4. 流体：水动力强度和流体性质

静水压力下的圈闭油水界面是水平状态。在动水压力条件下，测压面是倾斜的，储集层中的地层水沿着测压面倾斜的方向流动，圈闭内的油水界面也顺着水流的方向倾斜，当倾斜角超过顺水流方向的下倾翼的岩层倾角时，原来聚集了油气的圈闭就成了无效圈闭。

2.2.4　良好的保存条件

盆地中烃源岩生成的油气能否形成油气藏，与油气的保存条件有重要关系。如果油气的保存条件不好，油气在运移过程中就有散失的可能，不利于形成大型油气藏和丰富的油气资源。在地质历史中已经形成的油气藏能否保留到现在，取决于在油气藏形成以后是否遭受破坏和改造。油气藏在形成过程中与形成以后的保存条件主要与盆地区域性盖层的条件、构造运动的强度以及水动力条件有关。

1. 良好的区域性盖层

区域性盖层是保护盆地中的油气免遭散失的重要屏障。区域性盖层条件的优劣主要与盖层的岩性、厚度和在区域上的稳定性有关。作为盆地的区域性盖层，一般都必须是由泥岩类或膏盐类岩石组成的地层。膏盐岩具有很好的可塑性，在构造运动中不易发生断裂，并且孔隙性、渗透性极差，是最适合作为区域性盖层的岩石类型。区域性盖层必须具有足够的厚度，并在盆地内具有横向上的稳定性和连续性。盆地区域性盖层的厚度一般应在数百米以上，只有这样才能保证一套盖层在盆地内具有分布上的稳定性，使其在盆地的绝大部分地区都有分布，对盆地的油气起到纵向上和横向上的保护。

2. 相对稳定的大地构造环境

盆地的大地构造条件对油气藏的形成与保存具有重要影响。在油气藏的形成与保存过程中，盆地的构造运动具有二重性，适度的构造运动有利于油气聚集，而强烈的构造运动则会造成油气藏的破坏。比较而言，相对稳定的构造环境对油气藏的形成与保存都是有利的。

强烈地壳运动是油气藏破坏的主要原因。第一，地壳运动可以造成大规模的抬升，储集层遭到剥蚀风化，油气会大量散失，造成大规模的地面油气显示，油气则不能聚集或造成原有的油气藏的破坏。第二，地壳运动可以产生一系列的断层，会破坏圈闭的完整性，油气沿断层流失，油气藏破坏。第三，地壳运动会伴随岩浆活动，高温岩浆侵入油气藏，会把油气烧掉，把圈闭破坏。在这种情况下，大规模的岩浆活动对油气藏的保存是不利的，最终导致油气藏的破坏。

3. 相对稳定的水动力环境

水动力环境对油气藏的保存有重要影响。活跃的水动力环境可以把聚集在圈闭中的油气部分或全部冲出圈闭，造成油气藏部分或全部破坏。因此，一个相对稳定的水动力环境是油气藏保存的重要条件之一。

综上所述，油气藏形成的基本条件是：充足的油气来源，有利的生、储、盖组合配置关系，有效的圈闭以及良好的保存条件，只有具备了这 4 个条件，油气藏才能够形成与保存。

2.3　石油地质学的信息化定位

本书第 1 章阐述了石油地质勘探（油气勘探）的定义。石油地质勘探是指为了识别勘探区域或探明油气储量而进行的地质调查、地球物理勘探、钻探活动以及其他相关活动，其目的是为了寻找和查明油气资源。石油地质勘探利用各种勘探手段和方法，了解地下的地质状况，认识生油、储油、油气运移、聚集、保存等条件，综合评价含油气远景，确定油气聚集的有利地区，找到储油气的圈闭，并探明油气田面积，搞清油气层情况和产出能力的过程。

石油地质学是石油地质勘探的核心，作为地质学分支学科，石油地质学是研究石油和天然气在地壳中生成、运移和聚集规律的学科，是石油和天然气地质学的简称。大量的勘探和开采实践，积累了很多有关油气生成、运移和聚集规律的知识，逐渐形成这门学科。可以这么说，石油地质学理论是通过油气勘探生产与研究的实践活动，针对勘探地质目标总结出来的一套油气发现、分析与评价的理论体系。

石油地质学的理论体系在油气勘探中处于一个什么定位呢？可以从油气勘探的业务流程上做一个剖析。石油地质勘探工作从业务流程上大约分为 4 个递进的层次（图 2-3）。首先，从油气生产实践活动开始，通过地质调查、实验模拟、分析化验和探井等手段，不断地获取关于勘探目标的相关数据；之后，通过勘探项目管理与战略决策，针对各生产环节的数据进行汇总统计与分析，形成针对物探与探井生产的工作部署；接着，通过上述环节提供的数据与分析成果展开从构造到地质属性的研究工作，形成针对地质环境描述的地质模型；最后，根据地质研究形成地质模型和地质认识（概念模型），通过模拟、分析和评价等软件工具的辅助，地质专家逐步总结、建立和不断完善一套特定地质环境下的石油地质理论，

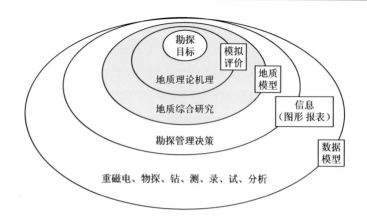

图 2-3　石油地质的理论体系知识图谱

作为油气勘探全过程的工作指导。因此，石油地质学理论由于其行业核心地位，成为指导数字盆地建设的业务理论框架。

　　长期以来，由于信息化技术与石油地质技术在组织管理和业务运行上的独立性，导致国内油气行业信息化长期处于一种分离的状态，油气勘探信息化出现了两个分支化发展方向。一个是以信息部门为主导的信息技术体系，其研发中心普遍处于勘探生产与管理决策环节，针对生产环节通过源头采集和主数据库建设形成行业的数据模型，针对生产管理与决策环节通过图形与报表功能模块形成管理信息软件体系（浅色环节）；另一个是以业务部门主导的业务信息体系，其研发工作包括：针对地质综合研究各业务特点形成认识地质目标的静态地质模型、针对地质机理的动态模拟与评价（深色环节）。通过这两部分内容的递进与衔接，最终形成针对勘探目标的石油地质学理论认识。

　　两个层面的信息化的发展断裂带来的问题是显而易见的。单纯的信息化技术由于缺乏行业明确的发展方向和效益约束，导致部分信息化成果存在建设过度和服务目标缺失的问题，无法体现其建设价值；而行业专业软件体系的发展也产生局限性，由于缺乏一体化的数据模型、软件框架、通用性软件技术（如海量数据索引、多尺度数据组织、图元成图、三维可视化等）和基础算法等信息技术支撑，无法突破大量基础技术壁垒，导致研发的重复与低效，软件发展徘徊不前，更无法形成有竞争力的强大产品。

　　因此，这种断裂造成的问题需要通过数字盆地的一体化设计来得到弥补，即数字盆地的技术体系设计，必须以业务目标为出发点，数字盆地从数据、软件到知识的每一个层次和环节，都必须以石油地质理论为出发点建立一条业务目标实现的主线，保证所有技术都能够围绕具体的业务活动去产生效益。后续章节的数据组织、知识体系和软件架构等设计，也均以此为目标逐步展开。

2.4　本 章 小 结

本章重点针对石油地质基础理论和油气成藏基本条件两个角度展开石油地质理论的梳理和分析，进而提出基于石油地质理论的数字盆地建设思路。

（1）展开针对石油地质学的地质理论基础表述。这部分从沉积生油盆地的烃源岩生油、储层与盖层的存储、油气运移、聚集与成藏等几个过程展开描述，同时，针对国内油气勘探的程序与流程特点做了剖析，进而针对国内地质理论研究的特点做了总结，为后期数字盆地建设描述了一个业务理论核心，也为后期数字盆地的数据体系、软件架构、业务协同机制设计提供业务目标。

（2）针对油气成藏基本条件的论述。作为油气勘探核心的石油地质学，是地质学的分支学科，是研究石油和天然气在地壳中生成、运移和聚集规律的学科，是石油和天然气地质学的简称。石油作为一种地下独特的生成和聚集产物，在生成后，必须通过运移才能聚集在有利的圈闭中。大量的勘探和开采实践积累了很多有关油气生成、运移和聚集规律的知识，逐渐形成了这门学科，包括油气田地质学、调查和勘探油气的各种地质学、地球物理学和地球化学的原理和方法以及油气田开发的地质学原理和工艺技术等内容。油气藏的形成过程就是在各种因素的作用下，油气从分散到集中的转化过程。能否有丰富的油气聚集，并且被保存下来，主要取决于是否具备生油层、储集层、盖层、圈闭、运移和保存六项基础条件。

（3）针对石油地质理论与成藏条件分析展开石油地质的信息化定位。本章指出：①石油地质学理论由于其行业核心地位，是指导数字盆地建设的业务理论框架；②数字盆地从数据、软件到知识的每一个层次和环节，都需以石油地质理论为出发点建立一条实现业务目标的主线，保证所有技术都能够围绕具体的业务活动去产生效益。

本章指出，基于地质理论在油气勘探中的核心地位，所有的油气勘探信息化工作的核心内容和服务对象都要以油气地质理论体系为灵魂。只有围绕油气地质的分析展开数据、算法、模型、工具建设，才能使勘探信息化，使数字盆地的建设工作落到实处。

第3章 石油地质勘探的组织与技术方法

石油地质勘探的方法和技术构成了油气勘探的实践过程。"油气勘探是一门实践的科学",就是指使用各类勘探方法与技术不断探索和认识地下构造与油气藏的过程。这一探索的过程是通过不断获取地下的信息,从而对原有的地质理论认识不断深化的过程,它是认识、实践、纠正认识、再实践的一种循环往复、不断提升的过程。正因为如此,这些地质勘探的方法和技术具有层次逐步递进、阶段不断前进、认识不断优化的特点,从信息技术本身看,石油地质勘探的技术方法具有明显的信息化与知识化特点。

3.1 国内油气勘探的规划与管理

国内的各大油田先后在原石油工业部、原中国石油天然气总体公司及后续的中国石油天然气集团公司与中国石油化工集团公司的组织管理下,经历了数十年的油气勘探历程,基本形成了一定的勘探管理体制、经验和做法,对油气勘探的发展起到了重要的推动作用。

国内石油企业对于"油气勘探"概念定义较为宏观,不仅包括核心的石油地质研究部分,也包括综合应用石油地质学与物探、化探、钻井、录井、测井、测试、试油等各种勘探工程技术,寻找查明油气田的油气藏形态、性质、资源、提交可动用的探明储量的各生产活动。从阶段上看,油气勘探主要包括盆地勘探、区带勘探、圈闭勘探、油气藏评价等主要阶段,在每个阶段都包括勘探生产、勘探研究、勘探管理等工作。勘探生产是以增储上产为目的,组织、实施、完成各项勘探活动的过程。

勘探的研究工作,是以新技术、新方法为基础,以解决勘探生产过程中的难题为目的,综合各学科技术优势所开展的一系列活动。勘探管理是以生产、科研为主题,以提高勘探效益为目的,科学组织、周密部署、规范管理的活动总和,也是油气勘探各项工作中极为重要的一个环节。

3.1.1 油气勘探的管理现状与发展趋势

油气勘探工作是油田企业增储上产的重要手段和关键环节,是高新技术密集、多专业协同作战的行业，同时也是包含决策、执行和监督、竣工验收及后评价的系统工程。以胜利油田为例，历经 50 余年的油气勘探历程，基本形成了一定的勘探管理体制、经验和做法，对油气勘探的发展起到了一定的推动作用。然而，石油地质研究工作模式，依然有很强的原有计划模式的特点，缺乏全面系统总结和根据形势变化进行修改的灵活性。同时，受计划经济体制的影响，以往的管理模式存在以行政命令和经验取代科学管理的现象，与当前面临的市场机制、竞争机制和法律机制不适应。勘探项目的管理和实施受控于归属、立场和目标各不相同的部门，未能形成对项目全过程和全部目标进行管理、组织、协调和控制的统一、完善的配套管理制度。同时，随着油气勘探项目运行管理方式的变革，以往的勘探管理规范和流程在实践中发现许多需要修改和完善的地方。这种管理模式的变化与发展趋势主要体现在以下几个方面。

1. 国内的勘探项目管理与国外大油公司有较大差距

世界各大石油公司各有自己的勘探体制和管理方法，千差万别，但也有些共同的地方，这就是都实施项目管理。在 20 世纪 90 年代初，原中国石油天然气总公司就开始进行油气勘探项目管理的实践和探索。石油工业重组之后，中国石油化工股份有限公司及所属各油田基本上沿袭了原中国石油天然气总公司的管理办法，只是根据自身的特点作了局部调整或修改，因此，勘探项目管理带有很多旧体制的影响，和国外大油公司相比还存在着很大的差距，如勘探项目经理组的管理职能弱化，还没有形成一套既能与国际接轨，又有自己特点，责任权利分明、管理科学的勘探管理制度。

2. 勘探的信息化（数字勘探）逐渐成为趋势

现代网络技术和通信技术的发展，在改变人们生活方式的同时，也带来了组织管理方式的巨大变革，企业信息化逐渐成为趋势，成为提升企业竞争力的必然选择。为此，我国三大石油公司都增设了 ERP 系统。与此同时，针对油气勘探领域的信息化工作也逐步开展，从数字油田到智能油田，方案也在一步步细化和有序实施，在信息化条件下的石油勘探管理必然与传统的管理有很大不同，需要去研究和探索。

3. 勘探团队化管理的重要性日益凸显

传统的条块分割、职能化管理的弊端日益引起关注，团队化管理成效显著，是管理科学的发展趋势。石油勘探业务涉及以地质和地球物理为主的多个学科，需要多部门的协同，研究推行团队化管理尤为必要。

4. 国内外勘探形势为勘探管理赋予了新内容

近年来，中国石油化工股份有限公司提出了"东部硬稳定、西部快上产、天然气大发展"的国内资源战略，要求各分公司全面落实科学发展观，实现油气勘探的又快又好发展。因此，在风险勘探和项目管理等方面均赋予了新的管理内容。特别是从2005年起，为了尽快与国际资源管理方式接轨，国家物资储备局实行新的储量规范。新规范与老规范最大的区别在于两点：一是储量的落实程度要求更高；二是储量能够较快开发动用。这意味着寻找同样多的储量，必须投入更多的工作量。这要求油气勘探进一步树立以经济效益为中心的工作思路，向管理要效率、要效益，以管理促发展，建立一套符合自身企业特点，保证生产经营活动高效率运行的管理制度。

3.1.2 油气勘探工作总体流程

以2015年胜利油田为例剖析油气勘探的工作流程。胜利油田油气勘探系统流程如图3-1所示。

首先根据中国石油化工股份有限公司（以下简称股份公司）油气资源发展战略和勘探规划、计划，胜利油田分公司承担并完成其所下达的矿权申请、勘探投资计划及储量任务。胜利油田分公司向股份公司提交所需探矿权申请资料，获得探矿权区块，根据股份公司下达的探矿权委托，胜利油田分公司负责完成规定的义务工作量和勘探任务。之后，胜利油田分公司根据股份公司的工作要求，结合自身实际情况，向股份公司提交勘探规划建议和年度勘探建议计划。

股份公司下达给胜利油田分公司的勘探投资计划，分公司内部按照勘探对象性质划分为区域、区带勘探和滚动勘探开发两类勘探项目。其中，区域、区带勘探项目计划和部署、实施管理主要由勘探处、勘探项目管理部负责；滚动勘探开发项目计划的实施和组织管理由开发处负责。区域、区带勘探计划和部署的实施，按照工作内容和性质具体细化为科研及勘探部署和工程实施两部分，其中勘探工程实施包括物化探、钻井（含测、录井）、测试等工程。

目前，根据年度勘探工作的进展情况，勘探管理部可以提出勘探计划和部署调整方案，经分公司勘探主管领导同意后报股份公司审批，并根据股份公司批准的调整计划组织实施。勘探处和勘探项目管理部需确保年度新增储量任务的完成，每年股份公司勘探例会上向股份公司提交新增控制和预测储量，年底向国家石油天然气储量评审中心提交当年新增探明储量。胜利油田油气勘探系统管理流程如图3-1所示。

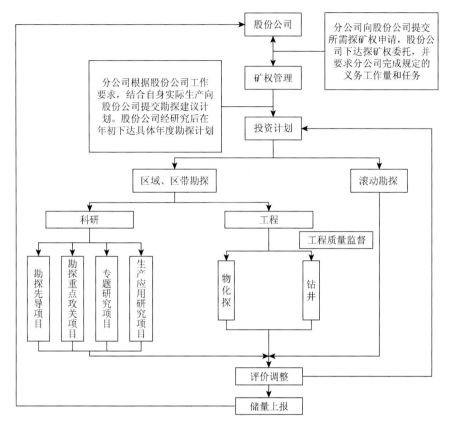

图 3-1　胜利油田油气勘探系统管理流程图

3.1.3　油气勘探的项目管理

国内油田自 20 世纪 80 年代开始实行油气勘探项目管理，以此为代表的油公司体制作为石油工业体制改革的重要方式，于 20 世纪 90 年代在陆上油田全面推行并取得了较好的效果。各油田都进行了这种勘探项目的管理机制的尝试，引进并规范了勘探市场，全方位的甲、乙方合同制管理使勘探工程质量明显提高，成本稳中有降，勘探效益逐步提高。这种勘探项目制度的实施，不仅确保了施工质量，提高了公司经济效益，也保障了野外施工人员的经济利益，通过项目费用全额承包实现费用与工作量挂钩。例如，大庆油田于 1993 年成立了勘探公司，实行行政管理和经营管理分离，对于油气勘探的发展起到了积极的推动作用。

以中国石油化工股份有限公司胜利油田勘探管理流程作为案例，系统剖析一下目前国内的油田勘探管理模式。目前，勘探项目管理部门负责整个勘探系统计划、执行、监督和考评的动态循环过程，已经形成了相对稳定的管理流程和管理制度，勘探项目管理流程包括以下内容。

勘探总承包。勘探项目管理部（或勘探管理中心）代表勘探系统与油田分公司签订内部承包合同，实行勘探总承包。

项目设置。勘探项目管理部根据勘探总承包合同，结合油田勘探计划指标和探区勘探现状，编制勘探项目设置意见，内容包括勘探项目名称、工区范围、年度承包指标（钻井工作量、试油工作量、新增油气储量、投资、钻井与试油成本、效益指标等）和地质任务，勘探项目设置意见报分公司勘探主管领导审查批准。

项目经理聘任。采油厂辖区勘探项目经理由采油厂推荐，勘探项目管理部审查，报油田勘探主管领导批准后颁发聘书。重点勘探项目，区域、外围等勘探项目经理由勘探项目管理部推荐，报油田勘探主管领导批准后颁发聘书。

组建项目组。项目经理聘任后完成项目组组建。

勘探项目组的职责和权力设置。勘探项目组的职责包括：根据分公司批准的勘探项目设置下达的勘探计划，编制项目的总体设计；组织研究单位进行本项目工区的地质综合研究、勘探目标评价优选和探井井位设计论证；组织编制项目工区一般评价井的钻探任务书，审批其地质设计；在勘探项目管理部协助下，负责辖区内一般评价井（含录井、测井、试油（气）测试）的钻探实施，包括井位测量、处理工农关系、招（议）标、队伍的选择及合同的签订等，对勘探项目管理部负责实施的其他探井予以协助；协助现场监督人员，监督各类施工队伍（钻井、录井、测井、试油（气）测试）严格按设计施工，确保工程质量；及时掌握项目工区各种现场生产信息，重要信息实时如实地向勘探项目管理部汇报；向分公司勘探主管部门提出项目工区各种勘探工程的部署建议；负责一般评价井的竣工验收和结算把关。

勘探项目年度总体设计。年度总体设计为勘探项目实施的指导性文件。项目组按《勘探项目年度设计编制规范》的要求完成年度总体设计书编制，报勘探项目管理部审批。

签订内部承包责任书。内部承包责任书由勘探项目管理部依据批准的各勘探项目年度计划和总体设计编制。

项目实施与调整。项目实施的依据为年度总体设计、内部承包责任书、批准的探井井位部署方案及单项工程设计等。

项目跟踪分析和调整。项目组和勘探项目管理部应经常跟踪项目实施动态，分析项目实施效果；同时，项目组应根据新的情况提出项目调整建议，调整的主要内容是探井部署、储量任务和投资计划。

储量上报。各勘探项目储量上报方案的确定、储量计算、储量评审与验收等工作由勘探管理部门负责组织，勘探项目管理部要积极参与和配合。

最后的环节是项目考核验收和项目的后评估。

综上所述，油气勘探管理工作具有项目管理的特点和基本流程，在管理流程和制度上已具雏形。但在实施过程中，由于相关部门不具有真正的市场关系，其工作审核和考核属于内部考核，导致真正的项目管理制度与国外的管理效率和结果都有一定的差距。正如大庆油田徐会建提出："迄今为止，国内的勘探项目管理依然未能形成对项目全过程、全系统和全部目标形成管理、组织、协调和控制的管理体系，与国际上著名的石油公司相比存在较大的差距，也没有形成一套既能与国际接轨，又具有本地油田特点的勘探管理体系。"（徐会建，2011）

3.2　油气勘探方法技术

针对油田勘探技术的种类划分，由于管理模式和技术体系导致分类方式有所差异，但总体的内容基本是一致的，国内常见的分类方式是将油气勘探技术分为四种主要的类型（吴欣松，2001）。

（1）地质调查技术：地面或地表进行的技术，包括地面地质踏勘、油气资源遥感、非地震物理化探、地震勘探。

（2）井中探测技术（探井井筒技术）：指直接接触油气层的勘探技术，包括钻井、录井、测井、测试和试采。

（3）实验室分析模拟技术：利用各种分析仪器、测试和模拟装置，取得相关资料。

（4）地质综合研究技术：对勘探对象和勘探目标进行系统化、定量化的评价的技术，包括盆地评价技术、区带评价技术、圈闭评价技术和油气藏描述技术。

如图 3-2 所示，前三种技术（地质调查技术、井中探测技术、实验分析模拟技术）以信息采集为主要方法，并通过资料的处理与解释，从不同的侧面来再现地下地质情况，而地质综合研究技术的重点是对上述三种技术手段获取的信息和解释成果进行综合研究，来对勘探对象和勘探目标进行系统化、定量化的评价。

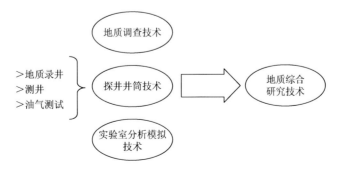

图 3-2　油气勘探业务的主要技术方法（吴欣松，2001）

3.2.1 地面地质调查方法

油气勘探的地面地质调查，即地面地质测量是最古老的地质勘探技术，它是通过对野外地质露头的观察和油气苗的研究，结合地质浅钻和构造剖面井等手段，查明生油层和储层的地质特征，落实圈闭的构造形态和含油气情况（庞雄奇等，2006）。

不同的勘探阶段野外地质调查的工作是不同的，其采集地质资料的内容和方法也有所不同（蔡希源，2012）。对于区域地质调查的盆地评价研究，主要了解基本的地层特点、接触关系、潜在烃源岩特点和基本的储盖组合，同时通过地层展布、沉积特点、火山岩性质、断裂体系的综合评价来分析盆地原型特点、构造演化、潜在源岩发育时期和可能的展布；对于区带评价，主要是局部源岩评价、区域性特殊地质时间对生储盖及成藏的影响、地层层序特点与横向变化；对于精细地质调查阶段，主要针对研究与评价的某个具体问题展开专题性研究，如具体的含油层段垂向物性变化、特殊储层的特征与组合关系、精细的断层相关褶皱构造与横向变化。

野外剖面测制的目的是：划分地层，明确各个地层之间的关系；研究岩石地层单位的组成、结构、基本层序，各生物地层单位的代表性化石及其组合特征，地层成因标志与组合；分析沉积演化的过程及对构造的响应，单个层在某种沉积体系或相带中的发育规模和可能的横向变化；掌握不同沉积环境或体系域中所存在的烃源岩、岩石孔隙度、渗透率等对油气成藏至关重要的特征参数的变化；判断基本的生储盖特征与纵横向配置，从而为生储盖的横向预测奠定基础。

地质调查根据最终的野外草图和观察记录，最终要绘制正规的踏勘剖面图和岩性柱状剖面图作为地质调查的成果。

（1）踏勘剖面图是将野外导线平面图的起点和终点连线方向作为剖面的方向来绘制平面图。在这个剖面图上，首先将平面图导线上的各个点投影到剖面图的地形线上，然后根据岩层的产状及规定的岩性符号画出岩层层面线，在下方标出产状要素和地层时代。

（2）岩性柱状剖面图反映时代顺序、地层接触关系、地层岩性特征与厚度，同时根据需要在图上反映出野外测量时观察到的沉积构造、生物化石、取样的种类和位置等。随着随后的鉴定和测试结果出来后，还可以补充粒度分析的资料、化石种类以及沉积相带、沉积旋回的判断结果等。

3.2.2 非地震勘探方法

1. 重力勘探

在石油地质领域中，作为地球物理勘探方法之一的重力勘探，就是通过测量与围岩存在密度差异的地质体所引起的重力加速度的变化，来确定这些地质体存在的空间位置、大小和形状。

由于地球是个椭圆球，在不断地自转，从而引起地球表面上重力值的变化。对于石油勘探来说，主要研究的是地壳密度的横向不均匀性，即由于各种地质原因使得地壳密度不均匀引起重力加速度（g）的变化。重力加速度变化，即通常所言的重力异常，是由于地壳内部岩石密度分布的不均匀所引起的，因而对于岩石的密度及其分布情况的了解是十分必要的。岩石密度是指在自然蕴藏条件下，岩石单位体积的质量。根据观测结果表明，不同种类的岩石有不同的密度值；同种类岩石，在不同的地质条件下，也会有不同的密度值。影响岩石密度的主要因素有两个，即岩石中的矿物成分和孔隙度。重力勘探，就是通过假设各种简单形体的地质体，分析其重力异常特点，找出重力异常和地质体的性质、产状、位置、大小之间的联系，从而达到地质解释的目的。

在油气勘探中，重力勘探解决以下任务：研究区域地质构造，划分构造单元，圈出有油气远景的沉积盆地；研究盆地的内部构造，划分断裂，探测基底埋深，圈出盆地内的背斜、古潜山、推覆体等含油气远景区的局部地质构造，圈出盆地内的火成岩体、生物礁、盐丘等特殊地质体；直接探测与油气藏或者储层有关的低密度体。

2. 磁力勘探

地球本身具有磁场，在磁场作用下的岩石和矿体都因不同程度的磁化而具有磁性。在油气勘探中，油气勘探中的磁力勘探是指采用磁力仪器测定地面上各个部位的磁力强弱，从而研究地下岩石矿物的分布和地质构造。

地球作为一个大磁体本身具有磁性，所以对磁力的预测值进行校正，可以求出只与岩石和矿物磁性有关的磁力异常。因为铁磁性矿物含量愈高磁性愈强，在含油气的区域中，由于烃类向地面渗透形成了还原环境，可以将岩石或者土壤中的氧化铁还原成磁铁矿，因此，用高精度的磁力仪可以检测出这种区域的磁性异常，进一步与其他勘探手段进行配合，可以有助于发现油气藏。磁力异常的测量，可以辅助油气勘探应用于区域大地构造的划分、盆地基底的内部结构、盆地基底断裂、盆地沉积盖层岩性分布解释等。

3. 电法勘探

电法勘探是利用岩石和矿物的电阻率不同而使用仪器在地面底下测量不同深度地层介质的电性差异，从而用来研究地下的地质构造的方法。

与重力和磁法勘探相比，电法勘探的种类较多，按照场的成因不同，可以分为天然场法和人工场法两大类。天然场法包括大地电磁法和声频电磁法。人工场法包括电阻率法、人工电磁法和激化极化法。我国目前的电法勘探中采用较多的是直流电测法、大地电磁测深法、可控声频大地电磁测深法以及近期的差分标定电法、大地电场岩性探测法等。

目前，随着技术的不断发展，重磁电勘探在资料采集处理和解释等方面取得了巨大的进步，主要表现为井中重力勘探、电磁阵列剖面法的出现，瞬变电磁法的发展以及直接找油等方面。

4. 遥感勘探

遥感指的是用各种探测仪器从远距离探查、测量或侦察地球上、大气中及其他星球上的各种事物和变化情况，这种与目标不直接接触而获取有关目标的、信息的技术方法称为遥感。现阶段的遥感技术以地球（包括大气圈）为主要研究对象，主要是利用各种物体反射或发射电磁波的性能，由飞机、火箭、人造卫星、宇宙飞船等运载工具上的各种传感仪器，从远距离接收或探测目标物的电磁波信息，从而获得多方面的情况和动态资料。由于这种方法具有覆盖面积大、获取情报速度快、受地面障碍限制小，并能在短时期内连续、反复进行观测等优点，因而在探测自然资源、监视环境动态变化、气象观测、军事侦察等方面都有重要的应用价值和广阔的发展前景。

遥感是以电磁波为媒介的探测技术，对遥感目标（如地球）的电磁波辐射特性进行探测和记录，记录的数据通过遥感平台上的数据通信和传输系统传送到地面接收站，通过数据接收和处理系统得到图像和数据磁带。遥感图像相当于一定比例尺缩小了的地面立体模型。它全面、真实地反映了各种地物（包括地质体）的特征及其空间组合关系。遥感图像的地质解译包括对经过图像处理后的图像的地质解释，是指应用遥感原理、地学理论和相关学科知识，以目视方法揭示遥感图像中的地质信息。

遥感图像地质解译的基本内容包括：①岩性和地层解译。解译的标本有色调、地貌、水系、植被与土地利用特点等。②构造解译。在遥感图像上识别、勾绘和研究各种地质构造形迹的形态、产状、分布规律、组合关系及其成因联系等。③矿产解译和成矿远景分析。这是一项复杂的综合性解译工作，即运用图像处理技术提取矿产信息。成矿远景分析工作是以成矿理论为指导，在矿产解译基础上，利用计算机将矿产解译成果与地球物理勘探、地球化学勘查资料进行综合处理，从而圈定成矿远景区，提出预测区和勘探靶区。利用遥感图像解译矿产已成为一种重要的找矿手段。

3.2.3　油气勘探的探井方法

探井是石油地质生产实践中最为重要的实践活动之一。在油气田范围内，为确定油气藏是否存在，圈定油气藏边界，并对油气藏进行工业评价，取得油气开发所需要的地质资料而钻的井为探井。各勘探阶段所钻的井又可分为预探井、初探井、详探井等。

在探井的生命周期中，包括钻井与地质录井、测井、试油与测试、分析化验等技术方法，通过这些探井资料的获取与实验，可以有效地针对地质环境与勘探目标展开评价工作。

1. 钻井与地质录井

只要钻井，便要录井。地质录井主要是通过岩心、岩屑、气测和综合录井等方法获取直接反映地下地质情况和施工工程情况的多项资料，以增强主动性、减少被动性，增强自觉性、克服盲目性。

录井资料是第一性的，真实可靠、信息量大，便于综合应用，随钻采集、及时快捷。地质录井专业是油气勘探开发技术系列的组成部分，为油气勘探开发发挥着重要作用。其所录取的资料，是油气勘探开发的成果和资源，是建设数字油田的宝贵信息。地质录井自探井井位任务书下发之后，即从井位落实、钻井地质设计等钻井前期相关工作开始启动录井工作，开钻以后，即投入紧张而又有序的资料采集工作，既有地质资料，又有相关的施工资料，既要采集原始实物和数据，又要产生描述性的形象加工及命名资料，直至完井。

一般来说，地质录井方法按其发展阶段和技术特点可分为常规地质录井、气测和综合录井、新方法录井三大类。

1）常规地质录井

常规地质录井方法有钻时录井、岩心录井、岩屑录井、钻井液录井、荧光录井、井壁取心录井及配套的观察记录。

（1）钻时录井。钻时录井是指系统地记录钻时并收集与其有关的各项数据，现在多采用综合录井仪或气测仪记录钻时。按钻时录井资料绘制钻时曲线，可作为岩屑描述过程中岩性分层直观的、重要的参考资料，是划分层位、与邻井作地层对比、修正地质预告、卡准目的层、判断油气显示层位、确定钻井取心位置的初步的、重要的依据。

应用钻时资料时，应防止将多变因素单一化而产生片面性，应考虑多重因素，使主观认识或推论更加接近地下地质的客观真实性。

（2）岩心录井。首先，按地质设计卡准取心层位。在地质设计之外，若出现现场新情况有必要取心，应按程序申报，被批准追加取心。对于不同岩性，定名原则及描述要求不尽相同。因此要分清岩性：碎屑岩、黏土岩、碳酸盐岩、可燃有机岩、岩浆岩、火山碎屑岩等。部分岩性的记录内容如下所示。①碎屑岩：描述颜色、成分（碎屑成分和胶结物）、胶结类型、结构构造、含油情况、接触关系、化石及含有物、物理性质、化学性质等，对于具有特殊意义的地质现象应予素描或照相。②黏土岩：主要有高岭石黏土岩、蒙脱石黏土岩、伊利石黏土岩、海泡石黏土岩、泥岩、页岩。黏土岩描述包括颜色、含油级别、特殊矿物、特殊含有物、非黏土矿物和黏土矿物，遇盐酸反应情况、物理性质、化学性质、结构构造、含有物及化石、含油情况、接触关系等。③碳酸盐岩：描述应特别着重裂缝、溶洞的分布状态，开启程度、连通情况和含油气产状。描述内容包括颜色、结构组分及化学性质、构造、化石、含有物、含油程度、接触关系等。④可燃有机岩：主要指煤、沥青、油页岩。煤主要描述颜色、纯度、光泽、硬度、脆性、断口、裂隙、燃烧时气味、燃烧程度、含有物及化石的数量、分布状况。油页岩、碳质页岩、沥青质页岩描述内容包括颜色、岩石成分、页理发育情况、层面构造、含有物及化石情况、硬度、可燃情况及气味。⑤蒸发岩：主要包括石膏岩、硬石膏岩、岩盐、钾镁岩盐、芒硝岩、硼酸岩盐等。蒸发岩描述包括颜色、成分、构造、硬度、脆性、含有物及化石等。⑥岩浆岩：有安山岩、玄武岩、花岗岩、橄榄岩、辉长岩、闪长岩、流纹岩等。岩浆岩描述内容包括颜色、矿物成分、结构、构造、特殊含有物、含油情况。火山碎屑岩包括集块岩、火山角砾岩、凝灰岩。火山碎屑岩描述内容包括颜色、成分、结构、构造、化石及含有物、含油气情况。

（3）岩屑录井。要获取有代表性岩屑，关键是做到两准：井深准、迟到时间准。现场捞取的岩屑，与岩心录井比较起来，虽然既经济又简便，同样能达到了解井下地层剖面及含油气情况的目的，但由于多种因素影响致使岩屑比岩心不确定性要大许多，致使其真实性和代表性均可能受到影响。其影响因素主要有：钻头类型及岩石性质、钻井液性能、钻井参数、井眼大小、下钻、划眼以及施工操作者心态和素质、其他人为因素等。这些均可能造成切削、形状、携带等方面变异，致使迟到时间不准确，岩性真伪难辨，代表性及录井质量均受影响。

为了提高录井水平，确保录井质量，必须在定时、认真、准确地测定迟到时间的同时，认真克服多重因素的负面影响，强化岩屑描述工作。

岩屑录井关键在于去伪存真，即将混杂在真岩屑中的掉块剔除后，对真岩屑予以正确地描述。岩屑描述内容包括颜色、矿物成分、结构、构造、化石及含有物、物理及化学性质、含油程度等。具体要求可比照不同岩性岩心描述内容进行。

（4）钻井液录井。钻井液录井又称泥浆录井，地质因素与钻井液性能密切相关，但比较复杂。归纳起来主要有：①高压油、气、水层；②盐侵；③钙侵；④砂侵；⑤黏土层；⑥漏失层。在钻遇以上复杂情况和特殊岩性地层时，钻井液性能将发生各种不同的变化。据此变化及槽面显示，可用来判断井下是否钻遇油、气、水层和特殊岩性，此方法即为钻井液录井，是一项极为重要的录井。

任何类别的井，在钻井或循环过程中都必须进行钻井液录井。当油、气、水层被钻穿以后，在压力差作用下，油、气、水进入钻井液，随钻井液循环返出井口，并呈现不同的状态和特点，即要求全面进行钻井液录井资料收集。油、气、水显示资料，具有很强的时间性，错过了时间，就可能收集不齐全或根本就收集不到应取的资料。

（5）荧光录井。荧光录井方法有：岩屑湿照、干照、滴照和系列对比。该录井方法可作为其他录井方法的配合和补充。

（6）井壁取心录井。为了证实地层岩性、物性、含油性、岩性与电性关系，或者为满足地质方面的特殊要求，原则上对以下情况均应进行井壁取心，例如，①有油气显示井段；②岩屑录井中漏取资料井段或岩心录井时收获率过低井段；③测井解释有困难需借助井壁取心提供地质依据的层位，例如，可疑油层、油水同层、含油水层、气层等；④需进一步了解储油物性而又未进行岩心录井的层位；⑤录井资料与测井解释方案不一致的层段；⑥具有特殊意义和价值的标准层、标志层及其他特殊岩性层；⑦满足地质特殊需求所确立的层段。

井壁取心是弥补性的珍贵的地质实物资料，极具有代表性和真实性（极个别不符井段误发射者除外）。对此，应认真整理、及时描述，为提高地质录井水平而有所补益，但存在成本较高的问题。

（7）地质观察记录。地质观察记录是目前国内各油田地质录井一项综合性工作，是针对上述各类录井工作和部分工程信息按照统一格式记录和整理，具有一定技术管理的性质。①工程简况：记录钻进、起下钻、取心、测井、下套管、固井、试压、检修设备及各种复杂情况（跳钻、憋钻、遇阻、遇卡、井喷、井漏）。第一次开钻时，记录补心高度、开钻时间、钻具结构、钻头类型及尺寸，用清水或钻井液开钻；第二、三次开钻时，记录开钻时间、钻头类型及尺寸、钻具结构、水泥塞深度及厚度、开钻钻井液性能。②录井资料收集情况：岩屑，井段、间距、包数，对主要岩性、对特殊岩性及标准层应简要描述；钻井取心，井段、进尺、心长、收获率、主要岩性、油砂长度；井壁取心，层位、总颗数、发射率、收获率、岩性简述；测井，测井时间、项目、井段；比例尺以及最大井斜和方位角；工程测斜，测井时井深、测点井深、斜度；钻井液性能，相对密度、黏度、失水、泥饼、含砂、切力、酸碱度。③油、气、水显示：将当班时油、气、水显示按油、气、水显示资料按规定内容逐项填写。④其他：迟到时间实测情况，当班正在使用的迟到时间，当班工作中所遇到的问题及对下一班的提示与建议。

2）气测和综合录井

（1）气测录井。气测录井是综合录井的重要组成部分，是随钻油气发现和评价的重要手段。气测录井的影响因素包括地质因素、钻井条件、脱气器和气测仪。①地质因素的影响。天然气性质及成分：石油天然气密度越小，轻烃成分越多，气测显示越好，反之越差。组分不一样，热导率亦不一样。储层性质：当储层厚度、孔隙度、含气饱和度越大时，油气显示越好，反之越差。地层压力：若井底为正压差，显示较低；高渗透地层，显示低；正压差越大，地层渗透性越好，气测显示越低，甚至无显示；负压差越大，地层渗透性越好，气测显示越高（正压差：钻井液柱压力大于地层压力；负压差：地层压力大于钻井液柱压力）。②钻井条件的影响。钻头直径和机械钻速直接影响单位时间内被破碎岩石体积大小，其决定气测显示的高低。因此，直径若作为单一因素，大，则单位时间内破碎岩石体积大，钻井液与地层接触面积大，气测显示高；同样，钻速若作为单一因素，高，则接触面积大，气测显示高。③脱气器安装条件及脱气效率的影响。脱气效率高，则显示亦高。④气测仪性能和工作状况影响。灵敏度高低、管路密封性好坏及标定准确与否均对气测显示产生重大影响。因此，应保持仪器性能良好，工作正常。

（2）综合录井。综合录井技术是在钻井过程中应用电子技术、计算机技术及分析技术，借助分析仪器进行各种石油地质、钻井工程及其他随钻信息的采集、分析处理，进而达到发现、评价油气层和实时钻井监控目的的一项随钻石油勘探技术。该技术主要作用于随钻录井、实时钻井监控、随钻地质评价及随钻录井信息的处理和应用。

该技术特点是录井参数多、采集精度高、资料连续性强、资料处理速度快、应用灵活、服务范围广。综合录井仪的录井项目包括：①直接测量项目。直接测量项目按被测参数的性质及实时性可分为实时参数和迟到参数。实时参数包括大钩负荷、大钩高度、转盘扭矩、立管压力、套管压力、转盘转速、一号泵冲速率、二号泵冲速率、一号池泥浆体积、二号池泥浆体积、三号池泥浆体积、四号池泥浆体积、入口池泥浆密度、入口池泥浆温度、入口池泥浆电导率。迟到参数包括全烃、烃类气体组分（含甲烷、乙烷、丙烷、异丁烷、正丁烷、异戊烷、正戊烷）、硫化氢、二氧化碳、氢气、氦气、出口泥浆密度、出口泥浆温度、出口泥浆电导率、出口泥浆流量。②基本计算参数。包括井深（标准井深、垂直井深、迟到井深）、钻压、钻时、钻速、泥浆流量、泥浆总体积、迟到时间、DC 指数、sigma 指数、地层压力梯度、破裂地层压力梯度、地层孔隙度、每米钻井成本。③分析化验项目。包括页岩密度、灰质含量、白云质含量以及岩屑、岩心、随钻随测、测井等项目。综合录井资料有记录仪或打印机输出的原图及应用软件处理的图表。综合录井资料处理包括数据库维护、实时资料处理及成果资料处理三部分。

3）录井综合解释与完井地质总结

录井综合解释就是按油气水层在各种资料上的显示特征进行综合解释，或利用加载到解释数据库中的数据，依据解释软件的操作说明进行解释得出结果，再结合专家意见进行人工干预，最后得出结论，自动输出成果图和数据表。

油气水层的综合解释过程是一个推理与判断的过程，并不是对各项信息的等量齐观，也不是孤立地对某一项信息的肯定与否定，而是把信息作为一个整体，通过分析信息的异同，辩证地分析各项信息之间的相关关系，揭示地层特性，深化对地层中流体的认识，排除多解性，提供尽可能逼近地层原貌的答案。在推理与判断过程中，要注意各种环境因素的影响而导致综合信息的失真，同时还要注意储集层特性与油气水分布的一般规律与特殊性，特别是复式油气藏由于沉积条件与岩性变化大、断层发育、油水分布十分复杂，造成的各种信息的差异性。

探井（预探井、参数井）完井总结报告要求全面总结本井的工程简况、录井情况、主要地质成果，提出试油层位意见，并对本井有关的问题进行讨论，指出勘探远景。

探井完井总结报告编写的主要内容和要求如下。

（1）前言。本井的地理、构造位置，各项地质资料的录取情况和地质任务完成情况。进行工作量统计，分析重大工程事故对录井质量的影响，对录井工作经验和教训进行总结。记述工程情况和完井方法。使用综合录井仪的井，要总结综合录井仪获取资料情况，尤其是对工程事故的预报，进行系统总结并附事故预报图。

（2）地层。阐明本井所钻遇地层层序、缺失地层、钻遇的断层情况等。按井深及厚度（精确至 0.5 m）分述各组、段地层岩性特征（岩屑录井井段）、电性特征及岩电组合关系，交代地层所含化石、构造、含有物及与上下邻层的接触关系等，结合邻井资料论述不同层段的岩性、厚度在纵、横向上的变化规律。区域探井（参数井）根据可对比的标准层和标志层特征，结合各项分析化验和古生物资料及岩电组合特征，重点描述地层分析依据。根据录井、地震和分析化验资料，叙述不同地质时期的沉积相变化情况。使用综合录井仪录井的井，要结合录井仪资料叙述各段地层的可钻性，预探井、评价井要突出对地层变化和特殊层的新认识。

（3）构造概况。区域构造情况（区域探井要简述构造发育史），叙述本井经实钻后构造的落实情况，结合地震资料和实钻资料对局部构造位置、构造形态、构造要素闭合高度、闭合面积等进行描述评价。

（4）油气水层评价。主要描述内容包括分层段统计全井不同显示级别的油气显示层的总层数和总厚度；分层段统计测井解释的油气层层数和厚度；利用岩心、岩屑、测井、钻时、气测、综合录井、荧光、井壁取心、中途测试、分析化验等资料，对全井油气显示进行综合解释，对主要油气显示层的岩性、物性、含油性进行重点评价，提出相应的试油层意见，运用综合录井仪录井的井要有计算机解释成果；油、气、水层与隔层组合情况以及油、气、水层在纵、横向上的变化情况；统计出全井油、气、水层（盐水层和高压水层）显示的总层数和总厚度；油、气、水层压力分布情况及纵向变化情况；碳酸盐岩地层要特别注意缝洞发育情况；井喷、井涌、放空、漏失等显示要叙述分析及评价。

（5）生、储、盖层评价。①生油层：分析其厚度变化、生油特点、生油指标，区域探井（参数井）要重点分析、分组段统计生油层的厚度，根据生油层指标评价各组段生油、生气能力及差异。②储集层：叙述储集层发育情况、砂岩厚度与地层厚度之比、储集层特征、物性特征及纵向上的分布、变化情况。预探井和区域探井要特别重视对储层的评价，并分组段评价其优劣。③盖层：分组段叙述盖层岩性、厚度在纵向上的分布情况，并评价其有效性。④生储盖组合：分析生、储、盖层分布规律，判断生、储、盖层的组合类型，评价生、储、盖组合是否有利于油气聚集、保存，是否有利于油气藏的形成。

（6）油气藏分析描述。根据本井地层的沉积特征、构造特征、油气显示特征等，分析描述本井所处的油气藏类型、特点、保存条件、控制因素，初步计算油气藏储量。

（7）结论与建议。结论是对本井钻探任务完成情况及所取得的地质成果，通过综合评价得出的结论性意见；对本井沉积特征、构造特征、油气显示、油气藏类型等提出的基本看法（规律性认识），评价本井的勘探效益。建议是提出试油层位和井段，提出今后勘探方向、具体井位及其他建设性意见。

2. 测井

测井，也叫地球物理测井或矿场地球物理，简称测井，是利用岩层的电化学特性、导电特性、声学特性、放射性等地球物理特性，测量地球物理参数的方法，属于应用地球物理方法（包括重、磁、电、震、核）之一。石油钻井时，在钻到设计井深深度后都必须进行测井，又称完井电测，以获得各种石油地质及工程技术资料，作为完井和开发油田的原始资料，这种测井习惯上称为裸眼测井。而在油井下完套管后所进行的二系列测井，习惯上称为生产测井或开发测井。

油田测井业务一般包括测井、射孔、取心、作业施工和资料处理、测井解释等。测井数据的处理流程如下。

1）测井数据解编

解释员对测井原始资料的数字记录进行数据格式扫描、识别，按测井资料绘图技术规程将数据解编、转换成处理系统所需格式的原始数据，回放、校对曲线。

2）测井资料评价准备

裸眼井解释：解释员收集第一性资料（录井剖面、气测显示、槽面显示、钻井取心描述和井壁取心描述等）、邻井的测井资料、试油及生产情况。

裸眼井二次解释：解释员收集本井及邻井的测井资料、试油及生产情况。

套管井解释：解释员收集本井裸眼井及套管井的测井资料，编制《油层（技术）固井施工资料总汇》，完善测井施工记录、作业及井史资料等。

3）测井数据预处理与处理

解释员对测井曲线进行深度校正和环境校正；填写《测井资料检验记录》《测井资料生产运行表》和《测井资料数字处理运行卡》。解释员根据测井资料和地质、工程目的确定解释程序，依据相应的测井资料解释技术规程选择解释参数，对测井资料进行数据处理。

4）测井资料解释评价

解释员根据测井资料和其他第一性资料等对测井资料处理结果进行解释，给出初步解释结果。审核员对初步解释结果进行审核，探井、重点开发井、疑难井组织解释专家会审，提出修正意见。解释员对解释结果进行修改，必要时对测井资料进行重新处理。

5）测井资料提交

将测井曲线图、测井资料解释成果图、成果数据表、《测井资料检验记录》《测井资料生产运行表》和《测井资料处理结算单》等资料一起交技术检测中心质量检验站，将《测井资料数字处理运行卡》交数据管理组。

6）测井资料解释质量审核

技术检测中心质检员对解释成果进行检验后交资料室。

7）测井数据、资料的存档、维护及管理

测井数据管理员根据测井资料数字处理有关流程规范对测井数据进行存档、维护和管理，并按用户要求格式将测井数据进行转换后提供给用户指定的数据管理和应用部门。测井资料晒图员将测井解释相关图件晒制成蓝图。资料收发员清点、归档各类资料，并按合同要求将各类资料提供给用户。

3. 试油测试

试油就是利用专用的设备和方法，对通过地震勘察、钻井录井、测井等间接或直接手段初步确定的可能含油（气）层位进行直接的测试，并取得目的层的产能、压力、温度、油水性质等地质资料的工艺过程。试油的主要目的在于确定所试层位有无工业油气流，并取得代表目的层原始面貌的各项数据和参数。试油是油气勘探取得成果的关键，是寻找新油、气田并初步了解某些地下情况的最直接手段，也是为开发提供可靠依据的重要环节。

根据油田的生产计划，油田勘探甲方管理部门接受试油任务书并成立设计小组，收集原始资料，召集勘探研究院、地质录井、测井、井下技术人员参加讨论确定试油井层。井下地质所技术人员及大队工程技术人员编写地质和工程设计初稿，经勘探管理部门审批同意定稿后，准备施工作业。

井下地质所根据地质设计编制射孔通知单、地层测试设计、酸化压裂等增产措施的地质设计，进行地层测试、酸化压裂等施工的单位根据地质和工程设计要求编制施工设计。试油测试的主要工作流程如下。

一口井开始施工后，施工现场必须填写班报表（SJX-C-005-05），24小时不间断地按时间顺序记录施工内容、施工数据及需要说明的情况。施工小队技术人员每天按班报整理生成试油（作业）日报（SJX-C-005-06）并向大队生产调度汇报生产情况，完成大队每日试油作业报表，再向公司生产调度汇报，生成井下作业公司生产综合日报表，逐级上报，直至试油井结束工作。期间，试油监督住井或巡井，直至取全取准全部资料。

1）通井、洗压井

一口井试油（射孔）前，要求先通井。一般通至射孔井段底界以下50m，新井至人工井底。疏通井筒，及时发现井筒内异物或套管变形遇阻情况。

2）射孔

需要射孔的试油层，在射孔施工前，由井下地质所把射孔通知单送达测井公司射孔部生产调度，射孔队按射孔通知单要求进行射孔施工。

射孔质量的优劣关系到油气层是否完全打开，是试油过程中很重要的一道工序。正确地选择射孔方式和射孔参数，可以简化试油工艺，缩短试油周期，提高试油地层产液能力并保护好油气层。

3）下管柱

一个油层经过射孔打开后，要及时下入测试管柱。在试油过程中，根据设计要求，需要下管柱携带各种工具进行试油作业。试油管柱要正确调配、丈量准确。要求每下一次管柱，丈量一次油管并填写油管记录。下油管所携带的工具同样必须在地面进行详细检查，填写《下井工具检验记录》。

4）诱喷排液

无论是套管完成井还是裸眼井，试油前井内一般都充满泥浆或其他压井液，因而油层与井底之间没有油气流动。只有经过诱喷排液，降低井内液柱对油层的回压，在油层与井底之间形成压差，使油气从油层流进井内，才能进行求产、测压、取样等测试工作。目前，诱喷排液方法有替喷、抽汲、泵抽、气举、混排、放喷（闸门或油嘴控制）等。新工艺有液氮和液态CO_2排液。

5）求产测压

试油井通过各种排液方式待油水性合格后，即可进行求产。求产的过程也就是取得油、气、水层产能和地层压力，进行井下取样及原油高压物性分析的过程。

6）试气井层

对于探井来讲，试气的目的是为了获得气井的最大允许产量和必要的地层参数，以估计地层的总特征和阐明气层有无工业开采价值。气体受温度和压力的影响比较大，所以试气工作和计算方法均比试油复杂。气井与油井相比，具有井口压力高、流动速度快、天然气容易着火、与适量空气混合后会引起爆炸等特点。因此，气井施工要有相应的防喷、防火等安全措施，否则容易发生事故。

通过试气要取得地层压力（静压、静温、流压）、生产能力（计算）、油（气体中产生的凝析油）、气、水性质（计算地层渗透、表皮系数、井筒储存系数边界性质和距离等参数，判断气藏类型，计算单井控制储量），确定气井合理工作制度。

7）封闭上返和完井

试油结束后，若还要对该井上部试油层进行试油，就需要封闭原试层位，上返未试油层。可根据井下情况和设计要求来确定封闭上返方式，一般现场较常使用的封闭方式有填砂、注灰、桥封、桥塞等。

一口井试油全部结束后，达到工业油流的可按设计下泵投产，未达到工业油流或不具备投产条件的一般注灰封闭完井（首先在油层以上 200m 注灰塞，达到标准后再在距井口下 50m 左右注一灰塞，试压合格后拆井口）。

8）稠油热力试油

稠油热力试油是一种针对重质原油和高凝油为主要对象的稠油试油工艺技术。根据稠油试油层的油黏度、深度、地理位置（陆、海），可选择不同结构特点的稠油泵求取产量（或生产）。

9）地层测试

试油地质设计中要求进行地层测试时，施工队要按地层测试和施工设计方案进行测试工作。

地层测试是指在钻井过程中或完井之后对油气层进行测试，获得在动态条件下地层和流体的各种参数，从而及时准确地对产层做出评价（我国把钻井过程中和完井后进行的测试分别称为中途与完井）。其测试原理是：用钻具将压力记录仪、筛管、封隔器、测试阀、取样器和反循环阀等工具一起下入待测试层段，让封隔器将其他层与测试层隔开，然后在地面控制将测试阀打开，让地层流体经筛管的孔道和测试阀流入测试管柱，并进行求产；关闭测试阀，压力记录仪记录下关井压力恢复数据。通过资料解释可获得产量、压力及各项地层参数，井下取样器采集到的液体或气体，经分析化验可用来了解地层油气水性质。

现场地层测试一般划分为施工准备、下测试管柱、开关井测试、起测试管柱等几道工序。

10）酸化压裂及其他增产措施

按试油地质设计要求，需要进行酸化增产措施的井层，则要按酸化地质、工程施工设计要求进行施工。

　　酸化是油气井增产的重要措施。酸化是通过井眼向地层注入一种或几种酸液，利用酸液与地层中可反应矿物的化学反应（碳酸盐岩地层、砂岩地层）溶蚀井筒附近的堵塞物质和地层岩石中的某些组分、扩大储层中的连通道孔隙或天然裂缝，恢复和提高地层原有的渗透率，增加孔隙、裂缝的流动能力，从而达到增产的目的（按作用原理分为解堵酸化和深部酸化）。

　　压裂作业是利用地面高压泵车将高黏度的流体以大大超过地层吸收能力的排量注入井中，在射孔油层附近憋起高压，在地层中形成裂缝，然后继续将带有支撑剂的压裂液注入裂缝中，使裂缝向前延伸，并使裂缝填满支撑剂。这样，停泵后可在油层中形成一定长度、宽度和高度的支撑裂缝。该裂缝的渗透能力大大超过油层本身的渗透能力，在切裂穿过井底附近污染地带时解除了污染，从而达到油井增产，水井增注的目的。水力压裂技术仍然是国内外石油勘探开发中改造低渗透储层最经济有效地增加储量和提高单井产量的手段之一。

　　防砂的目的就是有效地阻止地层中承载骨架砂随着地层流体进入井筒。油气井的防砂方法很多，根据原理大致可分为：减砂拱防砂、机械防砂、化学防砂、热力焦化防砂和复合防砂五大类。

　　堵水的目的就是控制产水层中水流动和改变水驱油中水的流动方向，从而提高水驱油效率，使油田的产水量在某一段时间内下降或稳定，以保持增产或稳产。堵水工艺可分为机械堵水和化学堵水两大类。机械堵水就是采用封隔器封堵油井中的出水层的技术；化学堵水就是利用化学堵水剂部分（选择性堵水）或全部（非选择性堵水）堵住地层渗透孔道。

　　找窜封窜。在油田勘探开发中，由于各油层的层间差异，需要进行分层采油和分层进行压裂改造。但是，由于钻井固井质量差或地层的裂缝，有部分油水井的层间或套管外窜通，从而影响了分层试油和改造措施实施，影响了油田的产量和增加新的地质储量。为此，必须找窜封窜。

4. 分析化验

　　分析化验数据是通过对岩石及其含有物、石油、天然气等进行物理的、化学的和仪器的分析而取得的。一部分数据来自岩石及其当中的含有物分析化验数据如古生物化石、岩矿鉴定等数据；另一部分数据来自岩石中的含有物——石油本身，它是通过对岩石中的石油、天然气等进行各种分析而取得的分析化验数据。分析化验数据包括两大类，一类是来自岩石及其含有物的数据；另一类是有机地球化学分析数据。

　　1）岩石及其含有物数据

　　岩石及其含有物数据是通过对岩石的观察和对其中含有物的分析而取得的

数据，包括古生物化石、重矿物鉴定、岩石薄片鉴定、油层物性、粒度分析等数据。

（1）古生物化石。古生物学是研究古代生物及其发展的科学，其分析对象有介形虫、孢粉、轮藻、腹足类及其他类的古生物化石。它研究古生物的立体形态、构造、纹饰、生态特征和分类。通过研究各类古生物在各个地质时代和地理上的分布特点，从而找出它们发展、演化的规律，特别是用化石组合来划分区域地层，以指导地层的正确划分和相对地质时代的确定，并为生物演化提供最基本的事实依据。通过对一些"指相化石"的研究以及对这些化石围岩特征的分析，来恢复各个地质时期的古地理和古气候，研究构造发育史，为研究地壳的海陆变迁和寻找沉积矿床提供必要的资料。

（2）岩矿。岩石是组成地球岩石圈的主要物质，岩石分三大类，即岩浆岩、变质岩和沉积岩。矿物是由地壳中的物理化学作用形成的，天然无机的单质或化合物，具有相对固定的化学组成和物理化学性质，是组成岩石和矿石的基本单元。自然界已发现的矿物有 3300 多种，绝大部分是固态的无机物，液态的极少。

不同的矿物由于不同的化学组成和晶体结构上的不同，在外表形态上的特征及各项物理性质上均有差异，这是人们鉴定矿物的依据。矿物的导电性、磁性、放射性、比重等性质都是地球物理探矿及找矿方法的重要依据。

（3）油层物性。地层中的流体，指储油岩石的孔隙、裂缝中的石油、天然气和地层水。它们在地下和地面的性质差异很大。在地层条件下，处于高温、高压的环境之中，原油中溶有大量的天然气，地层水中也有一定的天然气，并溶有大量的金属盐类。当地层压力很高、重质烃类含量很少时，油也能溶在天然气中。

油层物性的任务是研究油层流体，包括油、气、水的物理性质，油气相态的变化规律，研究储油岩的渗流特性及其他物理性质，从而为储量计算、油田开发方案设计、油藏动态分析、选择合理的工艺提供有效的物理参数数据，为提高采收率打下基础。这些油层要素的物性包括：①天然气的高压物性：天然气通常是以溶解状态存于石油之中，或以游离状态存于油田的顶部——气顶，其成分主要甲烷、乙烷、丙烷、丁烷。非烃类气体包括 CO_2、N_2、O_2、H_2、H_2S 及稀有气体 He、Ar 等。天然气的组分分析用气体分析仪或气相色谱仪测定。②地层油的高压物性：地层油的高压物性，是指地层油的溶解油气比、体积系数、压缩系数及黏度。这些参数与地面油的相同参数差别很大，而地层油的这些参数随着开发过程的推进，不断发生变化。为了更好地开发油田，对油层进行动态分析、渗流计算、开发工艺改进等，必须掌握地层油的物性变化规律。③地层烃的物理性质：地层烃类是指油层中的全部有机物质，即包括原油、天然气和石蜡。研究地层烃，对于查明油气的生成、运移、聚集及分布，制定开采、加工、评价产品的质量及综合利用前景，都具有重要的意义。石油的成分和性质是研究石油的基本数据。④地层水的物理性质：地层水是油层水和外来水的总称。油层水包括底水、边水、层间水和束缚水；外来水则是指与油层水不同的上层水、下层水及构造水等。研究地层水在油田的勘探和开发中具有的重要意义。油层水是驱动油的一种能量来源，而外来水对油层的生产是不利因素。地层水的研究在寻找储集层、储量计算、判断油田断块的连通性、分析油井出水和油层污染的原因、分析天然水驱油的洗油能力、判别边水的流向与推进、选择注水水源及改善水驱油效果中添加剂的选择都有十分重要的意义。

（4）全直径岩心分析。地层中存在着裂缝、溶洞或空隙极大时，即空隙的体积较普通的砂岩岩心分析的岩样体积还要大时，为获得能有代表性的物理数据，就要用全直径岩心进行分析。全直径岩心使用提取蒸馏法、真空干燥法测定饱和度数据。

空隙度 Φ 的测定与普通空隙度测定相同，即用直接测量、浮力法、水银法、总体积仪先测定出岩心外表体积 V_f，岩石的孔隙体积 V_p 或岩石的颗粒体积 V_s。用公式计算 $\Phi=V_p/V_f=(V_f-V_s)/V_f=1-V_s/V_f$。渗透率的测定分"线性渗透率"和"径向渗透率"两种。用仪器可直接测出水平方向的渗透率、垂直方向的渗透率等参数。

（5）岩心润湿性试验。岩心润湿性是指液体在分子力的作用下，在固体表面的流散现象。由于油层岩石的多样性、石油组成的复杂性和地层水的不同矿化度，油藏岩石的油水选择性润湿是很复杂的。至于油藏岩石表面是亲油，还是亲水，通过大量实际的测量，得出的结论是 27%的油藏岩石是亲水的，66%的油藏岩石是亲油的，7%的油藏岩石是中性的。

岩心润湿性与饱和度、渗透率一样，是油田动态分析、油藏模拟、修井及完井压井液和洗井液的选择、提高采收率研究不可少的参数。

2）有机地球化学分析数据

有机地球化学是研究地壳内各种有机含碳化合物的分布、运移和富集规律及其所表现的性能和演化历史的学科。石油化学组分中保存了生油母质和石油转化产物的信息，因而，研究石油化学组成及单体化合物的形成、成熟过程、运移、聚集、保存及油源对比，探索新的石油地球化学指标，对于揭示油气成藏的机理有重要意义。

石油中主要有烷烃、环烷烃和芳香烃三大族烃类。在不同的石油中，各类烃的含量差别相差很大，同一族烃类在各种石油中的含量和结构也不尽相同。石油馏分中的族组随原油而异，各族烃在馏分中的分布，总的是烷烃含量高，环烷烃次之，芳香烃最低。

数据管理设计了"芳烃馏分气相色谱分析数据""族组分分析数据"对以上数据进行了记录。"轻烃气相色谱分析数据"对烃类中较轻组分含量进行了记录；"饱和烃气相色谱分析数据"对烃类中较重组分含量进行了记录。借助以上数据,可以区分不同类型的石油,从而更深入地研究油气的形成机理。

此外,组成石油的有机化合物,除了碳、氢元素外,还有氧、硫、氮等杂原子,这类杂原子虽然数量不多,但在地质研究中具有重要的地球化学意义。

有机地球化学分析项目众多,所产生的数据多而繁杂。而且,随着科技的进步,新技术、新仪器不断更新,分析项目还会增多,数据更为庞大复杂。它使人们对石油的认识越接近客观实际。但就目前的现状,有机地球化学分析在地质中主要有以下的应用。

（1）评价生油岩:应用的方法和指标较多,主要有有机质的丰度与有机质的类型。

（2）确定有机质成熟度:识别生油岩是否已被演化至大量生成石油的阶段,或遭受热力作用,使有机物演化为气,甚至完全被破坏。

（3）测定古地温:石油生成的最低温度是 60℃,而石油开始破坏的温度是150℃。根据碳同位素、化石颜色、顺磁共振法测古地温。

（4）进行油源对比:其目的是确定生物体-生油岩-石油之间确凿的成因联系,辨认盆地中不同油藏烃的不同组成,从而鉴定和区别不同的生油岩,以选择勘探目的层,并制定勘探原则。

（5）确定石油生成的地球化学相和沉积相:沉积时水介质的酸碱度、沉积时水介质的矿化度、黏土矿物、铁的含量等。

3.2.4 油气勘探的地震方法

石油工业的主要任务之一是找到油气田并将油气开采出来,分别对应着现有的勘探与开发业务。地震技术产生的地震数据主要应用于油气勘探阶段,主要利用地震资料展开地质构造、地层层序预测和储层预测,称为地震资料解释;而开发阶段主要用于油气藏的剩余油分析与油藏开发的监测。

地震资料解释是以地震资料为基础,结合地质和井资料确定地下地层的地质构造形态和空间位置,推测地层的岩性、厚度及层间的接触关系,确定地层含油气的可能性,为钻探部署提供依据。地震资料解释应用的地震资料有两类,一是运用运动学信息开展构造解释,如地震波的反射时间、同相性和速度;二是运用动力学信息开展地层岩性解释与储层预测,如反射波的振幅、频率、波形、连续性极其内部结构和外部形态等（蔡希源,2012）。

随着技术的发展,地震方法也可为油田开发提供信息,即开发地震。虽然勘探地震与开发地震都是用地震资料做解释,但开发地震要求的资料更密集、更精确,利用的地震信息也更多。在油田开发的中晚期,用三维和高分辨率地震资料结合大量钻井资料就可以详细地做出解释，将一小块油藏模拟出来寻找残余油。例如，近年来发展起来的四维地震，即时延三维地震，是研究地下储层中流体变化所引起的时延三维地震资料的差异，它与井资料和开发史等资料综合可以十分精确地测量地下反射系数、压力、温度、储层的生产能力和储层流体变化，并通过对泄油路径和剩余油的成像，提高钻井成功率，大大增加油气开采率。用四维地震资料可研究油田的开采情况及注水注气的效果。

由于篇幅的关系，本节重点讨论目前广泛应用的地震数据在地震解释与地质综合研究领域的应用，主要包含地震的构造解释、地震层序与岩相解释、地震储层预测和地震的综合研究。

1. 地震的构造解释

地震的构造解释是利用地震波反射旅行时、同相性和速度等信息，查明地下地层的构造形态、埋藏深度、断裂特征和基础关系等，在此基础上开展的构造发育史和区域沉积环境的研究，预测构造有利的油气聚集区，寻找和评价构造圈闭。

地震资料构造解释主要包括基础的工作准备、时间剖面反射波对比解释、时间剖面的地质解释、水平切面的地震解释、深度剖面与构造图的编制、构造圈闭的评价等，简述如下。

1）时间剖面反射波对比解释

地震反射波的对比是在时间剖面上，利用有效波的运动学特点和动力学特点来识别和追踪统一界面的反射波的工作方法。地震反射波的对比标志是依据识别和追踪的同一个反射层具有稳定性、波形相似性、波同相性和时差的规律性。

2）时间剖面的地质解释

一般是在地质规律的引导下开展时间剖面的地质解释。在层位标定与识别的基础上，开展目的层的地震标准反射层和地质体反射层的横向对比解释，编制等 t_0 图或等时图。首先是断层及断裂体系的解释：即根据反射层的识别标志，确定断层的断层性质、断层要素、开展断面对比解释极其 t_0 图编制。其次是针对特殊地质现象的解释：利用常规的地震剖面和地震相模式或地震波的特征以及运动学和动力学分析技术提取的特征属性，识别不整合面、超覆、尖灭和其他地质异常体。

3）水平切面的地震解释

水平切面是一个用水平面去切三维数据体，通过一个三维数据体的横截面来得到某一时刻的各地震道的信息。在三维地震解释中，利用水平切面可以有效地识别断层、背斜、断块高点以及岩性变化等地质现象。

4）构造图的编制

以三维构造图为例，需要选择合适的平均速度方法对等时图进行时深转换，在地层横向速度变化较大的地区，应该采用变速成图的方法编制构造图。

5）地质解释

解释工作完成后，根据已有的地质资料确定解释方案的合理性。地震资料构造解释成果包括剖面图、平面图及统计表三类。剖面图包括联井标定剖面、基于地震地质剖面或区域地震地质大剖面、地质发育剖面等。平面图包括 t_0 图或等时图、目的层标准反射层构造图、有利区带目的层构造图、目的层地层等厚图、构造圈闭评价图、综合评价图等。统计表包括主要断层要素表、构造圈闭评价表以及地质解释方案合理性的相关统计分析图表等。

2. 地震层序与岩相解释

地震层序与岩相解释是以层序地层学和地震地层学理论为指导，结合有关沉积环境和岩相特征，通过层序年代标定和识别，依据地震剖面反射结构和波组特征，开展等时层序地层划分、不同类型的体系域和沉积相分析、地震可识别的相类型描述与有利储集相带预测，为储层预测提供地质基础和研究依据。

地震层序与岩相解释适合油气勘探开发不同阶段的地质研究工作。根据研究区的基础资料情况，地震层序与岩相解释内容有所差异但基本工作程序是相同的，主要包括层序年代标定和识别、等时层序格架建立、体系域分析、沉积体系确定、地震相类型描述、有利储集相带的预测等。

1）首先划分层序与体系域，建立层序与体系域的格架

识别地震层序的边界，对地震资料进行地震层序的划分；标定地震层序，对已划分的地震层序进行地质年代的识别，赋予地震层序地质年代意义，并确定不同级别的层序边界、初次及最大湖海泛面位置；划分体系域，识别湖海侵与高位体系域；等时层序及体系域格架的建立。

2）古地貌与地震相分析

以层序或者体系域作为作图单元，研究古地貌及地层厚度的展布特征、地震项类型及分布规律。通过储层与层速度、波阻抗、振幅、波形、波数等地震属性的相关性分析，选择与储层相关性好的地震属性，以层序边界、体系域边界或地震相边界为约束，预测各类层序、体系域或地震相的有利储层发育区。

3）沉积相转换与沉积环境解释成果应用

以关键井的岩心相、测井相和时频分析剖面为依据，综合盆地结构与古地貌特征，将地震相转换为沉积相，并进行沉积环境的解释。

4）层序地层与岩相解释的应用

层序地层与岩相解释成果在油气勘探中的应用，应结合露头或者钻测录层序地层的研究成果，建立工区的程序地层和沉积相模式，通过模拟确定层序与生储盖层、各构造圈闭之间的关系，总结成藏特点和油气分布规律，指出有利的油气

勘探区带，提供油气勘探部署的意见。

3. 地震储层预测

储层预测是在地震构造解释、地震层序与岩相解释的基础上，通过对勘探目的层系储集体的沉积相带、岩性特征、分布形态、储层物性的横向变化以及含油气性的分析，进而完成对有利储层和储集体进行厚度、面积、孔隙度、渗透率和流体饱和度等的特征描述和含油气性的预测。

地震属性（seismic attribute）指的是那些由叠前或叠后地震数据，经过数学变换而得出的有关地震波的几何学、运动学、动力学或统计学特征。其中没有任何其他类型数据的介入。地震属性用于储层预测，基本工作程序是在地质与地球物理综合的基础上，建立地震属性与储层物性的参数关系，通过地震属性提取、地震属性优化分析、地震属性向储层参数转换三个环节来实现，这一过程也被称为地震属性分析。其中，地震属性优化分析、地震属性向储层参数转换分别对应储层定性预测与储层定量预测，其研究成果可以应用于油气勘探工作中。

1) 地质模型的建立

综合利用地震、地质和测井的资料，应用标定、地质统计、正演模型等技术建立地质模型，确保储层预测方法的合理性。

其中，储层标定是通过单井标定来精确标定储集体顶面或有效储集体的发育部位，进而确定井间储层的连续性、连通性及高低关系；地质统计分析是对储层岩性、物性与地震属性进行地质统计学分析建立地震属性与岩性、物性的关系；地球物理表征方法的选择与属性参数选择是根据岩性组合特征及储层地震异常相应特征分析，选择针对性的储层预测方法和地震属性的参数组合；最终是要建立地质目标的地质模型，进行模型正演，验证所选地球物理表征方法的合理性。

2) 地震属性分析

目前用于储层预测的属性参数种类繁多，缺乏统一分类。从地震属性的提取过程来看，地震属性是一种描述和量化地震资料的特性，是原始地震资料中包含全部信息的子集。从应用地球物理学角度看，地震属性是地震数据中反映不同地质信息的子集，刻画描述地层结构、岩性和物性等性质信息的地震特征量。

地震属性的提取通过多种数学方法实现，目前可以提取的属性信息上百种，主要包括沿层地震属性、层间吸收属性、体属性、时频分布属性和相干体属性。到目前为止，还没有一个公认的地震属性分类。Quincy Chen 等以波的运动学和动力学特征将地震属性分为：振幅、频率、相位、能量、波形、衰减、相关和比率八大类（图3-3），每一大类包含几至二十几类不等。从地震属性的基本定义看，它是表征地震波形态、运动学特征、动力学特征和统计特征的物理量，有着明确的物理意义。

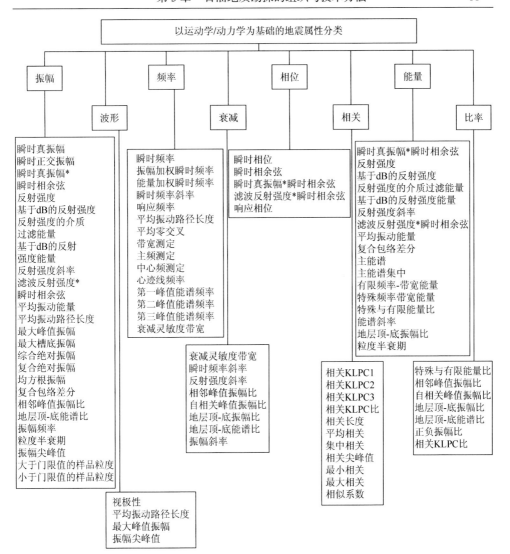

图 3-3　基于运动学/动力学的地震属性分类（Chen，1997）

三维地震学的成功带来了地震属性的普遍应用。属性有助于洞察数据，尤其是当显示在所解释过的空间层位上时。然而，多数有效属性并不是独自存在的，事实上它们是以不同的方式来表示有限的几个基本属性。成功应用属性的关键在于选择最适当的属性。另外，用属性进行统计分析必须在理解其意义的基础上进行，不能基于简单的数学关系。

地震属性的优化，就是优选出对地质目标最为敏感、最有效和最具有代表性的地震参数的过程。地震属性的优化分析方法一般分为地质属性降维影射和地震属性选择两大类。

3）储层预测

储层定量预测是指将优化后的地震属性转换为储层特征的过程，也叫做储层定量预测（即地震属性向储层参数的转换）。用地震岩石物理研究、地震正演和井资料标定等方法，建立地震属性和储层之间的关系，选择相应的地质统计方法，将地震属性转化为储层参数。

4. 地震综合研究

地震综合研究是指利用地震、地质、探井钻测录等多种资料，结合油气勘探地质任务开展地震地质综合解释，在此基础上，进行油气成藏条件分析，提出油田勘探开发的部署意见。

虽然地震资料目前仍然是油气勘探最有效最经济的手段，但由于地震勘探理论方法是以建立在一定假设条件下的地震数学模型来求解实际物理模型的，受地震分辨率、地质复杂程度、地震勘探方法适用条件及主观认识等因素的影响，地震勘探方法技术描述与表征石油地质目标的精度是有限的，地震资料分辨尺度远大于石油地质需要尺度，因而，开展多种资料的综合解释十分必要，目的是减少地震方法技术的多解性，克服地震方法技术的局限性，提高地震资料分辨能力以及规避地震观测误差及各种干扰，发挥包含丰富地质信息的地震资料的作用。

地震综合研究的手段早期全部为手工解释和手工成图，地震资料的数字化促进了计算机软件的发展。从 20 世纪 80 年代中期引进并尝试借助计算机进行简单的地震解释工作。随着计算机技术迅猛发展，油气勘探以及人机联作解释的效率需求，促进了解释技术发展和应用普及，并逐步形成了以解释软件为载体，形成了盆地分析-地震资料处理解释-地震资料目标处理-精细构造解释-储层预测与油藏描述-测井二次解释与储量计算的技术系列。而计算机存储、运算能力的发展、解释软件一体化功能的发展以及数据管理技术的巨大进步，又使地震解释系统从单机工作到网络化架构的授权用户模式转变，即通过统一平台，实现石油公司的企业资源统一管理调配和分散式协同化的应用，显著提高了资源利用率和研究水平。

在软件技术发展上，地震解释软件是以地球物理和多学科的地质理论为基础，以计算机、数据管理和网络技术为载体，针对地质目标形成并不断发展完善的系列解释技术。石油地震解释技术系列配套一般是以综合解释软件为主流，特色化软件为补充，同时根据探区的勘探阶段、勘探程度和地质情况，通过消化吸收，配套形成支撑地震地质综合解释研究的技术系列，为勘探开发服务。

3.2.5　地质综合研究方法

石油地质综合研究是以现代勘探方法技术和石油天然气地质理论作为基础，

以辩证哲学的基本思想为指导，以解决油气勘探的需要为己任，探索研究三维地质体中油气生成、聚集与分布，预测油气资源潜力，并将研究结论延伸，指导勘探实践的科学（赵文智等，1999）。从多种技术与方法综合应用的角度来看，石油地质综合研究是充分利用已有认识和在多工种、多方法的勘探中所取得的资料进行深入分析，解释这些资料内涵的石油地质意义，即对各种认识和资料进行去粗取精、去伪存真、由此及彼、由表及里的研究，以得到对地下情况和油气赋存的理性认识为目的，从而指导今后的勘探部署。

1. 地质综合研究与石油地质学的关系

首先需要说明的是，地质综合研究方法并不等同于石油地质学理论，赵文智等（1999）提出了石油地质学理论和石油地质研究实践活动之间的关系。

首先，石油地质学理论是石油地质综合研究的基础，是石油地质综合研究产生和存在的母质；而地质综合研究则是石油地质学的延伸，基于同样的石油地质理论而由具备不同智慧和创造水平的人来完成石油地质综合研究会得出价值完全不同的结果。同时，石油地质综合研究在认识中取得的客观的新进展，又会成为石油地质理论的重要组成部分，进一步丰富石油地质理论宝库。

其次，石油地质学作为地质学的分支，侧重于理论的总结，突出系统性和理论体系的建立和完善；而石油地质综合研究作为理论延伸，突出以现代石油地质理论为依托在石油地质领域的探索，因而更加注重对卷入油气成藏的地质作用过程的恢复与各成藏要素在时空中的匹配关系的建立。

最后，石油地质综合研究是各项勘探研究技术与方法和基础石油地质理论密切结合的纽带。石油地质综合研究离不开现代油气勘探方法和技术的支持，这是由两个方面的需求决定的：①石油地质综合研究的目的是指出勘探目标，这一目的本身需要将研究目标以图形和参数的形式展现在研究人员面前，所以需要通过高精度、高分辨率地球物理与测井技术、井筒测试、地质实验分析、钻井和采油技术等；②石油地质综合研究离不开专项技术的发展，专项石油地质理论和技术创新对石油综合地质研究的深入和飞跃有着极为重要的促进作用。

综合而言，石油地质综合研究是跨越基础理论研究、应用研究和决策研究，实现地质科学的经济价值和社会效益的途径，研究的目的是有效地发现油气资源，具有明显的实用性。

2. 石油地质综合研究的构成与层次

石油和天然气勘探的地质综合研究是按油气勘探的总则进行的，工作依次按盆地区域勘探、圈闭预探和油气藏评价三个阶段开展。这三个阶段的划分，是有着明显的界限与区别的。但对一个盆地的油气勘探工作来说，这三个阶段又是互相联系、相互衔接而不可分割的。随着勘探程度的提高和各种地质、地震及非地震物化探等资料的积累，盆地的综合研究分析工作总是反反复复地滚动进行，不断提高勘探精度。

1）盆地区域勘探阶段的地质综合研究

盆地区域勘探阶段系指从盆地的石油地质调查开始，到优选出有利含油凹陷或有利含油气区带的全过程。

勘探对象是盆地（或拗陷及周缘地区，或凹陷及周缘地区）。它是盆地勘探的早期阶段，主要应用石油地质调查、非地震物化探资料或少量地震和钻探资料进行盆地分析，初步搞清盆地的基底结构、盆地的构造格局、地层层序、沉积岩分布、预测主要烃源层系及主要烃源区、估算远景资源量、评价盆地勘探远景，并通过对多个盆地的分析、比较，进行分类、排队，优选出具有含油气远景的盆地。

盆地区域勘探的任务是提交有含油远景的地区和油气资源量。研究的基本问题包括：①基底岩石性质、时代、埋藏深度及起伏状况，盆地周边的地质情况；②沉积岩的时代、厚度、岩性、岩相及分布情况；③构造单元划分和区域构造发展史，主要二级构造单元和面积较大的圈闭的基本形态，上下构造层间的关系，主要断裂情况；④生油凹陷的分布，生油气层的层位、岩性、厚度、沉积条件、分布情况和组合特征；⑤储层、盖层的层位、岩性、厚度、沉积条件、分布情况和组合情况；⑥地面、地下的油气显示，油、气、水的物理、化学性质，区域水文地质情况；⑦含油气远景评价。

盆地区域勘探阶段分为盆地优选和盆地内区带优选。前者的目标是提供可供普查的重点盆地及盆地勘探规划；后者利用得到的全部资料，以盆地模拟的方法，建立起各种模型（地质模型、构造模型、水动力模型、干酪根演化动力模型），研究构造发育史和油气运移史及其匹配关系，根据预探井及测井、测试和分析化验等数据进行综合研究，见到有油气显示后，计算出预测储量，对有利的圈闭提出油气藏评价方案。

2）圈闭预探阶段的地质综合研究

圈闭预探阶段系指从盆地区域勘探优选出的有利含油气区带进行圈闭准备开始，到获得工业油气流的全过程。勘探的对象是圈闭，任务主要是提交圈闭资源量和预测储量。

该阶段是从盆地发现烃源岩后到主要含油气区带上的简单油气藏的基本发现，是盆地油气勘探的中期阶段。这时，已有联网的地震测线和相当数量的探井，研究者以探井资料为骨干，以地震测线资料为基础，结合其他资料可详细地研究盆地的地质特征，建立盆地的地质模型，通过盆地地史、地热、生烃史、排烃史的研究，查明地层、岩性的横向变化、构造形态和断层分布，搞清油源关系、有效烃源体和储集岩体的分布，通过生烃量和排烃量的计算，预测出油气的资源量及其分布范围，优选出有利的含油气区带。

研究的基本地质问题包括圈闭的类型、基本要素、圈闭构造发育史及分布状况；储层的性质、分布及成岩作用；油、气、水的性质、分布及控制因素。

该阶段分为圈闭准备和优选、圈闭预探两个过程。前者提出可供钻进的圈闭及圈闭带，制定圈闭的地震和钻探部署方案；后者指出油气藏评价方案，收集齐全准确的全过程数据，建立各种资料数据库。

3）油气藏评价阶段的地质综合研究

油气藏评价阶段系指从圈闭预探获得工业油气流开始到探明油气田的全过程。勘探对象是获得工业油气流的圈闭（或油气藏），其任务是提交控制储量和探明储量。它是继续深化含油气盆地的阶段，盆地勘探程度已经进入到了比较高的中后期阶段。此时，对各种地质特征和石油地质规律都有了进一步的认识，特别是通过对已发现的各类油气藏的分析研究，对油气运移、聚集规律有了较深的认识。要详细研究生、储、盖层的横向变化，构造圈闭情况以及配置关系，进一步充实盆地的地质模型，更加准确地再现盆地的地史、热史、生烃史、排烃史，还要再现盆地油气运移、聚集史，定量地预测油气资源量及其在三维空间的分布，重点评价各类有利含油区带的油气潜力，特别是要进行对圈闭含油气性的评价，同时也要对地层岩性油气和隐闭油气藏进行预测。

油气藏评价阶段研究的主要问题包括：①各主要目的层的构造形态、断层在平面上的分布和在纵向上的切割层位，局部高点和断块的分布；②各含油层段的储层分布和变化、成岩作用、空隙结构和化学性质及其变化情况；③不同构造层位和不同层系的地面和地下物理、化学性质及其变化情况；④地层的温度、压力及各套含油层段的压力系数变化情况；⑤油藏类型和驱动类型，不同含油层段油气水在纵向上的组合关系、产状情况，含油面积和油层有效厚度。

3.3 油气勘探过程的知识化特点

长期以来，地质学家对于石油地质理论和技术的发展做了大量探索和研究，形成了较为系列的基于地质理论的石油地质勘探方法与技术。随着信息技术的不断发展，计算机网络与数据库技术不断应用到勘探生产与地质综合研究之中，随着多年的信息化改造，油气勘探的各个流程正逐渐体现出清晰的信息产业的数字化特征。

（1）首先，油气勘探的生产过程就是通过探测和分析化验来获取数据的过程。从野外踏勘到地震信息采集，从分析化验到探井的钻井、录井、测井和测试的过程，其本质都是数据（信息）采集的过程。通过大量的勘探生产实践活动，油气勘探形成了大量的实时与非实时的数据、文档和报表，这些信息作为各个生产环节的最终成果进入了数据库中。因此，从产业信息技术角度看，油气勘探的生产实践活动就是一个信息探测、采集和入库的信息化过程。

（2）其次，勘探地质综合研究过程就是数据处理与分析的过程。地质综合研究包括地震解释与地质综合研究、构造建模、属性分析、探井部署与地质分析等环节，其输入的数据来自地震、非地震、分析化验和探井钻探过程，这些基础的数据经过关联和整合，形成了地质学家对地质目标的认识，最终这些地质认识以文字、图件或者地质模型的方式表达出来，这是一个从数据变成信息，继而再加工成知识的过程。因此，从信息技术角度看，数据成为行业认识的过程，本质就是一个知识产生的过程。

（3）再者，勘探项目管理过程就是信息集中与知识管理过程。国内油气公司一般通过勘探项目管理的方式展开各个层次和技术环节的生产与科研工作及生产过程的数据与信息收集，最终与地质综合研究的成果信息一同按照不同的勘探项目进行分类和组织，提交管理部门，从而控制过程和流程的推进。这个过程的主要工作就是将各类研究成果以特定的主题汇总，同时，针对主题研究中面对的问题，组织专家交流和讨论，最终形成一个对问题的基本判断和初步结论，从而进一步形成对生产和科研环节的指导意见，这就是一个信息集中和知识管理的过程。

（4）最后，勘探决策与评价的过程就是统一理论与实践认识的过程。经过生产、科研与管理各个环节的信息层层处理与加工，基本已经形成了针对勘探主题的定性和定量的分析，最终，这些依据与成果都通过不同的主题组织进行统一决策，从而形成一个最终的结论。地质专家通过对这些实践认识的最终判定进行进一步的抽象，会形成特定地质条件下的地质理论和工作方法，从而进一步指导后期的各类勘探工作。这种地质实践与理论认识的表达形成，可以是地质原理、判断过程、数学模型和思维方法，在信息技术中，以概率和量化的知识体系来表述。因此，勘探决策与评价的最终结果也是一种信息化过程。

综上所述，从油气勘探产业信息化的角度来看，油气勘探的业务过程就是划分不同的勘探阶段，依托有限信息进行分析勘探目标，从而不断接近地质事实的过程，其本质就是知识创造。所以，从这一观点出发，未来信息化工作具有两个重要的工作内容，一个是数据集成，根据业务需求将各类勘探技术采集的数据不断加工处理形成信息，进而形成地质模型和知识的过程；另一个是工具集成，或称为软件集成，就是将原理表述、数学模型、决策判断规则与方法形成软件功能，实现专家工作方法与思维方式的可复用过程。

3.4 本章小结

本章基于对油气勘探目前的组织模式和各类技术方法的分析，明确油气勘探的具体工作内容与实践过程，进而得出"油气勘探的本质就是知识管理的过程"这一信息化的出发点。

（1）剖析油气勘探的规划、组织与项目管理流程。针对油气勘探的总体工作流程和项目管理过程展开剖析，分析当前条件下油气勘探在组织模式上的优势和不足。

（2）详细论述油气勘探的方法与技术。从油气勘探技术的内容特点来看，油气勘探分为四种主要的技术类型：①地质调查技术，包括地面或地表进行的技术，包括地面地质踏勘、油气资源遥感、非地震物理化探、地震勘探；②井中探测技术（井筒技术），指直接接触油气层的勘探技术，包括钻井、录井、测井、测试和试采；③实验室分析模拟技术，指利用各种分析仪器、测试和模拟装置，取得相关资料；④地质综合研究技术，对勘探对象和目标进行系统化、定量化评价的技术，包括盆地评价技术、区带评价技术、圈闭评价技术和油气藏描述技术。

概括地说，地质调查、井中探测、实验室分析模拟三种技术以信息采集为主要方法，通过资料的处理与解释，从不同的侧面来再现地下的地质构造和属性情况。地质综合研究技术的重点是对上述三种技术手段获取的信息和解释成果进行综合研究，来对勘探对象和目标进行系统化、定量化的评价。

（3）油气勘探过程的知识化特点总结。从油气勘探的技术体系和方法流程可以清晰地看到：通过一系列的技术和方法，获取了关于地下地质及流体的动静态信息体系，从而使得勘探目标的认识不断地清晰化和系统化，最终提交量化的储量指标和油气藏展布。因此，从油气勘探产业信息化的角度来看，油气勘探的业务过程就是划分不同的勘探阶段，依托有限信息分析勘探目标，从而不断接近地质事实的过程，其本质就是知识创造。

第4章 面向石油地质的数字盆地体系

石油地质的信息化建设与石油地质的业务内容是密不可分的整体，石油行业信息化技术不是独立存在的，而是贯穿石油行业的各个业务领域，用以解决最核心的数据、算法、成果，提供研究、管理和决策的支持。因此，要建立合理的石油地质信息化体系，就需要综合分析地质综合研究业务的技术特点，对比国内外先进的信息化技术与管理经验，结合现有国内外的研究理论与方法体系，剖析石油地质勘探领域的信息技术特点和发展趋势，从而有针对性地提出信息支持模式和信息化的建设方法。

4.1 石油地质研究的特点剖析

4.1.1 地质综合研究具有横向上的多学科性

开展油气勘探需重视对勘探对象展开综合地质研究，这种研究是反复、深入、持久的，是多学科的交互渗透与融合，即从地质学、地球物理、地球化学出发，在多个方面，包括构造地质、板块、沉积学、生烃、古生物、层序地层等，对含油气盆地整体、区带和局部的勘探目标进行综合研究。

具体地说，油气勘探是综合应用石油地质学与物化探、钻录井、测井、测试与试油等各种勘探技术，寻找并查明油气藏形态、性质、资源，提交可动用探明储量的生产活动。从勘探精度上讲，油气勘探包括盆地勘探、区带勘探、圈闭评价、油气藏评价等阶段。按勘探方法划分，油气勘探分为地震勘探、物理勘探、化学勘探和钻井勘探。高效、高精度、低成本的油气勘探离不开新技术、新方法的应用。例如，在胜利油田，开展油气勘探研究的主要单位是勘探开发研究院（原地质科学院与物探研究院）。

日常勘探综合研究内容，主要划分为地层研究、构造研究、烃源岩评价、储层评价、盖层研究、圈闭评价、油气运移研究、成藏研究、综合评价、井位部署等。这是从局部到整体的递进式综合研究和应用阶段。勘探规划部署、储量计算与勘探综合研究关系也很密切，考虑到勘探综合研究及其成果的完整性，通常将规划部署和储量计算也纳入到勘探综合研究中。这些业务过程都有独立的工作流程和成果体系，产生了大量图件和研究成果数据。勘探综合研究的一级业务表详见表 4-1。

表 4-1　勘探综合研究的一级业务表

一级业务	一级业务描述
规划部署	本业务包括勘探开发的五年、三年规划以及其他时间段的规划或者计划；包括年度部署、季度部署以及其他时间段的部署。业务对象包括盆地、圈闭、区域、油田、单位、区块、单元等
地质综合研究	包括地层研究、构造研究、烃源岩评价、储层评价、盖层研究、圈闭评价、油气运移研究、成藏研究、井位部署、储量计算十个部分对整个勘探进行研究应用
储量计算	分析油气田地质特征；研究地质储量的计算方法、计算单元与储量类别；研究有效储层的下限标准；研究地质储量的计算参数；计算地质储量与技术可采储量；计算经济可采储量与剩余经济可采储量；综合分析储量

4.1.2　地质综合研究具有时间上的全局性和阶段性

　　油气勘探需坚持从全局着眼，整体研究、整体评价。在取全取准第一性资料的基础上，经过认真的综合分析研究，查明其地质结构和构造发展史、沉积史和烃类热演化史，才能选准勘探方向。而在阶段研究中，油气勘探程序分为区域普查、区带详查、圈闭预探和油气藏评价四个阶段（表 4-2）。前一阶段是后一阶段的准备，而后一阶段是前一阶段的继承和发展，如地质学家所言，"阶段不可超越，节奏可以加快"。其中，区域普查的主要目的是提交盆地与凹陷的推测资源量；区带详查阶段主要是提交区带潜在资源量；工业勘探时期的主要目标是提交工业储量（包括预测、控制和探明储量），它可进一步细分为圈闭预探和油气藏评价两个阶段。

表 4-2　油气勘探各阶段之间的关系

勘探阶段	资源调查		工业勘探	
	区域普查	区带详查	圈闭预探	油气藏评价
勘探对象	含油气盆地	含油气系统	区带	油气田
基本任务	择盆选凹	查区定带	发现油气田	探明油气田
资源-储量目标	盆地或凹陷资源量（生油法为主）	区带或圈闭资源量（容积法为主）	预测或控制储量	控制和探明储量
研究重点	生油岩特征生烃与排烃条件	储盖组合特征运移与聚集条件	圈闭特征圈闭与保存条件	储层与流体特征油气富集条件
主要技术	盆地分析模拟	含油气系统评价	圈闭评价	油气藏描述
探井（井筒）技术	无	参数井	预探井	评价井
探井数量	无	少量	批量	批量

1. 区域普查

区域普查的对象是含油气盆地或者盆地内的一级构造单元（包括油气大区、含油气盆地、拗陷等），通过多种调查勘探技术，系统地收集各方面的资料，通过盆地和凹陷的类比、分析，通过区域探井的钻探工作来确定沉降、沉积和生油中心，在此基础上，进一步选出最有利的盆地和生油凹陷，预测盆地或凹陷的资源量。

2. 区带详查

区带详查是根据有利的生油凹陷及其邻近地区，通过地震普查与详查工作，落实二级构造带的基本特征，进而结合参数井钻探，进一步划分含油气系统，同时，通过对含油气系统的分析描述与数值模拟，进行以优选有利的含油气区带为目的的勘探工作。此阶段的结束，则提交各区带的油气资源量。

3. 圈闭预探

圈闭预探是在有利油气聚集的区带上，通过进一步的地震详查和圈闭描述与评价工作，进行圈闭的优选，然后通过预探井的钻探来揭示圈闭的含油气性。其最终目的是发现油气田，提交控制或预测储量。

4. 油气藏评价

油气藏评价的勘探对象可以是单一的油气藏，也可以是一组由单一地质因素控制的多个油气藏的组合，即油气田。它是在已经获得控制储量或预测储量的油气藏范围内，开展以查明油气藏地质特征、储量规模、开发特性为主要内容的勘探工作，为油田顺利投入开发做准备。评价勘探的结束，将提交探明储量。

针对一个具体的油气田而言，大致都要经历从区域普查到区带详查，到圈闭预探，再到油气田评价才能提交开发。但从空间上看，同一盆地或者区带内各地区的勘探程度并不平衡。当盆地的某一处已经进入圈闭预探阶段，而有的地方还在进行区带详查工作，甚至有的地方还处于普查阶段。从不同的构造层（勘探层）来看，也是如此。因此，勘探程序在纵向上是连贯的，但是在横向上是可以交叉的。

4.1.3　地质综合研究在方法上具有多技术综合性

地质综合研究是通过各种先进技术手段来强化勘探实践，从而相互参照、相互印证，进而发现油气田。概括而言，在油田的勘探业务中，由生产、科研过渡到管理的勘探决策，可以发现："勘探业务的过程，就是依托各类信息进行地质分析，不断接近地质事实的过程"。例如，无论勘探生产过程，勘探研究过程，还是勘探管理过程和勘探决策过程，地质认识最终以概率和量化的指标来表述，因此，油气勘探的本质就是知识创造。基于这种认识判定，可以认为油气勘探是一项具有高度复杂性的高风险行业，勘探地质研究既需要实践性、流程性的逻辑思维，也需要创新性和关联性的抽象思维。

前文提到，从油气勘探技术来看，油气勘探分为四种主要的技术类型，分别是：地质调查技术（地面或地表进行的技术，包括地面地质踏勘、油气资源遥感、非地震物理化探、地震勘探）、探井探测技术（探井井筒技术，指直接接触油气层的勘探技术，包括钻井、录井、测井、测试和试采）、实验室分析模拟技术（利用各种分析仪器、测试和模拟装置，取得相关资料）、地质综合研究技术（对勘探对象和勘探目标进行系统化、定量化评价的技术，包括盆地评价技术、区带评价技术、圈闭评价技术和油气藏描述技术）。前三种（地质调查技术、探井探测技术、实验室分析模拟技术）以信息采集为主要方法，并通过资料的处理与解释，从不同的侧面来再现地下石油的地质情况，而地质综合研究技术，就是依据上述三种技术手段获取的信息和解释成果进行综合研究，从而对勘探对象和勘探目标进行系统化、定量化的评价。概括地说，地质综合研究是油气勘探中贯穿了盆地、区带和圈闭以及油气藏研究所有环节的核心技术流程。因此，作为油气勘探核心的综合地质研究的解决方案，正是顺应了国内油田的快速勘探、高效勘探的需求。

4.1.4　地质成果具有成果结构性和图形抽象性

地质综合研究必须以地质信息科学理论为指导，针对油气地质研究信息繁多、业务复杂的现状以及当前地质决策的问题所在，其综合研究和决策的解决方案基础就是各类阶段研究的成果。由于地质研究的抽象性和创新性，其勘探研究成果也具有非结构抽象表述和图形表述（即图示性）的特点。

地质综合研究的过程也就是产生成果的过程。多年来，勘探工作者积累了大量成果图件，这些成果是一笔宝贵财富，指导后续的研究和认识的深化。此外，每个阶段又都会产生一批新的图件作为成果，这些图件和成果是各路专家和研究人员智慧的结晶，是科学决策的依据和前提。下面对各个阶段的具体成果和图件进行详细分析。

1. 地质综合研究文档成果分析

地质综合研究过程产生的文档成果有一定的行业命名规范（表 4-3），各类文档可以细分为更小粒度的研究过程分类。从格式上分为不同格式的文本文档，目前主要为微软 Office 的 Word 格式，文档编辑单位为各自生产与研究流程的负责部门。

表 4-3 地质综合研究文档成果一览表

名称	所属业务域（流程/活动）	格式	数据产生单位
速度分析报告	构造研究	文本	解释及研究单位
储层分析报告	储层评价	文本	解释及研究单位
VSP 测井资料标定层位成果	构造研究	文本	解释及研究单位
亮点剖面分析成果	油气藏评价	文本	解释及研究单位
AVO 剖面预测储层含油性成果	储层评价	文本	解释及研究单位
油气藏分析报告	油气藏评价	文本	解释及研究单位
构造解释成果	构造研究	文本	解释及研究单位
测井约束反演	储层评价	文本	解释及研究单位
属性分析成果	储层评价	文本	解释及研究单位
圈闭评价报告	圈闭评价	文本	解释及研究单位
地震测井解释报告	地层研究	文本	解释及研究单位
××地区××区块综合研究报告	地质综合	文本	解释及研究单位
井位部署建议报告	圈闭评价	文本	解释及研究单位
地层研究报告	地层研究	文本	研究单位
沉积研究报告	沉积研究	文本	研究单位
构造研究报告	构造研究	文本	研究单位
烃源岩研究报告	烃源岩研究	文本	研究单位
储层特征分析研究报告	储层评价	文本	研究单位
储层预测综合研究总结	储层评价	文本	研究单位
储层评价报告	储层评价	文本	研究单位
储层预测参数及敏感性伤害预测报告	储层评价	文本	研究单位
盖层研究报告	盖层研究	文本	研究单位
突破压力成果	成藏研究	文本	研究单位
圈闭条件分析成果	圈闭评价	文本	研究单位

续表

名称	所属业务域（流程/活动）	格式	数据产生单位
圈闭钻探分析成果	圈闭评价	文本	研究单位
圈闭研究报告	圈闭评价	文本	研究单位
油气运移研究报告	成藏研究	文本	研究单位
主要沉积体系分布平面分析成果	沉积研究	文本	研究单位
主要沉积体系对比剖面分析成果	沉积研究	文本	研究单位
物性分布分析成果	地层研究	文本	研究单位
构造纲要分析成果	构造研究	文本	研究单位
断层封闭与输导条件分析成果	构造研究	文本	研究单位
不整合性质分析成果	构造研究	文本	研究单位
不整合输导条件分析成果	成藏研究	文本	研究单位
油气运移分析成果	成藏研究	文本	研究单位
目标区输导体系研究成果	成藏研究	文本	研究单位
已发现油气藏分布特征分析成果	油气藏评价	文本	研究单位
成藏特征综合分析报告	成藏研究	文本	研究单位
成藏研究报告	成藏研究	文本	研究单位
综合评价报告	地质综合	文本	研究单位
井位部署建议报告	圈闭评价	文本	研究单位
井位设计书	圈闭评价	文本	研究单位
勘探目标方向研究和远景预测及评价报告	地质综合	文本	研究单位
预测储量综合报告	储量计算	文本	地质院
控制储量综合报告	储量计算	文本	地质院
探明储量综合报告	储量计算	文本	地质院
储量年报	储量计算	文本	地质院

2. 成果图件分析

由于地质勘探过程的抽象性，地质综合研究成果通过多种图形来表达，其成果图件的名称和来源如表 4-4 所示。

表4-4 综合研究过程中形成的各类成果图件一览表

图件名称	所属业务域（流程/活动）	格式	数据产生单位
地层等 t_0 构造图	构造研究	矢量	资料解释单位
深度图	构造研究	矢量	资料解释单位
厚度图	储层评价	矢量	资料解释单位
等 t_0 图	构造研究	矢量	资料解释单位
储层顶或底深度图	构造研究	矢量	资料解释单位
储层等厚度图	储层评价	矢量	资料解释单位
地层古构造图	构造研究	矢量	资料解释单位
地层古地貌图	构造研究	矢量	资料解释单位
地层地震相品质图	地层研究	矢量	资料解释单位
地层沉积相图	沉积研究	矢量	资料解释单位
地层砾岩分布图	沉积研究	矢量	资料解释单位
地层小层对比图	地层研究	矢量	资料解释单位
地层地温梯度平面图	成藏研究	矢量	资料解释单位
地区勘探形势图	地质综合研究	矢量	资料解释单位
地区勘探历程图	地质综合研究	矢量	资料解释单位
地区勘探部署图	地质综合研究	矢量	资料解释单位
区块地震剖面图	构造研究	矢量	资料解释单位
区块地质剖面图	构造研究	矢量	资料解释单位
区块油（气）藏剖面图	油气藏评价	矢量	资料解释单位
区块地层发育剖面图	沉积研究	矢量	资料解释单位
区块岩性剖面图	地层研究	矢量	资料解释单位
区块岩相剖面图	沉积研究	矢量	资料解释单位
区块断面图	构造研究	矢量	资料解释单位
区块综合柱状图	地层研究		资料解释单位
区块×断层生长系数图	构造研究	矢量	资料解释单位
地层岩性地质体异常体的构造图	构造研究	矢量	资料解释单位
地层岩性地质体异常体的等厚图	储层评价	矢量	资料解释单位

续表

图件名称	所属业务域（流程/活动）	格式	数据产生单位
沉积相剖面图	沉积研究	矢量	资料解释单位
沉积相平面图	沉积研究	矢量	资料解释单位
地层压力梯度异常平面分布图	成藏研究	矢量	资料解释单位
主要断层断面图	构造研究	矢量	资料解释单位
油藏剖面图	油气藏评价	矢量	资料解释单位
油气勘探综合评价图	地质综合		资料解释单位
目的层构造图	构造研究	矢量	资料解释单位
目的层厚度图	储层评价	矢量	资料解释单位
合成地震记录	构造研究	独立格式	资料解释单位
航磁 ΔT 异常图	构造研究	栅格	资料解释单位
磁性体最小埋藏深度图	构造研究	矢量	资料解释单位
××地区布格重力异常图	构造研究	矢量	资料解释单位
××地区布格重力剩余图	构造研究	矢量	资料解释单位
电法高阻层等深图	构造研究	矢量	资料解释单位
各种化探和放射性勘探成果图	构造研究	矢量	资料解释单位
遥感遥测成果图	构造研究	栅格	资料解释单位
地层综合柱状图	地层研究		研究单位
地层对比图	地层研究	矢量	研究单位
地层等厚图	地层研究	矢量	研究单位
地层层序分析图	地层研究	矢量	研究单位
地质图	地层研究	矢量	研究单位
剥蚀量图	地层研究	矢量	研究单位
沉积相平面图	沉积研究	矢量	研究单位
岩相剖面图	沉积研究	矢量	研究单位
沉积相剖面图	沉积研究	矢量	研究单位
沉积模式图	沉积研究	矢量	研究单位

图件名称	所属业务域（流程/活动）	格式	数据产生单位
单井相图	沉积研究	矢量	研究单位
岩相古地理图	沉积研究	矢量	研究单位
地质-地球物理大剖面	构造研究	矢量	研究单位
构造横剖面图	构造研究	矢量	研究单位
等 t_0 构造图	构造研究	矢量	研究单位
等深度构造	构造研究	矢量	研究单位
构造演化剖面图	构造研究	矢量	研究单位
地震属性分析图	构造研究	矢量	研究单位
测井约束反演剖面	储层评价	矢量	研究单位
TTI 剖面图	烃源岩研究	矢量	研究单位
生油层平面图	烃源岩研究	矢量	研究单位
地球化学综合图	烃源岩研究	矢量	研究单位
生油岩综合地球化学剖面图	烃源岩研究	矢量	研究单位
生油岩各种丰度指标等值线图	烃源岩研究		研究单位
生油岩有机质类型分布图	烃源岩研究	矢量	研究单位
生油岩埋藏深度及等温图	烃源岩研究	矢量	研究单位
生油岩综合评价图	烃源岩研究	矢量	研究单位
生油岩等厚图	烃源岩研究	矢量	研究单位
目的层砂泥岩百分比图	储层评价	矢量	研究单位
主要储层砂泥岩百分比	储层评价	矢量	研究单位
储集条件分析图	储层评价	矢量	研究单位
储层物性图、表	储层评价	矢量	研究单位
储层等厚图	储层评价	矢量	研究单位
盖层等厚图	盖层研究	矢量	研究单位
盖层岩相分析图	盖层研究	矢量	研究单位
盖层质量分析图	盖层研究	矢量	研究单位

续表

图件名称	所属业务域（流程/活动）	格式	数据产生单位
保存条件图	盖层研究		研究单位
局部构造图	构造研究	矢量	研究单位
圈闭有效性分析图	圈闭评价	矢量	研究单位
砂体分布图	储层评价	矢量	研究单位
砂体厚度图	储层评价	矢量	研究单位
圈闭类型及其分布图	圈闭评价	矢量	研究单位
油气运移平面模式图	成藏研究	栅格	研究单位
油气运移剖面模式图	成藏研究	栅格	研究单位
油气藏形成条件分析图	成藏研究	矢量	研究单位
油藏剖面图	成藏研究	矢量	研究单位
油气分布及其性质图	成藏研究		研究单位
油源对比与供油方式图	成藏研究		研究单位
油藏横剖面图	成藏研究	矢量	研究单位
勘探程度图	地质综合研究		研究单位
综合评价图	地质综合研究	矢量	研究单位
油气生成、运移、聚集史的模式及可能油气藏类型图	成藏研究		研究单位
区域水动力条件及流体性质变化图	成藏研究	矢量	研究单位
含油远景预测图	地质综合研究	矢量	研究单位
勘探部署图	地质综合评价	矢量	研究单位
井位部署图	勘探部署	矢量	研究单位
储量预测图	储量计算	矢量	研究单位
单井预测柱状图	勘探部署		研究单位
地层压力预测曲线	勘探部署		研究单位
过井"十字"剖面图	勘探部署	SEGY，CGM	研究单位
油（气）田储量综合图	储量计算	矢量	地质院
分区块储量综合图	储量计算	矢量	地质院

续表

图件名称	所属业务域（流程/活动）	格式	数据产生单位
勘查（采矿）许可证划定范围与申报储量面积叠合图	储量计算	矢量	地质院
油（气）田稠油油藏黏温关系曲线图	储量计算	曲线，栅格	地质院
油（气）田各计算单元含油（气）面积图	储量计算	矢量	地质院
油（气）田新增含油（气）面积叠合图	储量计算	矢量	地质院
油（气）田与本油田已认定的探明含油（气）面积叠合图	储量计算	矢量	地质院
油（气）田有效厚度下限标准研究图	储量计算	矢量	地质院
油（气）田储层四性关系图	储量计算		地质院
油（气）田有效厚度测井解释图版	储量计算		地质院
油（气）田典型井测井解释综合图	储量计算		地质院
油（气）田有效厚度等值线图或井点面积权衡法图	储量计算	矢量	地质院
油（气）田测井孔隙度解释图版	储量计算		地质院
油（气）田孔隙度压缩性校正图版	储量计算		地质院
油（气）田有效孔隙度等值线图	储量计算		地质院
油（气）田含油气饱和度等值线图	储量计算	矢量	地质院
油（气）田地层原油（气）体积系数随深度（海拔）变化曲线	储量计算		地质院
动态法确定可采储量曲线图	储量计算		地质院
含油断块综合图	储量计算	矢量	地质院
储量预测图	储量计算	矢量	地质院

4.1.5　地质综合研究在决策上具有风险性

油气勘探工作是油气地质工作者正确地认识地下地质状况并获得油气资源信息的基本途径。勘探研究要注重提出地质认识上的新思路，即创新思想。需要充分摆脱先验论的束缚，需要有打破思维定式、创新勘探思路的意识；需要建立勘探目标之间的关联思维，通过综合的勘探项目，使地球物理、地球化学、钻井、测井、录井、油井完井、酸化压裂成为一整套的系统工程。

如图 4-1 所示，地质综合研究的信息是一个不断演变的过程，由于油气勘探具有极强的探索性和高风险性，油气勘探的过程，就是一个从数据采集、信息处理、知识发现，最后落实到管理决策的高度智慧化过程。油气地质综合研究作为核心环节，是勘探开发部署论证的重要依据，油气地质综合研究工作的总体水平决定了勘探开发决策的正确性和有效性。在地质综合研究环节中，各地质勘探专家能否灵活地调度和高效地利用与各类地质要素相关的海量数据资料，并从不同角度开展深入的探讨，充分地表达自己的见解，将决定最终决策的正确性。因此，应当把油气地质综合研究环节作为油气勘探工作的核心环节。然而，在目前的油气勘探工作中，地质综合研究环节通常被视作一项日常的技术性业务，交由基层地质技术人员自己去完成。决策机构把关注的重点放在勘探开发部署论证环节上，并且采用单向决策模式来实现。这种决策模式将大量分析与评价工作放在春、秋季论证会上，其过程大致是团队集中汇报、专家点评、领导拍板，不仅存在信息处理的时效性问题，也存在研究难以细致、认识难以深入的问题，因而不能保证决策的科学性、有效性。

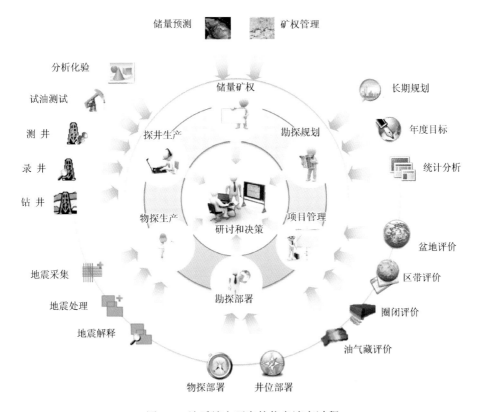

图 4-1　地质综合研究的信息演变过程

面对当前管理扁平化和高效化的发展趋势，有必要改变这种上层单向决策模式，将复杂的决策分析工作下放到地质综合研究环节中去。国内的勘探信息化工作在过去几年取得了长足的发展，数字油田与智能油田的理论逐步完善。以中国石油化工集团公司上游石油信息化建设为例，各级油田数据中心为油气勘探开发提供了海量数据资源，通过多源、异构和异质的数据整合技术，目前已经基本实现了将分散、孤立和杂乱的海量数据进行有机集成和快速组织，尤其是针对探井井位部署决策，研究并建立了"勘探决策支持软件系统"，通过构建相应的可视化平台，将其中遥感、地理信息、地震数据、地质模型、研究成果和井筒数据等，以多角度、可视化方式呈现在综合研讨和决策专家面前，大大丰富了群体决策的手段，促进了勘探开发决策效率和决策水平的提高。在此基础上，根据地质综合研究的需要，进一步研发出功能强劲的软件，就可实现把协同决策分析工作下移到地质综合研究环节中去，建立实时分析与伴随决策（针对整体研究过程的即时、同步决策）的新模式，实现多学科、多专家协同的综合研讨。

4.2 国内外相关建设经验剖析

4.2.1 国内石油勘探先进思维与方法

综合而言，国内长期以来针对勘探程序形成了成熟的流程和工作方法，建立勘探程序共同遵循的 36 字指导方针来保证勘探实践工作的顺利推进，包括"阶段不能逾越，程序不能打乱，节奏可以加快，效益必须提高，加强跟踪研究，降低勘探风险"，主要内容如下（庞雄奇等，2006）。

1. "阶段不能逾越，程序不能打乱"原则

在油气勘探的过程中，为了加速勘探进行，同时提高勘探效益，必须有计划有步骤地，从大到小从粗到细地进行，严格按照程序办事，而"阶段不能逾越，程序不能打乱"原则，则是一切石油地质工作者必须遵从的首要原则，否则在对区域石油地质条件不了解的条件下就急于扩大勘探成果，很可能造成欲速则不达甚至更大的勘探失误。

因此，在油气勘探的具体工作中，应该加强地质综合研究，只有在一个盆地具有了烃源岩、储层、盖层等基本的石油地质条件和油气勘探价值，才可以按照勘探程序不断深入和发展下去。

2. "节奏可以加快，效益必须提高"原则

这一原则是指在原有的勘探程序和规范基础上，需要根据实际工作情况，打破一些条框，作出一些用以提高效益的做法。例如，吐哈油田探索和实践了"区

域入手地震先行，同时进行参数井钻探，加强石油地质综合研究，优选有利的构造区带，一有发现即组织力量重点解剖、追踪扩大勘探成果"的指导方针，有效提升了油田勘探进度，再比如在渤海湾盆地的勘探中，也是能够充分从盆地的地质特点出发，在复杂断块地区实行简化评价勘探、实施滚动勘探开发从而取得了很好的勘探效果。

3. "加强跟踪研究，降低勘探风险"原则

地质风险是勘探中面临的最大风险，在油气勘探项目的运行过程中，只有加强跟踪地质研究，才能有效降低勘探风险。因此，在执行勘探程序的过程中，不仅要注意勘探阶段之间的关系和工程实施的先后次序，同时也要正确地处理好和协调好研究与施工的关系，及时正确的为勘探服务。

跟踪研究与工程作业之间关系是否协调，主要体现在两个方面：①跟踪研究内容是否完整，是否与工程作业相配套，能否有效的防范勘探过程中的风险。②跟踪勘探研究在时间进度上的安排是否协调，能否保证勘探施工的顺利进行。同时，勘探工程师要有计划、分步骤、滚动的进行，跟踪地质研究需要始终围绕勘探作业的需要及随着资料的增加滚动进行。跟随研究内容的配套性主要是指物化探工程实施前要进行充分的地质部署设计，施工结束之后要对已经获得的资料进行充分的研究；探井部署之前要进行充分的井位论证和地质设计，钻探实施之后要开展单井综合评价以及钻探失利分析；在提交各个级别的资源量和储量之前，要开展综合性的地质研究。

勘探施工的同时，研究工作必须很好地紧跟和配套，及时为下一步的勘探实施提供决策依据。但由于资料录取到处理到作出合理解释需要一个较长的周期，且各种资料配套之后才能作出比较确切的结论，所以，各个勘探阶段之间必须给研究工作预留时间，去充分吸收和消化资料。因此，为了正确的处理和协调好跟踪研究和勘探工程实施之间的关系，一方面，研究项目组应该加强评价工作；另一方面，在施工安排时也应尽可能地做好交叉实施，尽量减少停工时间，以免造成勘探工作的延误。

综上所述，"阶段不能逾越，程序不能打乱，节奏可以加快，效益必须提高，加强跟踪研究，降低勘探风险"的 36 字方针，既是几十年来我国油气勘探经验的深刻总结，也是当前国内实施和推进科学勘探的必然要求。基于这种业务理念，国内的信息人员在展开油田信息化工作时，不仅需要及时提供决策所需的各类数据、报告和图件，还需要针对某一主题的业务目标和需求特点，将各类信息进行合理的组织和关联，建立一种数据整合和软件整合的模式，通过具有地质概念的模型化，为现有的工作流程和工作模式提供一种相配套的信息支持方法和工具，这是国内数字盆地建设的重要内容。

4.2.2　哈里伯顿"一体化全景数字盆地"

哈里伯顿公司经过多年的技术发展,形成了勘探开发一体化软件体系(图4-2)。目前,该公司基于"一体化全景数字盆地"发展目标,将所有的数据和软件体系整合到 DecisionSpace®平台中,该平台是哈里伯顿全新一代多学科协同工作平台及应用软件。它为多领域工作团队建立了统一的工作平台,其基础是整个公司的数据管理体系。

图 4-2　哈里伯顿勘探开发一体化软件体系

为了提供多学科协同的一体化工作流程,哈里伯顿公司重新设计了勘探与开发生产软件。这一软件不仅可以提供很强大的科学应用程序和高精度的技术指标,还具有简单易用和加速关键决策的特点,从应用角度来看,这一软件定位于一个研究协同和决策支持系统,相当于国内油田普遍建设的"勘探开发辅助决策系统"的扩展。同时,该软件在支持第三方软件公司的功能扩展上,与斯伦贝谢的 Ocean 平台具有及其类似的架构。从未来发展看,DecisionSpace®将成为兰德马克石油技术服务公司对外提供的生产监控、施工、科研、决策的"协同化"和"一体化"平台。

DecisionSpace®提供了几个针对不同专业的包,其中基础的 DecisionSpace®Base 基础包提供了多专业协同的应用环境和基本组件,包括数据共享、数据分析显示、成果共享、一体化流程等。通过提供更大视野、更深入的分析,带动更好的决策。

DecisionSpace®Base 包除了通过兰德马克的 Openworks 的 R5000 集成所有数据,还具有流程捕捉和设计,通过资深专家建立指导流程引导团队和把握质量,依照设计流程,收集相关数据、追溯研究成果、验证解释方案,快速提交研究报

告。同时，具有先进的地震属性提取和网格运算功能，也提供 workflow catalog
进行流程交互指导功能，最终提供共享成果和认识以及数据。在 Base 包基础上，
有很多独立的专业包，如：

（1）DecisionSpace®GIS 软件包：完全融入 E&P 勘探开发流程。油气勘探开
发在许多领域都需要 GIS 数据，如各种文化数据成像、遥感图、地质剖面综合解
释、图像导航、井位优选、环境影响评估等。

（2）DecisionSpace®Geophysics 地球物理：这是一个"既见森林又见树木"的
全景勘探软件。这一款工具面对的业务背景是近期发现的许多石油和天然气储藏
都产于非常复杂、极具挑战性的环境中。为解决这一问题，需要项目组多学科更
好地协同工作。这一工具提供多用户协同工作平台，创新的解释工具以及先进的
拓扑引擎，使整个项目组团队可以在进行解释的同时即可实时创建三维构造模型。
这样既可进行大视野宏观分析，又可深入微观探查细节，在数分钟内生成演示品
质的图形，从而革命性地改进了工作流程，大大提高了勘探效率和精度。

（3）DecisionSpace®Geology 石油地质：提供地质解释及制图流程的软件体系。
一些地质学家声称计算机正在"扼杀"地质学。例如，计算机一次只能针对某一
层位来成图，这违背了地质层序的基本原理。这一工具利用先进的成图技术、整
合约束技术以及自动化功能，让地质专家进行地质解释的同时就可以建立一个正
确的实体构造模型，无需创建 3D 地质模型就可以直接充填储层属性，数分钟内
即可完成构造成图，快速修改更新解释方案，使工作更为有效。

（4）DecisionSpace®Earth Modeling 地质建模：因为油公司需要更准确地掌握
油气资源，如油气的分布、不确定性、渗透传导能力、体积以及储量计算等情况，
因此，现在的石油和天然气公司越来越重视三维地质建模工作。

（5）DecisionSpace®Well Planning 井位部署及井网优化：彻底改变传统方式，真
正一体化、可视化、智能化进行井位设计。使用 DecisionSpace®Desktop 技术，钻井
人员和勘探开发研究人员可以在一体化三维工作平台上整合多学科相关数据，可以实
现地质环境中平台到靶点的优化设计，多种设计方案对比。以前花费数月的复杂设计
现在几分钟内可以完成，从而实现提高效率、减少成本及油藏产量最大化的目标。

（6）DecisionSpace®Stimulation 压裂微地震：最大化利用裂缝提高油气产量。
石油和天然气公司正在采用越来越多技术来优化非常规储层的开采能力，例如，
要增加页岩储层的采收率，就可以通过微地震裂缝测绘成像技术来监控和调整压
裂增产措施。使用 DecisionSpace®Desktop 一体化系列软件，采油工程师和地质学
家就可以实时观测和分析压裂效果和微地震资料，直接在地质构造内部进行观测，
从而最大化地利用裂缝来提高油气产量。

针对上述哈里伯顿公司的软件工具体系剖析，可以看到，DecisionSpace®作为
一体化的信息化工具与解决方案，具有以下几个特点。

1. 企业级数据管理依旧是基础

DecisionSpace®Desktop 是基于业内最为广泛使用的数据管理平台 Openworks 而建立的，从油藏到整个盆地，允许全公司范围内共享数据，可以多个用户共享解释成果和任何相关数据，也可以实时更新模型数据。同时，软件还集成了 GIS 地理信息系统。这与国内的各个油田信息化建设思路基本一致，通过这些大公司的软件体系分析，应该注意到：有效的数据采集、管理和发布体系是企业信息化应用的基础和核心，没有这些完备的基础工作，一切研究将无从下手。

2. 软件的组装化研发和推广策略

DecisionSpace®Desktop 系列的组装化研发策略十分值得借鉴。首先，他们没有建设一个庞大的交给用户的可定制系统（国内 IT 人员习惯于这种建设模式），而是在深入分析行业需求的基础上，根据业务特点确定了几个业务方向的软件功能范畴，在研发层次上将各类功能组件组装成为一个个业务领域的解决方案。其次，在 Base 套件基础上形成了一个研发框架，为软件扩展奠定了一种机制和架构。最后，没有将数据服务平台暴露给用户，代之以数据访问 API，这处处体现着哈里伯顿公司将软件扩展简单化的思想，值得学习。

3. 通过清晰的流程化形成工作模式，提升团队绩效

该软件体系具有一个清晰的、完整的勘探开发一体化工作流程。

面对日益复杂的地质情况和工作节奏，地质及地球物理学家和工程师必须确保他们的技术应用从效率和功能上来讲是最出众的。软件提供高科技、简单化以及建模、成图自动化等特性，使之成为勘探开发的有力工具，大幅提升团队绩效。同时，这种勘探开发一体化的工作模式本质是一个"知识管理"的切入点，任何一项研究成果和管理流程，都是具有流程化的经验，将这种经验以内部"过程"或者"工作流"的形式串联起来，将成果和经验以"知识体系"的方式形成一个整体而共享，将极大方便研究的快速推进，这正是国内当前一个个"孤立"的软件系统所缺乏的优势。

4. 将反馈信息直达决策层，提供快速评价、准确决策

DecisionSpace®Desktop 软件是资产管理和风险投资部门强有力的分析工具，用来帮助评估潜在区块或风险区块，减少投资风险。在经济情况严峻时，每个部门都面临要用更少投资发现并挖掘更多机遇。对地球科学更好地运用将带来更有效的勘探和开采，从而减少投资浪费。

4.2.3　斯伦贝谢：基于知识的勘探开发一体系统

随着勘探开发生产一体化流程在国际上的推进，斯伦贝谢公司近期将其软件体系移植和迁移到了统一的平台之下，这一平台借助 Petrel 应用平台逐步实现插件式挂接，逐步将原有的地震解释、地质研究、建模油藏模拟和生产管理等业务实现了一体化应用，这就是其基于知识（管理）的勘探开发一体化系统。

数字油田所面临的关键问题是当前能否将过去积累和正在积累的数据信息进行快速整合和调用，这是知识库和知识管理应当承担的责任。因此，知识管理如何应对信息和知识管理的挑战，形成统一的自组织架构是本节要讨论的重点问题。

石油行业的核心，从勘探到开发，包含这样几个关键流程，即盆地分析、区带评价、圈闭油气藏研究、井位设计、钻井、建模、油藏开发、油藏模拟、油田开采。知识管理和知识应用的关键就是针对这些环节如何组织相关信息，使得业务顺畅开展。举例来说，都知道信息知识库的建设要有针对性，要面对勘探开发的发展趋势，如当前的非常规的油藏，超低孔、超低渗、高成本油气藏，如何应用知识来快速做出有效的管理和决策，这是斯伦贝谢的统一应用平台要解决的重点问题。

1. 基于研究主题知识的信息定制与获取

首先要确定知识的内容，即信息的范围。例如，针对非常规油气藏的特殊性，要考虑地震和地质要素，还要考虑对钻井的影响，包括钻井类型、深度等一系列问题，但是，这些信息如何整合在一起呢？

斯伦贝谢的勘探开发知识共享环境包括这样一系列的业务环节：含油气系统评价→勘探油藏描述→油藏建模→油藏数值模拟→钻井生产管理。斯伦贝谢公司将 Petrel 作为一个勘探开发知识整合的平台。Petrel 软件目前已经成为囊括地震解释、建模、钻井设计、油藏模拟、开发评价（Petrel RE）等一系列软件的综合体，即便在狭义上讲，Petrel 已经成为"地质综合研究"和"油气开采"这两个环节中的过渡和整合的桥梁。

在一个完整的基于 Petrel 的知识管理体系中包括基于知识库的信息、基于知识库搜索、来源于知识库的项目数据、涵盖油田勘探开发的各领域应用工具、客户化工作流、工作操作环境。除了 Petrel 本身，知识库信息来源包括各领域的商业公司的主流产品线。

2. 要将信息进行组织和整合，形成知识体系

1）基于 GIS 的地表平面信息整合

与传统的勘探开发数据库的抽象化不同，在 Petrel 中表现出来的知识库是一个具体的可视化的组织好的信息体系，可从知识树上列出来。这些信息可以分类筛选，如选择出来所有三维地震的数据、井数据、地质研究成果图等，然后定位到 GIS 上展示，三维 GIS 起到了一个通过空间位置整合所有信息的作用，这就是知识的组织作用。

在这个三维空间平台上，除了传统的地理信息的立体影像，还可以进行大量业务数据的整合，包括各类油气勘探开发的要素，如二维、三维的地震工区、矿权、油气田、用户自定义的研究区域、管理区域，包括探井和开发井数据、开发生产数据、注水和注气数据、管线泵站和油气集输站数据等。此外，还有各类图件的投放实现知识的关联。这种将地理、施工环境、地质、探井等多因素进行集成对比的模式是一个比较重要的信息整合模式。

2）基于地下三维空间的整合

除了平面信息，大量的数据已经过渡到三维的体浏览，从三维空间来看，可以看到立体的地下三维场景。除了上面提到的工区、井、油气田、圈闭等因素，还有大量的地震体数据和地质体数据，通过体操作，可以投放区域的速度场、波阻抗、方差等属性体及地质网格。在这个三维场景，针对一个地震数据体和地质数据体可实时打开一个地震和地质剖面。在这个剖面上，可以看到整个盆地的烃源岩层、圈闭位置以及油气的运移情况。

3. 运用知识展开地质研究工作

基于各类数据和成果的研究工作实现了多学科协同，例如，实时进行地震属性分析，找到河道或者三角洲的区域，直接输出沉积相、形成沉积背景图；通过地震体属性分析找到河道，将其镂空显示，作为有利储层；通过蚂蚁追踪算法找到断层，针对断层做封堵研究，进一步可以从油气勘探领域直接进入油藏开发领域，在系统中可实现从大的数据块之中找到小块的局部构造，展开圈闭及目标评价；在勘探目标上做剖面查看单井数据、地质分层数据，结合建模成果、相关井的射孔段、测井解释结果以及生产数据，从而对圈闭的含油气性做出最终量化的判断。

4. 运用知识体系展开石油工程相关工作

针对前期勘探与开发的成果整理展开石油工程相关工作，通过目的层段分析、多井地质剖面等技术手段实现目标的可视化显示，进而以井和井筒为索引查看相关的设计文档、报告、图件等成果。在此基础上，通过钻井设计的模拟、风险分析和预警等分析，可以展开钻井设计、钻时决策等工作。

5. 运用知识体系进行油藏开发、模拟、采油等

基于前期的勘探与石油工程的数据积累，展开油藏开发方案和开发井设计，实现油藏开发决策的合理化；在油藏模拟阶段则通过模拟器展开数值模拟计算，完成

油藏的数值模拟，之后便是针对采油环节的采油生产的知识集成和决策环境搭建。

综上所述，斯伦贝谢公司在 Petrel 这个单一的应用软件平台上实现了盆地模拟、地质综合研究、地质建模三个部分的工作，形成了全勘探系统知识管理；之后，通过钻井全过程、开发设计、油藏模拟、采油等几个环节的数据组织和知识化管理，实现勘探、开发、石油工程与油井生产等全部流程的整合。这种整合表面上是业务体系的整合，但本质是一种数据的整合，是基于知识库的知识整合。

4.2.4 行业软件开发平台与生态系统

虽然关于软件体系的论述不是本章的重点，但数字盆地的建设中，基于业务功能的软件集成及其架构是极其重要的环节。国内外具有一定实力的石油技术服务公司大多开展了专业软件平台的研发，部分公司如斯伦贝谢、贝克休斯等已经初步实现了专业软件开发平台的商业化，哈里伯顿公司的 DecisionSpace® SDK 虽然没有形成软件开发平台和生态系统，但依托完整的软件开发工具（SDK）已经在企业内部形成了统一的软件研发框架和发展策略。在这里，依旧针对哈里伯顿公司的软件开发包产品，从软件研发架构的角度，聚焦该软件内部的机制和层次，从软件开发者的角度可以发现其软件开发平台里值得借鉴的技术特性。

1. 具有多种服务软件功能扩展体系

正如斯伦贝谢的 Ocean 体系，DecisionSpace® 提供了一个多层次的功能支持，称为软件服务体系，在这个服务层之下是数据层，哈里伯顿称之为"IM Foundation"包括项目库、生产库（类似于国内的勘探生产动态库）、实时库、协同库、数据仓库、空间数据及第三方数据库等多种底层数据模型，在数据层之上，业务部署层之下，共包含 4+1 个层次的服务，分别是：

1）第 1 个层次服务 Data Services：包括数据服务层和本地 SDK，这与 Ocean 机制是类似的。Data Services Layer 提供了基于 SOAP 的数据发布，然而这种发布在效率和方便性上的不足，便是通过 Native SDKs 来实现，Native SDKs 是对数据服务层在本地的封装，从而使软件人员可以快速的通过调用 Native SDKs 函数实现应用软件中的数据访问。

2）第 2 层次服务 Intergration Services：包括 ETL、Sync、cartographic、Units、Real-time、federation、Industry standards 等服务。这里面包括数据的提取转换和加载，备份容灾同步，基础图形，组织、实时、政府、工业标准等服务信息，此外针对数据访问的效率，提供"Shared Memory"服务端的共享内存（服务内容的缓存）和"Messaging"消息通信机制。

3）第 3 层服务 Business Services：针对业务服务，应用的领域分为地质、钻井、开采和实时办公 4 个方面，包含了 3 个类别的业务服务：一个是数据方面的 Search、Reporting 和 ContentManagement；另一个是协同方面的 Collabortaion，P2Pcomms，Alarms，BPM，Knowledge。最后一个是智能方面的，包括 BI/analytics，Computation。这 3 个方面服务提供了所有针对商业上的业务逻辑。

4）第 4 层次服务 Presentation Services：这是针对油田应用体系特点而设计的将二维、三维的交互作为数据分析的单独层面。包括 Protal 和 GIS 以及平面的一维、二维与三维数据分析；除此之外，还有 Visualisation 和 Charts，GraphicalEdit 和 Schematics。

5）最后一个层次的服务，应该是一种贯穿 4 个层次服务的服务，4 类与多数平台中的"平台框架机制"，这种平台机制相关的服务包括：安全和身份认证、权限、监视、开发扩展、服务组件库、云平台和高性能计算机制等。

综合上述的软件服务体系来看，哈里伯顿 DecisionSpace® 的 4+1 层的软件服务，本质就是一个通用的软件框架，将通用的系统性功能和业务性功能统一提供给软件研发人员，为二次开发奠定基础。

2. 基于行业的完整生态系统

软件生态系统（software ecosystem）早期是 Apple 公司在其手机 IOS 移动操作系统中提出的，除了技术体系的差异，在生态环境建设思路和方法上，这两个公司产品其实大同小异。

首先，对于底层研发，哈里伯顿通过 DecisionSpace® 平台提供的开发环境，形成了统一的研发和协作社区，为第三方开发团队提供了最基础的 API 支持和插件机制。当然 DecisionSpace 提供的远远不止这些，在前述的"多服务扩展体系"中已经做了详细分析。其次，在发布生态系统中，哈里伯顿提供了 iEnergy 统一管理和发布针对不同平台的插件和应用。最后，在应用服务上，即最后发布的应用软件上，提供了针对钻井、泥浆、钻井优化、测试、完井等不同业务环节的应用。

通过这三个层次，建立起统一的软件基础平台、业务逻辑、插件研发、管理发布等不同环节的衔接，形成"数据集成-协同应用-全新平台-专业服务"四个环节的有效衔接，使一个业务功能能够快速的形成产品或商品。

3. 跨平台一体化业务支持

其实，随着世界移动应用的大范围和及其快速的普及，可以发现，哈里伯顿已经开始将很多应用从 PC 向着移动终端扩展。

相对于基于桌面端的技术架构，Web 技术相对来说应用更为普及和简单。移动应用是该公司产品线中相当重要的一种模式，这促使办公变得更加具有实效性和方便性。哈里伯顿提出一种移动通讯终端方案应用于智能手机和平板，称为 InsiteAnywhere，这一软件最大的优势是随时随地掌握生产的动态，例如：井场信息的实时推送与移动展示，类似于"地质工作室"的概念，Insite Anywhere®Mobile 随时随地地在第三方移动通信设备上查看实时作业信息成为可能。这里的移动服务所提供的，是使所有作业数据都能够快速、安全、实时地展现在面前，并帮助快速，准确地做出相应的决策。

4. RTOC 的决策中心概念的实现

RTOC（realtime-operating centre）或者 ROC，是一个针对施工现场的后端集中研究和决策的功能中心，这一概念目前在国际上较为常见，类似于国内的生产决策办公室。通过集成和虚拟的设备提供强大的展示交互，通过 DecisionSpance® 提供的多种信息展示模式，使得决策不必集中论证，而是成为随时出现随时决策的专家小组活动。相对于国内目前较为普遍的现场决策与后台专家相对分裂的模式，这种依托信息技术建立的远程地质与工程决策模式的优势是非常明显的。

4.3　数字盆地的信息支持模式

4.3.1　业务管理支持模式分析

无论是数据体系还是软件体系，对于信息技术和信息化的推进，是围绕着推进地质研究和圈闭（油气藏）发现工作展开的。国内和国际上的业务管理与信息技术模式由于管理模式和研究环境的不同存在一定的不同，这些不同，有些是实现方法上的差异性，有些是管理水平和信息技术的差距性。通过这些支持模式的差异和差距分析，对比国内在工作流程和信息化的管理模式上与国外油公司的不同，分析其成功经验，对于开展数字盆地建设具有重要的意义。

1. 地质研究中"程序正确"具有很高的重要性

国际油公司技术研究工作注重程序的完整性，注重通过软件固化这个流程并不断优化这个工作程序（流程）。因为任何一种工作程序是有其存在的依据和道理的，是长期科技成果的结晶。国内的地质勘探研究虽然尚未建立起来一种清晰的研究方法和技术流程，但具有大量的工作方法和工作程序，在此理论基础上发展可量化的评价标准，建设与之配套的数据和软件支持，可以充分发挥国内地质研究在方法论上的诸多优势，逐步形成具有本地特色的油气勘探信息化工具体系。

2. 关于专业化的行业软件研发思路

国外油公司研究中使用的大量软件是商业化软件，如果商业化软件不能满足特定要求，企业会有组织地随时投资，自行研发一些自有软件，用于公司内部特定的研究流程中使用。这些自行研发的软件以解决内部问题的有效性作为基本标准，不会追求大而全，也不会不计成本地追求自主研发，这些软件会在时机成熟的时候完成商业化和市场推广。因此，这种长久积累起来的大量"小软件"带来的竞争力，是企业深层次的竞争力。相对而言，国内多个油田倾向于建立完全自主和全面的大型软件集成平台与开发平台，却非常缺乏具体业务有效性的小软件工具，企业在这方面也缺乏持续而有效的积累机制，因而，在石油行业信息化与软件化发展方面常常欲速则不达，专业化应用软件长期处于空白。因此，建立专业化的行业软件研发思路和技术框架，建立持续促进和发展的专业信息化发展机制，是油气勘探信息化今后发展和提升的重点工作。

3. 基于平等技术氛围的企业文化

随着信息化技术的飞速发展，现场和实时的海量数据可以让后方研究和管理人员源源不断地获取到最新的生产和地质动态。因此，企业管理的扁平化发展趋势带来了管理模式的挑战。国内外石油地质研究一个重要的特点在于务实的企业文化，由于国外油公司基于市场化运作，所有的工作都为了客户的利益，因此，在分工上能够充分尊重专家或专家组的技术认识和技术结论；在工具上，国外油公司的技术决策普遍使用商业化的专业软件，这些专业软件数十年来不断发展，已经形成了一种量化的有效的工作流程和工作模式，可以以最大的可能性达到预期的经济效益。因此，在进行具体研究决策的时候，团队会以具体研究成果作为依据，由技术专家根据既定的研究流程和方法，直接做出决策，管理者充分尊重技术专家的领域地位。相对而言，国内的技术决策具有更多的随意性和集中性，大量研究决策工作经过层层传递汇集到管理层和企业高层，而为了解决信息的"可理解性"，大量业务信息、地质模型和关键算法信息被逐步地抽象化甚至忽略掉。这种过长的信息流转，带来了信息的不断缩减和丢失，也导致了最终决策上的风险。

因此，如何将现有的业务体系划分为有效的区域和层级，将大量专业的信息交由专家和专家组解决，这是未来油气勘探信息化，尤其是决策支持系统要考虑的重要问题。

4. 企业运行与管理模式的区别

国际油公司的项目管理流程较为规范，项目团队具有较强的独立性。例如，一个勘探项目研究团队会同时具有地震处理解释、地质研究、石油工程和信息管理等多个角色的专家参与，只是项目在进展到不同阶段时其专家的数量和组成比例会有所侧重，但总体而言，多个学科的多个专家是通过在同一项目组共同解决问题而实现"多专家协同"的。各个项目进行阶段的成果也基本是在一套软件体系中（如 Geoframe 或 Openworks 等）进行完整的传递和共享。这种"多专家密切协同"和"统一软件体系"的工作模式，实现了真正的"多学科、多专业融合"。

这种在一个项目中将地震解释、地质研究、建模、油藏分析、钻井与压裂等多个过程中充分协同与融合的工作模式，已经实现了勘探开发一体化运作。

目前，国内的勘探开发管理，尤其在勘探项目管理与国外还具有一定的差距，在企业组织形式上还是矩阵式的部门条块分割，不能形成有效的配合；在研究工具上，各个研究环节还没有针对研究成果形成密切的成果传递，尤其是地质研究与油藏开发和钻井各个环节都没有实现基于地质建模成果的传递，各个部门和阶段的成果更多是以再次加工的文档和图件递交，而不是基于各类专业软件的第一手项目成果。

4.3.2　信息技术支持模式分析

基于前文关于在业务管理上的支持模式的剖析，了解了今后信息技术需要在管理上做出的支持模式变革，但仅此还不够，要推进油气地质勘探的信息化工作，必须透彻地剖析地质研究的业务流程和工作模式，形成针对每一个业务节点的支持方法，在数据、算法和成果共享等环节提供有针对性地技术方案，从而形成针对业务模型的技术解决方案。

从上述国际油公司和石油工程服务公司先进的信息化建设案例来看，要建设优秀的石油地质勘探的信息化建设方案，必须有效引进上述的信息技术，结合自身的业务模式和发展阶段，有针对性地探讨信息化建设方案。基于上述认识，我们针对技术方案和实施方法展开了初步的问题分析，认为数字油田的信息体系建设是一个信息逐步演化的过程，最终的目标是完善石油地质信息化建设的几个层次（图 4-3），进而清晰地表述每个层次的技术实现细节，形成从数据到地质认识，从静态模型到动态模拟分析，从机器智能到专家智慧的有效衔接，从而建立一种认识和剖析勘探目标的认知模型。

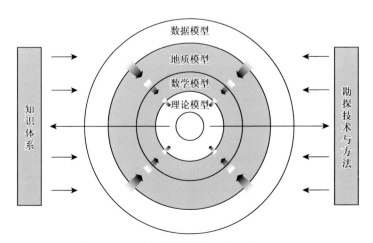

图 4-3　数字盆地中信息技术的支持层次

1. 第一层次: 信息（数据）提供层次

国内的信息化建设是一个逐步深入的过程，从初始较为简单的信息提供到后期的管理信息系统开发，主要实现的工作包括数据采集、质量控制、管理和共享。首先建立集中的数据库，逐步形成勘探开发数据中心，并针对当前管理模式下的报表进行电子化，实现按照业务分类的报表系统以支持油气勘探工作。这一层次目前存在的最大问题是并没有对统一的数据标准和数据模型展开有效地推广，导致目前长期的信息化建设成果还不能广泛应用于勘探开发的各个环节。

数据采集和管理的数据标准体系不统一，这不仅是国内数据体系建设的难点，也是目前国际各油公司和石油技术服务公司普遍存在的问题。这种问题的产生一方面是因为各个石油公司特定的地理、政治、历史和文化背景原因，另一方面也是由于各个油公司相互间经济利益的驱使。因此，如何有效地采集管理和组织数据，如何形成有效的数据体系并实现数据的应用，是这个层次重点考虑的问题。

2. 第二层次: 数据模型层次

这个数据模型，是指在数据采集基础上建立的不同目标的数据组织形式，这种数据组织形式不仅包括数据存储模型，也包括基于 Web Services 的数据服务的数据交换模型软件、针对面向对象软件研发的领域模型。基于这种作用的不同，各种数据模型的数据组织方式和组织技术也有很大的区别。

数据模型不仅包含数据内容本身，也包含数据之间的相互组合关系以及基于业务的重新组织和关联，即通过业务剖析，将数据按照业务体系进行分类，进而将这些业务对象形成一个多维度关联的数据模型，包括空间的关联、业务的关联、管理上的关联等，从而为将数据实现整合分析奠定基础。

3. 第三层次: 地质模型层次

地质模型本质是一种数据模型，是从石油地质角度对地质要素进行的系统化描述和重组织，虽然其本质仍旧是各类业务数据的组合，但由于具有了业务概念而成为一个行业的整体表述。

地质模型从底层上看仍旧是将各类数据以对象的方式组织起来，形成一个业务、管理和空间上的相互关联的新模型，但由于具有地质含义，这些模型可以具有图形化的表达，如各类二维制图系统的成果图和三维可视化中的三维地质和井筒对象，因此，这是在数据模型基础上的一个再加工模型。这种数据模型的组装，也就是通常意义上的地质建模，通过地质建模，实现将地质业务对象及其属性分析的成果以可视化图形的方式绘制出来，实现具体化和形象化。

4. 第四层次：地质理论模型层次

地质理论模型是针对特定业务问题的一种思维模式或解决问题的方法，将这种地质理论从定性转化为定量或半定量的判断模式就是地质理论的模型化，其本质是一个或者多个具有一定逻辑的数学模型。

数据模型和地质模型解决数据及其业务化组织的问题，而地质理论模型在油气勘探的理论体系之下，将地质理论中的油气生储运移和成藏机理以量化模型的方式表达出来，通过数学算法的计算模拟达到对地下油气成藏过程数字化表述的作用。这种量化模拟技术是针对从构造演变到各类地质要素的发展变化理论做出的数学实现，是实现定性判断到定量判断的一个重要突破。

5. 第五层次：基于人机一体化智能层次

国内的油气勘探不仅是一门逻辑化的系统学科，也是需要充分发挥专家智慧的思维方法学。长期以来，各油田的勘探专家在这一方面做了大量的理论研究与探索，但局限于原有的信息技术支撑的不足，这些理论长期以来停留在方法论的层面，没有形成有效的智能化信息技术。

人机一体化的智能层次是地质专家用来识别与剖析地质目标的认知模型。这种多流程多技术综合的知识组织模式，通过针对抽象思维的特征，依托知识图谱、关联知识和模型知识等技术，针对业务认知过程和认知模式，建立一种有效支持专家研究与决策的复合智能模式，从而促进专家智慧能够以更加快速和有效的方式运行，对地质现象做出更为精确的判别。

从表现方式上看，这种智能化的信息化层次就是在基于数据的地质信息定量表述基础上，充分发挥地质专家在决定不确定性目标上的抽象能力和想象力，形成一种能够充分发挥专家与信息技术优势相辅相成的研究模式。

综上所述的五个油气勘探信息化建设层次发展过程中，针对数字盆地的认识也在不断升级，从早期的含油气盆地的基本数据采集和共享，延伸到地质理论的模型化和人机一体的智能化。借助于当前飞速发展的大数据、云计算、物联网和移动应用等信息技术，行业中大量多学科技术融合和多专家的协同发展，导致了油气地质研究从量变到质变，数字盆地已经到了技术更替和理论升级的新阶段。

最近十年来，国际上较为先进的石油技术公司已经研发了较为完善的地质建模和地质理论模型技术，逐步形成了较为稳定的商业化软件体系，基于云计算和大数据分析的各类智能化工具逐步丰富，如代表性的斯伦贝谢与贝克休斯等公司已经形成了以 Petrel 和 Jewelsuite 为代表的系列技术。商业化的软件也在基于地质模型的成果上不断推出。

　　结合长期的信息化建设成果来分析，国内的数字盆地建设已经达到了第二个层次的信息化水平，即数据模型层次，同时，在油气勘探的模型化和智能化的方面也做了大量探索，但局限于信息技术的发展，这些技术探索并没有在数据模型基础之上形成全面和系统的数字盆地技术体系，属于局部的、探索性的研究，也没有形成产业化和商业化的产品体系，这是后期数字盆地的技术体系设计要考虑的因素之一。

4.4　本章小结

　　本章重点描述如何围绕业务特点设计数字盆地的管理支持模式和技术支持模式。

　　本章第一节在总结国内外石油地质研究流程差异的基础上，重点剖析了作为油气勘探业务核心的地质综合研究业务的特点，针对当前国内地质综合研讨和决策工作信息化应用的现状，指出了存在的业务需求与技术应用的不平衡性和落后性。重点针对地质综合研究横向上的多学科特点、时间上的全局性和阶段性、方法上的多技术性、成果上的结构性和图示性、决策上的风险性等几个方面展开论述，揭示了当前石油地质研究及其信息化工作中一些不同于其他行业的显著特征和现有的应对方法。

　　针对上述问题，4.2节对国内外石油地质研究的流程展开对比，重点引用了哈里伯顿（兰德马克）、斯伦贝谢的油气地质研究实践和方法工具体系，剖析了国内石油地质研究的方法论，总结了国内外石油地质研究和油藏管理在理论体系、工作内容、研究方法、管理模式上的差异。这一总结工作一方面为国内油气勘探存在问题的剖析提供了多种新视角，另一方面也为国内石油地质勘探的进一步提升、建立一体化的石油地质信息化模式提供了技术铺垫。

　　基于上述讨论，本章提出了数字盆地构建的管理支持模式和技术支持模式，尤其是对以石油地质为核心的勘探业务信息化，提出了信息技术支持的五个层次，即信息（数据）提供层次、数目模型层次、地质模型层次、地质理论模型层次、基于人机一体化智能层次，这五个层次为后面各个章节的数字盆地技术体系论述确定了一个基本框架，为后期数字盆地理论的详细设计明确了指导思想。

第5章 数据、数据模型与领域模型

数字油田建设的核心问题是数据问题，数字油田的关键技术是如何将数据转化为能够寻找更多油气资源的信息（高志亮等，2015），在数字盆地数据建设伊始就面临数据如何转化为知识进而促进生产和研究决策的业务需求。

国内石油行业在信息化进程中，针对石油勘探开发的数据模型建设是连续且持续的。自20世纪90年代初部分大油田启动了基于大型关系型数据库（Oracle）的勘探开发数据库建设，通过针对国际石油勘探开发数据模型的借鉴和学习，国内三大油公司经过长期的努力逐渐形成了当前具有本地特色的数据模型与数据库内容。随着基于数据中心的业务支持和专业软件研发，数据的应用进入了新的层次，即基于地质模型的数字盆地数据体系建设，其技术重心也从原有的关系数据库的数据模型，过渡到了面向数据共享的数据交换模型以及面向专业软件研发的领域模型。

5.1 油气勘探的数据与数据组织

5.1.1 油气勘探数据存储上的多源异构特点

围绕勘探阶段业务环节，通过源头数据采集，实现了油气勘探对象生产过程中的实时、动态、成果信息数据模型建设。在整个数据体系中，涉及的油田实体范围包含工区、井筒、圈闭、油气田、构造带、勘探项目等主要勘探对象，数据业务范围包括物探野外施工、地震处理、钻录井、测井、试油测试、分析化验、圈闭、储量等方面。

油气勘探数据具有数据量巨大、数据多样性、价值高等特点，按照数据存储模式不同，主要分为三种类型：以井筒数据为代表的结构化数据、以地震处理数据为代表的大数据体、以勘探研究成果为代表的非结构化文档图形等各种数据资源模型（图5-1）。

1. 结构化数据模型

国内石油地质勘探领域经过长期的探索形成了结构化数据模型及其管理体系，其中探井井筒数据模型是其中的主要内容，包括钻井数据模型、地质录井数据模型、测井数据模型、试油测试数据模型、岩心数据模型、分析化验数据模型等，除此之外，还有井筒之外的物探生产数据模型与非地震数据模型。

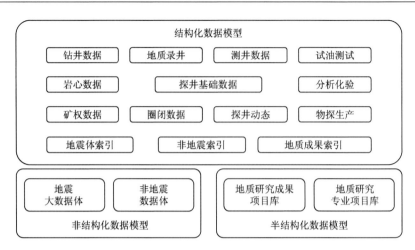

图 5-1　油气勘探数据存储与管理数据模型建设现状

这一类的数据主要以结构化数据为主，记录量大，但占存储空间小，采用传统的关系型数据库(Oracle、Sqlserver)等关系数据库管理系统(relational database management system，RDBMS)，按照传统数据库的三范式数据模型设计规范，经过需求分析、概念模型、逻辑模型、物理模型设计，最终以物理关系表的方式，实现井筒数据模型的存储。不同的业务活动对应不同数据表，不同实体属性对应不同数据项，数据表定义了主键、外键、数据项名称、宽度、非空及填写规定等。

2. 非结构化大数据体模型

以地球物理勘探的地震大数据体和非地震的重磁电遥数据体为主，前者应用更为普遍。该数据具有非结构化及海量数据的特征，近年随着三维高精度地震勘探技术以及海上地震的发展，地震数据的数据量已经在 TB 级并逐年增长，一般采用磁盘阵列方式存放，同时由于海量地震数据的索引通常有多份，占用比较大的存储空间，支持大量高性能的访问。其索引部分使用文件系统或数据库方式存储，文件（索引）服务器与数据体的磁盘阵列通过网络直连方式连接。对于地震的速度文件，速度对的值一般存放在结构化数据库中，便于进行查询和读写的交互处理。在地震数据存取方面，由于地震数据体的体量庞大和文件访问的串行化特点，一般采用数据压缩和数据分割等索引技术，从而可实现后期大数据体的快速读写。

3. 地质研究成果

地质研究成果数据模型由于结构化与非结构化的混杂状态也被称为"半结构化"数据，根据石油地质研究的分类，相关的地质研究成果数据模型一般划分为两种类型。一种是地震解释与地质研究项目库，泛指当前专业化商业软件自带的自由数据管理模式，另一种是基于这些专业软件的研究成果形成的图件与研究文档建立的项目成果图形文档库（简称"图档库"），基于这两种数据组织方式，国内一般有两种不同的数据存储管理方式。

（1）地震解释与地质研究项目库。获取 GeoFrame、OpenWorks、Petrel 等的研究成果，应用到 GeoFrame 用户工区中去，涵盖勘探、开发以及研究过程中各类文档资料的管理。所管理的数据类型包括：①解释成果数据：二维、三维解释层位、断层、网格和散点数据、砂体、速度等数据。②电子文档：地质研究成果输出，如 PPT、CGM、Word、Excel 等。③三维模型：地质模型、数值模拟模型等，这类地质模型数据一般包括构造模型、属性模型两种，后者是基于二维或者三维网格的属性数据体，在后续章节将展开论述其数据特点。

地震解释与地质研究项目库一般采用符合 POSC 规范的面向对象数据模型存储数据，不同格式的业务数据遵循先来先入、分类入库（不同类型工区）的原则加载到项目工区。

（2）地质研究成果共享数据库。以"课题/项目/专题"为主要数据组织方式，建立了以研究专题（生产课题、科研项目、专题会议等）为主，其他属性为辅的勘探共享研究成果数据库，在不同的研究专题下，可以再按照业务阶段、构造单元、研究单位进行组织。研究成果以文档、图片、图件为主，其成果索引数据和文件的描述数据（元数据）主要采用 Oracle 等结构化数据库进行索引管理。

5.1.2　油气勘探数据管理上的多尺度特点

在数据的组织方面，可以发现，油气勘探的数据体系具有明显的多尺度特征。在油气勘探的地质学研究中，尺度既可以用来指明研究范围的大小（如地理范围），也可用于描述对象的详细程度（如分辨率的层次、大小），还可用于刻画时间的长短以及频率（时间尺度）。一般以粒度来表达数据的维度，空间粒度是指地学空间中最小可辨识单元所代表的特征长度、面积或体积。

地学空间系统是由各种不同级别的子系统组成的复杂巨系统，各种规模的系统都有尺度概念。不同尺度上所表达的信息密度存在很大的差异。一般地，尺度变大，信息密度变小，但不是均匀变化。对于描述地学现象和过程的空间数据广义尺度，又可以细分为空间尺度、时间尺度和语义尺度三种表达形式。

1）空间尺度

空间数据以其表达的空间范围大小和地学系统中各部分规模的大小分为不同

的层次，即不同的尺度。这种特征表明，根据数据内容表达的规律性、相关性及其自身规则，可由相同的数据源形成并再现不同尺度规律的数据，即派生具有内在一致性的多个尺度的数据集。

2）时间尺度

时间尺度，是指数据表示的时间周期及数据形成的周期有长短不同。从一定意义上讲，时间尺度与空间尺度有一定的联系，即较大的空间尺度对应较长的时间周期，如全球范围内的地质演化可能是几亿年，而某一地区的地质演化可能以万年为周期。正是因为地学特征和规律有一定的自然节律性，才导致空间数据具有时间多尺度。孤立的数据的时间尺度并无实际的研究意义，只有将时间多尺度和空间尺度结合起来研究，才能表达地学特征和过程的内在规律。

根据时间周期的长短，空间数据的时间尺度可分为月尺度数据、年尺度数据、时段尺度数据和地质历史数据。不同尺度的空间数据在处理上应区别对待，如地质历史尺度大区域的数据在处理上可以作为常量使用。因为地学过程的连续性，在数据中可以用细小时刻的瞬时状态表示时段的平均状况，可见空间数据的多尺度处理方法也是依赖尺度的。

3）语义尺度

语义尺度用以描述地学实体语义变化的强弱幅度及属性内容的层次性，在地学空间数据集中，它反映了某类目标的抽象程度，表明了该数据集所能表达的语义类层次中最低的类级别。

总而言之，尺度是指信息被观察、表示、分析和传输的详细程度，它反映了人们看待客观世界的粒度和广度。

进行油气勘探时，首先，要利用低精度的勘探方法从区域性的范围来普查油气分布；其次，在获取大尺度的数据后，圈定有利区块作为重点勘探对象，使用高精度勘探方法进行重点勘探，必要时使用钻井的方法获取地质构造的详细信息；最后，在找到有利圈闭后逐步进入开发阶段。按此顺序，整个勘探开发过程所使用的方法精度由低到高，所获取数据的尺度由大变小。因此，油气勘探开发的信息具有多尺度特征，主要表现在：

1）空间尺度的宏观到微观

使用低精度勘探方法只能获取到大型宏观地质体的分布、使用高精度勘探或者使用钻、录、测的方法可以获取的微观地质体信息（图5-2）。

2）语义尺度的精度由低到高

油气勘探时首先进行区域性地质调查，获取大型构造的展布特征；再对重点区域进行详细勘探，获取地质构造较为详细的分布特征。随着勘探程度的提高，对地质构造特征的了解会逐步加深。

3）时间尺度的分辨率由粗到细

随着勘探开发程度的提高，钻井、录井、测井的精度会逐步提高，对同一位置处各套地层地质年代的划分也会越来越精细。

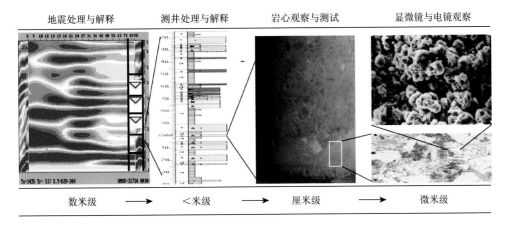

图 5-2　地质数据的多尺度特征示意图

在油气勘探开发过程中，通常要涉及各种各样的数据，不同的业务活动需要不同尺度的数据，如进行构造演化史分析时，常常需要地震数据等大尺度的资料，而很少使用岩心等小尺度的资料。在进行标准层与层序界面确定时，测井、岩心等小尺度的资料则是重要的数据源。因此，不同的业务活动有不同的数据要求，这些数据信息具有很强的尺度特征，即业务活动与尺度存在必然的内在联系。研究油气勘探开发业务对不同尺度、不同精度的地质信息空间模型的组织表征规则，建立适合多尺度三维地质体关键信息一体化表征的空间数据模型和属性数据模型，是领域模型与数据组织的重要工作。

5.1.3　油气勘探数据应用上的知识化特点

在石油勘探开发的业务过程中，数据的应用贯穿始终，从战略时期的规划数据到地质研究时期丰富的技术手段带来的数据库信息，最终在地质认识过程中加工和处理为知识，而后通过汇集集中和油气参数分析过程转化为智慧，实现数据到信息与知识的转变，也实现了数据应用的演化和升级。通过上述业务流程及其数据转化流程的分析，有学者针对油气勘探开发行业的数据应用总结了以下几点认识。

（1）数据的应用以基于数据库的数据集中服务为基础。油气勘探开发的数据体系建设，就是将行业中分散的、异构的各类数据以业务为核心进行关联和集成，从而为信息组织和知识的产生创造条件。

（2）数据的应用是一个从数据、信息到知识的加工提炼过程。数据的应用是利用数据进行认识和分析油气目标，进而形成针对油气藏的认识，并最终成为业务解决方案，指导油气生产和研究的过程。

（3）数据的应用是以软件的形式实现沟通和交流。数据库中的数据存在数据量大、形式多样、结构复杂的特点，尤其是石油勘探开发领域的数据具有海量和多源异构的特点，通过 GIS、图表、二维、三维图形等技术实现数据分析和数据处理，进而达到获取知识的目的。

（4）油田数据应用具有模型化和可视化特点。油田业务是针对地下地质状况和油气藏现状进行预测和分析的过程，是一个根据探测的数据不断加深对地下地质认识的过程，因此，油田数据最终是要形成一个完整的数据模型并以可视化的方式来表述地下地质概况，从而提供油气工作者直观认识地质对象的形象化手段。

综上所述，通过针对数据来源、组织和应用三个方面的分析，可以发现油气勘探的数据具有信息源上的多源异构、信息组织上的多尺度和信息应用上的知识化特点。针对上述对油气田数据特点的认识，将在本章后半部分的内容中较为系统地从数据模型、数据索引、领域模型建立等几个方面探讨数据向信息和知识转换过程中必要的重组织技术。

5.2　数据模型：结构化数据的存储与管理

5.2.1　数据库、数据模型的概念与技术

从信息化角度来说，数据就是对现实世界中所有事物的属性特征描述的记录。模型就是采用信息化的语言，通过某种表现形式表示出来的模拟。数据模型就是对数据特征的抽象表达。从油气勘探领域来说，数据模型是在全面梳理油田生产业务流和数据流的基础上采用计算机表达的方式，用标准化、可视化、形式化的方式描述业务，从数据内在的逻辑关系和数据物理存储结构层面进行抽象，并通过一系列结构和规范进行表示的框架结构标准体系。数据模型标准是数据资源建设的基础，也是油田贯彻数据中心体系建设的核心，数据模型最终为勘探数据的采集、存储和服务提供完整的业务标准支持。

随着数据库技术以及互联网技术的发展，按照数据模型的组织方式不同，数据库管理系统主要经历了文件系统、关系数据库、面向对象数据库、NoSQL 数据库等几个阶段，如图 5-3 所示。

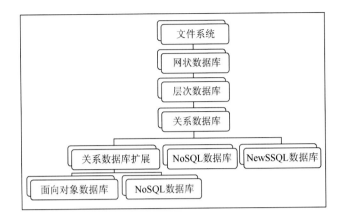

图 5-3　主流数据模型发展历史

各自数据库都有其各自的数据模型设计特点，目前，国际上主要使用三种数据模型。

1. 关系数据模型

关系数据模型的数据结构是二维表结构，它由行和列组成。表中的一行即为一个元组，一个关系对应一张表，表中的一列即为一个属性，给每一个属性起一个名称即属性名，表中的某个属性组，叫作主码，它可以唯一确定一个元组，属性的取值范围称为值域。关系模式有丰富的数学理论基础，关系规范是五元组方程 $R(U, D, \mathrm{DOM}, F)$，其中，关系 R 是符号化的元组语义；U 是属性的集合；D 是属性的域；DOM 是属性到域的映射；F 是属性组 U 上的一组数据依赖（如函数依赖（functional dependency，FD）和多值依赖（multivalued dependency，MVD）。该模型的优点是实体和各类联系都用关系来表示，很好地表达了现实世界实体和数据实体的管理。关系模型的存取路径对用户透明，便于用户更好地进行数据存储，数据独立性高，具有更好的安全保密性，采用了事物处理模式，使数据处理得准确可靠。缺点是当数据量大或者实时计算处理时，查询效率不如非关系数据模型，为了提高性能，必须对用户的查询请求进行优化，增加了开发 DBMS 的难度，数据库设计采用严格的关系进行描述，增加了数据库设计的复杂度。

关系型数据库几十年来一直引领数据库技术的发展，目前，Oracle 数据库、IBM 的 db2、微软的 Sql server、Sybase 公司的 Sybase 以及免费的 MySQL 等都是采用关系型数据库，很好地解决了数据的存储及应用。

2. 面向对象模型

面向对象数据库是在关系数据库基础上发展起来的数据库模式，其以客观现实中的对象为依据进行数据组织，使用对象的属性和方法进行数据库模型设计。面向对象数据库以 POSC 为代表，是行业认可的数据标准，Finder、PetroBank、OpenWorks 等都采用与此类似的标准。

面向对象数据库模式是类的集合，支持类、方法、继承等概念，提供了一种类层次结构，一组类可以形成一个类层次，一个类继承其所有超类的全部属性、方法和消息。面向对象的数据模型在逻辑上和物理上从面向记录上升为面向对象、面向可具有复杂结构的一个逻辑整体，并结合数据抽象机制在结构和行为上对复杂对象建立模型，从而大幅度提高管理效率，降低用户使用的复杂性。它的缺点是模型较为复杂，使得很多系统管理功能难以实现。

面向对象的建模方法（object-oriented method，OO 方法）一般采用国际标准信息描述语言 EXPRESS 进行模型表述。Epicentre 以勘探开发的业务对象为数据单元，二义性小，灵活性大，能根据不同应用的需要重新组织成所需要的数据集。实体之间的关系不受时间变化或工作体制变化等人为因素的影响，可描述多对多关系、逆向引用关系、聚集、继承等。

在油气勘探领域，对象可能包括具体对象，也可能包括抽象对象，如"研究项目"是抽象对象，"数据文件"和"资料清单"是具体对象。在油田勘探、开发、经营和管理等活动中涉及的对象相当繁多，其中的"业务对象"既包括了空间拓扑对象、设备材料对象，又包括了文档规范对象；而空间拓扑对象又细化为可定位的对象与空间对象，这里的空间对象主要包括点、线、面、体等。可定位的对象既包括了由地震解释所获得的地质特征对象，同时又包括了对井筒中地质特征的解释对象。对象是由活动产生的，如"地质构造图"，它是通过"构造解释"活动产生的"文档规范对象"。

井筒实体对象和属性关系图（图 5-4）中，一个井筒本身包含多个对象表述，这些对象通过相互的关系实现相互关联关系，包括组成（组合或者聚合）、继承和关联等类型，例如"井"对象由"井眼"和"设施"对象构成，"井段"对象与井眼对象是多对一的关联关系，每个"井段"会关联多个"测井曲线"和"岩心取样"对象，而"采油树"对象和石油工程上的"管柱"对象本身属于设施的一个子对象，是由"设施"对象继承而来的。以此类推，通过对象及其关系形成了针对某一业务体系的系统性描述。

3. NoSQL 数据模型

NoSQL 数据模型泛指非关系型的数据库，其数据模型设计灵活，无需事先为要存储的数据建立字段，随时可以存储自定义的数据格式。目前主要有键值、面向文档、列存储、图数据库等类型。

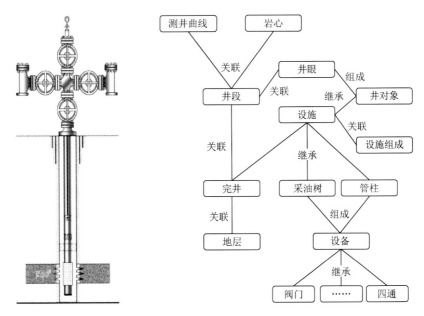

图 5-4　井筒实体对象和属性关系示意图

1）键值（key-value）数据库

键值数据库就像哈希表，通过 key 来添加、查询或者删除数据，由于使用主键访问，所以会获得不错的性能及扩展性，适合储存和 ID（键）挂钩的信息，如会话、配置文件、参数、购物车等。缺点是 key-value 数据库中没有通过值查询的途径，不能通过两个或以上的键来关联数据，数据库中故障产生时不可以进行回滚。

2）面向文档（document-oriented）数据库

将数据以文档的形式储存，每个文档是一个数据单元，是一系列数据项的集合。每个数据项都有一个名称与对应的值，值既可以是简单的数据类型，如字符串、数字和日期等；也可以是复杂的类型，如有序列表和关联对象。数据存储的最小单位是文档，数据可以使用 XML、JSON 或者 JSONB 等多种形式存储，适合存储日志信息。鉴于它的弱模式结构，适合储存不同的度量方法维度进行数据分析。缺点是不支持文档间的事务。

3）列存储（wide column store/column-family）数据库

列存储数据库将数据储存在列族（column family）中。一个列族存储经常被一起查询相关的数据，适合存储日志信息以及博客信息等，缺点是没有事务，对于熟悉传统 RDBMS 的开发者来说存在不少限制。

4）图（graph-oriented）数据库

图数据库是使用图结构的数据库，通过结点、边与属性来表示和存储数据。图数据库是一种提供了无需索引而彼此邻接的存储系统。优点是对于关联数据集的查找速度更快，可以很自然地扩展为更大的数据集；缺点是只适合类似于图的数据。

我国的数据库建设起步于 20 世纪 70 年代中后期，当时主要引进学习国外理论和成果。随后，全国许多单位纷纷开始建设数据库，采用的多是以 Oracle 关系数据模型为主的数据库管理系统。随着不同种类数据类型的产生，面向对象理念和数据库技术相结合，开始产生了面向对象数据库。但由于模型较为复杂，使得很多系统管理功能比较繁琐，限制了其大范围的应用。随着多媒体数据的大量出现和应用的日益复杂，关系数据库也在不断吸收面向对象数据库的优点，面向对象数据库和关系数据库将不断融合，出现了所谓的对象关系型数据库。

近几年，随着云计算、大数据技术地不断涌现，国内数据库出现了很多如达梦、南大通用、人大金仓等数据库，主要是通过 NoSQL、NewSQL 等混合存储方式，支持大规模并行处理，实现大数据管理、数据分析及高端应用。

5.2.2　国际油公司数据模型与标准体系

近年来，随着油气田勘探开发形势的发展和信息技术的广泛应用，国内外的石油公司先后提出了建设数字油田数据中心等大型项目，但是经过一段时间的大量投资后，大多数都没有达到预期效果。除了因为这些建设项目涉及面广、涉及专业多、系统复杂等原因外，主要是缺乏标准化的基础支持（赵丰年和曲寿利，2010）。

目前，国内外与数据管理有关的标准主要有 4 部分：国际标准化组织（ISO）标准、中国国家标准、石油行业标准和国际上部分专业组织的数据模型标准。国际标准化组织（ISO）标准、中国国家标准和石油行业标准只提供了有关标准化和数据方面的一些基础性标准，包括标准的结构和编写规则数据元、分类与编码、数据和交换格式、软件工程等。

国际石油数据专业组织的标准中，在国际石油工业界领先的和应用较广的是两个协会标准——POSC 和 PPDM 数据模型标准。国际上很多成功的应用软件产品，如 Schlumberger 的 Finder、Petrel，LandMark 的 PetroBank 等石油数据管理系统，都是以 PPDM、POSC 数据模型标准为基础开发的，具体的数据模型为石油专业数据管理协会的数据模型 PPDM3.8 和 Energistics（原 POSC 联盟）的数据模型 Epicentre3.0 等。它们都是对油气勘探开发的相关数据进行全面描述，均采用了元数据模型进行数据标准的制定。其中，POSC 的 Epicentre3.0 仅仅是一个数据平台的逻辑模型，没有进行具体的软件实现，不能直接为油气勘探开发专业软件的开发提供数据存储和访问的支撑，其采用的是 EXPRESS 语言，而不是像 PPDM 那样直接采用数据定义语言（DDL），因此，需要通过具体的数据库系统 SQL 语言进行软件实现，才能将逻辑模型构建为面向油气勘探开发的专业物理数据库。

然而，上述两套数据标准还没有形成一套集油气勘探开发源点数据采集、数据模型、数据应用及管理的系列标准，也还未形成完整的标准体系（景瑞林，2012）。因此，可以将这两个数据模型作为参考，但由于企业运营模式的不同，其推广和使用还存在许多问题，国际上各大石油公司也开发了各自的石油数据库和管理系统，但由于企业之间的差异和石油勘探开发专业技术的复杂性，到目前为止尚未建立一套完整的石油行业通用的石油勘探开发数据标准体系。为改变这种状况，需要通过系统地对石油企业勘探开发数据需求及数据标准体系的现状进行分析，建立勘探开发数据标准体系模型，并在此基础上制定石油勘探开发数据标准体系。

5.2.3　国内石油数据库与数据模型建设

如图 5-5 所示，在国内石油企业中，中国石油天然气总公司胜利油田从 20 世纪 80 年代启动石油地质勘探数据库的建设，1994 年正式发布 94 胜利油田勘探数据库设计标准及填写规定，1996 年形成油藏开发数据库的设计规范，1998 年综合多家油田的勘探开发数据模型设计形成了勘探开发数据库数据标准，通常被称作 98 标准。此后，中国石油天然气总公司机制改革，建立中国石油天然气集团公司（China National Petroleum Corporation，英文缩写 "CNPC"，中文简称 "中国石油"），大庆、辽河、大港、新疆等 12 个油田企业划归中国石油，胜利、中原、河南等油田划归中国石油化工股份有限公司（简称 "中国石化"），自此，石油勘探开发数据模型设计走上了两条并行而独立的路线。

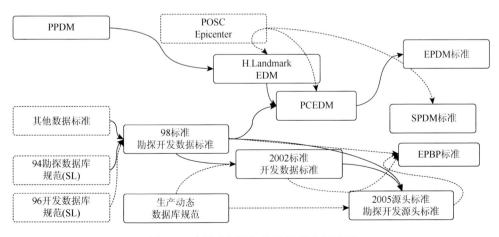

图 5-5　中国油气勘探数据模型建设历程

中国石油与中国石化在后续数据模型设计上的思路是非常类似的，都是参照国际油公司的通用数据模型（EDM、POSC）改造勘探开发数据模型设计。但由于设计出发点的问题，研发过程与国际石油数据模型存在同样的发展性问题。

中国石油在 1998 年数据标准基础上，2004 年以大庆油田为主牵头与兰德马克公司(哈里伯顿公司的子公司)合作研发新型的勘探开发数据模型，称为 PCEDM（petro China engineering data model），这由兰德马克公司的内部应用库标准 EDM 改造增补而成，后期随着该模型不断发展演变，形成现今的 EPDM（exploration and production data model）数据模型。

中国石化在 98 标准之后，以胜利油田为主，自主研发了 2002 油藏开发标准（02 标准），后期随着大规模源点采集体系的建设，于 2005 年形成了勘探开发一体化的源头数据采集的数据模型标准，也称源头标准。2006 年，针对数据的应用问题，胜利油田在源头数据模型基础上，重点参考 POSC 标准启动了新一代数据模型的建设，逐步形成了现今的 SPDM（SINOPEC petroleum data model）数据模型。针对 SPDM 模型在应用推广上的困难，2013 年，以江苏油田为核心启动了新一代勘探开发数据模型标准建设，称为 EPDM，与其配套的应用平台称为 EPBP（exploration and production business platform），目前正在推广之中。

近十余年的过程中，国内勘探开发数据模型的建设虽然取得了一定的成果，但研发道路是曲折的，例如，中国石化油气勘探数据库从 20 世纪 80 年代末期开始建库，经历了最初的文件系统数据库，到 98 中国石油天然气总公司标准，到 2005 年的源头数据采集标准，再到数据中心的 SPDM 模型，实现了关系数据模型和面向对象数据模型混合存储的模型。与数据模型为中心建设相对应的是数据采集质量的问题、配套专业软件研发和业务支持等方面发展较慢，未能建立起如国外石油公司那样高效的数据集成与应用支撑体系。

随着油气勘探开发数据模型建设经验的积累，同时参考国外数据模型建设的经验和教训，近年来，大量关于数据模型建设的反思也在展开。目前来看，较为明显的论点有如下部分值得思考：

1）油田数据体系的建设核心价值是数据的内容本身

虽然数据内容的建设工作没有很高的技术含量，但却是建立数据中心中最为困难和繁琐的，也是最为重要的工作。只有通过合理的数据采集管理应用体系形成全面、及时、准确的高质量数据，才是数据中心建设的重心所在，才能体现数据中心的价值。石油勘探开发数据中心的数据模型的设计和改进、数据平台的建设与技术提升、大数据等新技术的引进等，都要在数据内容完善这个基础上逐步进行。

2）数据建设是一个技术的均衡问题

数据、数据标准、数据模型、元数据等技术在数据中心的建设中需要被系统性地综合应用，应该以数据最终产生效益作为出发点和投入产出评价指标，不能有所偏颇。只有在高质量数据和数据管理技术之间取得一定的均衡才能使数据建设达到一个合理的层次。

数据管理模式也同样是一个大问题，国外公司与国内油企在组织模式、运作机制和管理流程上有非常大的差异，而数据模型一般是面向业务模式设计的，因此，照搬国外数据模型不仅风险大，也存在数据服务软件和数据应用软件的建设问题。回过头来看，国内外标准、模型设计复杂度、管理模式的匹配成功与否才是国内勘探开发数据模型设计的成败所在。

3）数据的采集、管理和应用三个环节不能分开

数据和数据模型的设计应源于业务、服务业务、提升业务，纵观国内外成功经验，只有在数据体系足够庞大且专业软件足够丰富的情况下才具有启动大型数据模型和数据服务平台的建设基础。因此，无论做数据采集，还是做数据管理，随时思考数据的应用场景，明确数据应用的主题、解决的问题和带来的效益，才能有效地将三个环节串联起来，也只有以行业应用和企业效益为出发点采集和管理数据，才能形成有效的数据管理体系。

5.3　数据索引：非结构化数据的存储与管理

5.3.1　地震数据体的内部组织

常见的地震数据体有 SEG 格式和 NOSEG 格式。SEG（the society of exploration geophysicists）格式有多种，其中最常用的就是 SEGY 格式地震数据体文件，它由 3200 字节的卷头，400 字节的文件头以及道头和道数据构成，240 字节的道头及道数据，道头在实际加载的过程中最常用，其中最常用的是 X、Y、道号和线号等信息。

卷头：3600 字节，分为 ASCII 区域和二级制区域两个部分。其中，ASCII 区域为 3200 字节（40 条记录×80 字节/每条记录）；其二进制数区域为 400 字节（3201～3600），其中，3213～3214 字节为每个记录的数据道数（每炮道数或总道数），3217～3218 字节为采样间隔（μs），3221～3222 字节为样点数/每道（道长），3225～3226 字节为数据样值格式码 1-浮点；3255～3256 字节为计量系统：1-米，2-英尺；3261～3262*字节为文件中的道数（总道数），3269～3270*字节为数据域（性质）：0-时域，1-振幅，2-相位谱（"*"号字为非标准定义）。

SEGY 格式中一般每个数据占 4 个字节（即每个数据由 32 位 2 进制数字组成）。一个 SEGY 数据文件的结构如图 5-6 所示。

图 5-6　SEGY 数据文件的结构示意图

　　每个数据的 4 个字节的摆放顺序是低位在前,高位在后。所以,在读取 SEGY 格式的步骤有两个,第一步:读取一个 32 位的数据;第二步:互换该数据的第一个字节和第四个字节,互换该数据的第二个字节和第三个字节。这时得到的数据才是确切的数据。

　　道记录块包括道头字区和道数据。道头字区包含 60 个字/4 字节整或 120 个字/2 字节整,共 240 个字节,按二进制格式存放,其主要内容如表 5-1 所示。

表 5-1　SEGY 数据格式结构表

字(32 位)	字节号	说明
1	1~4*	一条测线中的道顺序号。如果一条测线有若干卷带,顺序号连续递增
2	5~8	在本卷磁带中的道顺序号。每卷带的道顺序号从 1 开始
3	9~12*	原始的野外记录号
4	13~16*	在原始野外记录中的道号
5	17~20	震源点号(在同一个地面点有多于一个记录时使用)
6	21~24	CMP 号
7	25~28	在 CMP 道集中的道号(在每个 CMP 道集中道号从 1 开始)
8-1	29~30*	道识别码:1=地震数据;4=时断;7=计时;2=死道;5=井口时间;8=水断;3=DUMMY;6=扫描道;…;n=选择使用(N=32767)
8-2	31~32	产生这一道的垂直叠加道数(1 是一道;2 是两道相加;…)
9-1	33~34	产生这一道的水平叠加道数(1 是一道;2 是两道叠加;…)
9-2	35~36	数据类型:1=生产;2=试验
10	37~40	炮检距(如果是相反向激发为负值)
11	41~44	接收点高程。高于海平面的高程为正,低于海平面的为负
12	45~48	炮点的地面高程
13	49~52	炮点低于地面的深度(正数)(井深)
14	53~56	接收点的基准面高程
15	57~60	炮点的基准面高程
16	61~64	炮点的水深
17	65~68	接收点的水深
18-1	69~70	对 41~68 字节中的所有高程和深度应用此因子给出真值。比例因子=1,±10,±100,±1000 或者±10000。如果为正,则乘以因子;如果为负,则除以因子
18-2	71~72	对 73~88 字节中的所有坐标应用此因子给出真值。比例因子=1,±10,±100,±1000 或者±10000。如果为正,则乘以因子;如果为负,则除以因子(在 GRISYS 中为 10)

续表

字（32 位）	字节号	说明
19	73～76	炮点坐标——X，如果坐标单位是弧度的秒，X 值代表
20	77～80	炮点坐标——Y，径度，Y 值代表纬度，正值代表格林坐标
21	81～84	检波点坐标——X，威治子午线东或者赤道北的秒数，为负
22	85～88	检波点坐标——Y，值为西或者南的秒数
23-1	89～90	2=弧度的秒
23-2	91～92	风化层速度
24-1	93～94	降速层速度
24-2	95～96	震源处的井口时间
25-1	97～98	接收点处的井口时间
25-2	99～100	炮点的静校正
26-1	101～102	接收点的静校正
26-2	103～104	应用的总静校正量（如果没有应用，静校正为零）
27-1	105～106	延迟时间——A，以 ms 表示。240 字节的道标志的结束和时间信号之间的时间。如果时间信号出现在道头结束之前为正，如果时间信号出现在道头结束之后为负。时间信号就是起始脉冲，它记录在辅助道上或者由记录系统指定
27-2	107～108	时间延迟——B，以 ms 表示，为时间信号和能量起爆之间的时间，可正可负
28-1	109～110	时间延迟时间，以 ms 表示。能量源的起爆时间和开始记录数据样点之间的时间（深水时，数据记录不从时间零开始）
28-2	111～112	起始切除时间
29-1	113～114	结束切除时间
29-2	115～116*	本道的采样点数
30-1	117～118*	本道的采样间隔，以 ms 表示
30-2	119～120	野外仪器的增益类型：（1=固定增益；2=二进制增益；3=浮点增益；…；n=选择使用）
31-1	121～122	仪器增益常数
31-2	123～124	仪器起始增益（DB）
32-1	125～126	相关码：1=没有相关；2=相关
32-2	127～128	起始扫描频率（HZ）
33-1	129～130	结束扫描频率（HZ）
33-2	131～132	扫描长度，以 ms 表示
34-1	133～134	扫描类型：1=线性；2=抛物线；3=指数；4=其他
34-2	135～136	扫描道起始斜坡长度，以 ms 表示
35-1	137～138	扫描道终了斜坡长度，以 ms 表示
35-2	139～140	斜坡为型：1=线性；2=$\cos^2$；3=其他
36-1	141～142	滤假频的频率（如果使用）
36-2	143～144	滤假频的斜率

续表

字（32 位）	字节号	说明
37-1	145～146	陷波滤波器频率
37-2	147～148	陷波斜率
38-1	149～150	低截频率（如果使用）
38-2	151～152	高截频率（如果使用）
39-1	153～154	低截频率的斜率
39-2	155～156	高截频率的斜率
40-1	157～158	数据记录的年
40-2	159～160	数据记录的日
41-1	161～162	小时（24 时制）
41-2	163～164	分
42-1	165～166	秒
42-2	167～168	时间代码：1=当地时间；2=格林尼治时间；3=其他
43-1	169～170	道加权因子。（最小有效位定义为 $2^{**}(-n)$，n=0，1，2，…，32767）
43-2	171～172	覆盖开关位置 1 的检波器道号
44-1	173～174	在原始野外记录中道号 1 的检波点号
44-2	175～176	在原始野外记录中最后一道的检波点号
45-1	177～178	缺口大小（缺少的检波点总数）
45-2	179～180	在测线的开始或者结束处的斜坡位置：1=在后面；2=在前面
46-1	181～182	数据道数
46-2	183～184	未用
47	185～188	炮点位置剩余静校正量
48	189～192	检波点位置剩余静校正量
49-1	193～194	应用后的 CMP 基准面静校正量
49-2	195～196	检波点位置站号
50	197～198	三维线号。199～200 未用
51	201～204	CMP 点 X 坐标
52	205～208	CMP 点 Y 坐标
53	209～212	统一坐标系投影方式
54	213～216	标志号（IDENT）
55-1	217～218	野外文件号
55-2	219～220	炮点位置站号
56-1	221～222	CMP 位置高程
56-2	223～224	CMP 位置站号
57-（60-1）		未用
60-2	239～240	二维、三维识别符：0=二维；1=三维

注：带"*"的字节的信息必须记录。

SEGY 格式是一种较为古老的顺序存储文件格式，尤其在文件较大时，在访问效率上已经无法满足快速的任意位置数据抽取的需要，例如，在进行时间切片时，当前地震数据的组织方式属于按道存储，因此，不能满足时间切片数据的抽取及显示效率要求。要解决这一效率问题，需要充分借鉴三维地震数据显示软件中常采用的八叉树方式组织地震数据体，利用节点面域抽取算法，如步长计算法、二进制取反法、递归计算法、优化组合法等获得节点面域内的所有数据，然后进行时间切片的显示。

如图 5-7 所示，该功能技术涉及两部分内容：一是地震数据的 LDM 组织与抽取技术；二是水平切片的显示算法和效率。三维可视化软件开发工具 Open Inventor 中，对数据体采用了 LDM 格式的组织方式。通过对其进行相关研究，可以找出适合时间切片数据抽取的方式或方法。目前，在胜利油田的勘探辅助决策系统中，通过上述八叉树技术研究，建立了基于八叉树的 SEGY 格式索引，通过该索引可以快速实现以下功能：一键式显示方式切换，支持波形、变面积和变密度等显示方式；前后水平切片切换显示及图像输出等。

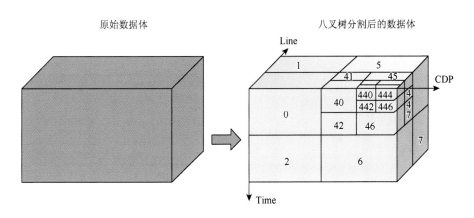

图 5-7　地震数据组织示意图

5.3.2　地质图件的存储管理

地质综合研究必须以地质信息科学理论为指导，针对油气地质研究信息繁多、业务复杂的现状以及当前地质决策的问题所在，提出的综合研究和决策的解决方案的基础就是各类阶段研究的成果。由于地质研究的抽象性和创新性，其勘探研究成果也具有非结构抽象表述和图形表述的特点。

地质综合研究的过程也就是产生成果的过程。多年来，一代代勘探工作者积累了大量成果图件，这些成果是一笔宝贵财富，指导后续的研究和认识的深化。

此外，每个阶段又都会产生一批新的图件作为成果，这些图件和成果是各路专家和研究人员智慧的结晶，是科学决策的依据和前提，也是后期信息集成过程中的重要知识化成果。

1. 地质图件概述

目前，油气勘探的地质研究过程中普遍存在着多套制图软件并用的现象。制图系统的不同不仅造成了图件格式的差异，也妨碍了图件之间方便地互操作，在许多时候，专业人员对这些不同时间和格式的图件是有很多统一使用需求的。譬如作属性叠加、增加（修改）认识或制作综合图等，需首先对这些图件进行成功解析，实现在同一系统下的访问，以此为基础开展进一步的研究工作。以胜利油田为例，目前已知常用的制图软件及图件格式等信息归纳如表 5-2 所示。

表 5-2　勘探常用的制图软件及格式分析

类型	软件名称	主要功能	软件优势	输入格式	输出格式	应用情况	不足之处
地理地质制图	Microstation	清绘平面图、清绘剖面图	具有功能开发工具，输入、输出通用性和标准性	dwg/dxf/cgm/grd/jpg/bmp/tif/	dxf/cgm/emf/wmf/位图	物探院平面图清绘	格式转换过程中部分图层信息丢失
地质制图	GeoMap	清绘平面图、清绘剖面图		grd/jpg/bmp/tif	jpg/bmp/tif/gif/pcx/png	地质院负责油田勘探图册	矢量图件兼用性差
地质制图	MapGIS			grd/jpg/bmp/tif	jpg/bmp/tif/gif/pcx/png	地质院计算储量	矢量图件兼用性差
通用制图	CorelDRAW		适合简单图	位图/cdr	cgm/dxf/emf/cdr	清绘常用图件	矢量图格式转换丢信息
通用制图	AutoCAD		适合简单图	jpg/bmp/tif/gif/pcx	jpg/bmp/tif/gif/pcx	绘常用图件	矢量图格式转换丢信息
地震解释	双狐	变速空校成图、清绘图件	人工智能/变速成图	txt/bmp/wmf	dfd/bmp/dxf	两院国内新区、海外探区应用	解释/制图/汇报成一体，图件兼用性差
地震、地质综合解释	GeoFrame-CPS3	制作平面图、立体图			cgm/dxf	物探院应用，应用率低	需加汉字软件，dxf格式后的图层错误率高
地震、地质综合解释	Landmark-Zplus		功能完善，能出Microstation格式		cgm/dxf/DGN	两院应用率高	需要加汉字的软件
地震、地质综合解释	GeoFrame-Geology	制作地质剖面图			cgm/jpg/bmp/tif/gif	物探院部分用	需要加汉字的软件
地震、地质综合解释	Landmark-StratWork				cgm/jpg/bmp/tif/gif	没有开发应用	需要加汉字的软件

续表

类型	软件名称	主要功能	软件优势	输入格式	输出格式	应用情况	不足之处
地质制图	Carbon	地质工作室制作地质剖面图	单井图功能完善		emf/sec	下载两院部分科室应用	矢量图件兼用性差
地质制图	DGR3000	制作构造图、地质剖面图、栅状图、清绘图件	能形成综合图	txt/cgm/dxf/Map-GIS 格式	wef/emf/jpg/bmp/tif/gif/pcx/png/MapGIS	物探院2006 年 6 月引入应用	矢量图件兼用性差，不支持油藏剖面图制作

地质图件是地质研究过程中用户常用的制图工具所产生的成果图件，开发解析文件格式的工具，方便用户处理与显示各种成果图件。根据需求调研的情况，需要解析的文件格式包括 cgm、DGN、emf、gdb、cdr、dwg、CAD、dfd、E00、mxd、Map Info 及 MapGIS 等。

不同的文件格式会有不同的编码规范，只有了解了这些文件格式的编码规范才能实现对它们的解析。许多文件格式都有公开的、不同程度规范或者建议的格式。这些规范或者建议描述了数据如何编码、如何排列，有时也规定了是否需要特定的电脑程序读取或处理。

图件解析的过程基本上就是对图件文件中不同对象的提取过程。最常见的对象包括点、直线、折线、矩形、多边形、椭圆、文字、图层信息等。不同的对象还带有不同的属性信息。一般情况下，矢量图都包含图层信息，所以图件的点、线、面等对象都是按图层进行分类显示的。

2. 地质图件的主要格式及解析方法

石油地质研究专业的矢量成果图文件格式包括两种：一种是二进制文件，一种是 ASCII 明码格式。明码文件是一种公开格式，它是图形与文本文件之间的交换文件，其文件结构由文件头和数据区两部分组成。二进制文件中有些有公开的、不同程度规范或者建议的格式。无论文件格式是哪种，只要掌握其编码规范，就可对其进行读取和解析。

1）GeoMap 格式的 gxf 明码文件

GeoMap 是北京侏罗纪软件股份有限公司（JURASSIC SOFTWARE）的地质制图系统，其基于"图形=数据+模板+观点"的核心思想，遵循行业制图标准规范，内嵌丰富的图元符号与模板，具备精确的投影坐标体系，提供强大的数据成图、编辑和输出功能，适用于制作各种地质平面图（如构造图、等值线图、沉积相图、地质图等）、剖面图（如地质剖面图、测井曲线图、地震剖面图、岩性柱状图、连井剖面图等）、统计图、三角图、地理图、工程平面图（公路分布图、管道布线图等）等多种图形。GeoMap 地质制图系统能广泛应用于石油勘探、开发、地质、煤炭、林业、农业等领域，也是目前国内在石油地质上应用较广的绘图软件之一，其功能特点有：数据成图专业、精确；标准制图规范、共享；格式转换兼容、开放；组合成图实用、高效；图形编辑便捷、强大；成果输出灵活多样。

GeoMap 提供了 gxf 明码交换格式以及可接收 cgm/cgm+、CAD、ArcGIS、MapGIS、MapInfo 等多种矢量格式，可输出 cgm、emf、MapGIS、ArcGIS、pdf、ai、ps、eps、cdr 等图形数据格式。

简单说明一下上述文本中一些项的含义：gxf 文件结构首行为文件头，然后依次是图幅、图层、工程信息，例如，图幅包含名字、比例尺、坐标范围以及原点位置等数据；图层包含图层号、图层名称、比例尺、坐标范围等数据信息，然后是图幅中的点、线、面。每个图元对象都会有对应的关键字，如 polygon，包含多边形名字、是否绘制边界、填充模式、边界颜色、边界宽度、字体大小、填充颜色、边界光滑、点的个数，然后是每个点的坐标信息。

其文件读取采用逐行读取的方式，首先读取图幅的名字、比例、大地坐标范围、原点位置等图件基本描述数据，然后读取图幅的点、线、面、文字等内容。

gxf 格式读取。在读取每行数据时，首先读关键字，通过关键字来判断该行数据描述的对象。例如，读取的行关键字为"polyline"，则该行数据描述的是一个线对象，其内容依次为 polyline、名字、光滑状态、曲线颜色、曲线笔宽、曲线线形等，如下所示：

（1）polygon，""名字，0 是否绘制边界（0 否 1 是），1 填充模式（不填充、颜色填充、符号填充、模式填充），0X00FFFFFF 边界颜色，0.0 边界宽度，4 字体大小，0X0000FFFF 填充颜色，0 边界光滑，17 点的个数（首尾相同）。

（2）polyline，""名字，0 光滑状态，0000000000 曲线颜色，0.8 曲线笔宽，1 曲线线形。

为了将 gxf 格式转换为 geo 及其他格式，首先创建一个 geo 图幅对象，在读取每行数据之后，根据每行描述的对象，在创建的图幅中创建相应的新对象并将读到的数据为其赋值。之后，便可以对该图幅进行显示、保存、编辑的操作。gxf 解析后显示效果图如图 5-8 所示。

2）dwg 格式文件

AutoCAD（auto computer aided design）是 Autodesk（欧特克）公司首次于 1982 年开发的自动计算机辅助设计软件，用于二维绘图、详细绘制、设计文档和基本三维设计，现已经成为国际上广为流行的绘图工具。AutoCAD 具有良好的用户界面，通过交互菜单或命令行方式便可以进行各种操作。它的多文档设计环境让非计算机专业人员也能很快地学会使用，在不断实践的过程中更好地掌握它的各种应用和开发技巧，从而不断提高工作效率。AutoCAD 具有广泛的

图 5-8　　gxf 解析后显示效果图

适应性，它可以在各种操作系统支持的微型计算机和工作站上运行，其特点有：具有完善的图形绘制功能；有强大的图形编辑功能；可以采用多种方式进行二次开发或用户定制；可以进行多种图形格式的转换，具有较强的数据交换能力；支持多种硬件设备；支持多种操作平台。

其标准格式是 dwg 格式。dwg 是 AutoCAD 的图形文件，是二维或三维图形档案。dwg 文件的数据结构属于 Autodesk 公司的商业秘密，一些处理 CAD 图形的专业人士往往希望能直接对 dwg 文件进行读写操作，这种方法实现起来比较复杂。dwg 文件是二进制格式，可以通过 AutoCAD 内的转换器转为 dxf 文本文件，这样可以很方便地实现数据的读写。

由于 AutoCAD 是现在最流行的 CAD 系统，dxf 也被广泛使用并成为事实上的标准，绝大多数 CAD 系统都能读入或输出 dxf 文件。dxf 文件可以用记事本直接打开，编辑相应的图元数据，换句话说，如果你对 dxf 文件格式有足够了解的话，甚至可以在记事本里直接画图，它是一种工业标准格式。

采用 ODA（open design alliance）的 C#版本 SDK 开发包，实现 dwg 文件的导入。ODA 是一个非盈利的组织，在 40 多个国家有 1100 多个成员。ODA 致力于促进开放的、工业标准的 CAD 数据和遗留的 CAD 数据的格式交换。ODA 开发用于技术图形应用程序的核心平台 Teigha™，Teigha 支持 dwg、DGN、stl、pdf 之间的数据交换。Teigha 支持多个平台，包括 Windows、Mac、Unix、Linux 等。ODA 会员可以用 C++、.NET 和 ActiveX 接口开发自己的应用程序。ODA 的宗旨是开发核心的图形技术库，让软件开发商专注于应用开发，和 ITC 一样也是面向会员的。基于此，可以实现脱离 AutoCAD 环境导入 dwg、dxf 文件。dxf 格式导入效果图如图 5-9 所示。

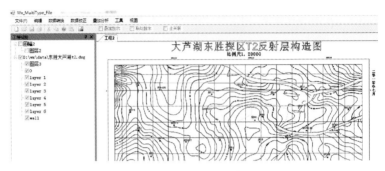

图 5-9　dxf 格式导入效果图

3）DGN（V7）格式文件

DGN（design）是一种 CAD 文件格式，为奔特力（Bentley）工程软件系统有限公司的 MicroStation 和 Intergraph 公司的 IGDS（interactive graphics design system）CAD 程序所支持。MicroStation 是国际上和 AutoCAD 齐名的二维和三维 CAD 设计软件，第一个版本由 Bentley 兄弟在 1986 年开发完成，其专用格式是 dgn，并兼容 AutoCAD 的 dwg/dxf 等格式。MicroStation 是 Bentley 工程软件系统有限公司在建筑、土木工程、交通运输、加工工厂、离散制造业、政府部门、公用事业和电信网络等领域解决方案的基础平台。

采用 Microstation DGN Access Library、C++方式的 DGN（V7）读写 SDK，为了有效融入 C#模式的系统中，通过 com 组件技术，实现了 DGN（V7）SDK 包和 C#模式的主系统的连接。

DGN（V7）开发包（SDK）由 C++头文件和源文件组成，在 DGN（V7）静态库的基础上，C++方式可以顺利读取 DGN（V7）的相关信息，DNG 格式读入效果如图 5-10 所示。

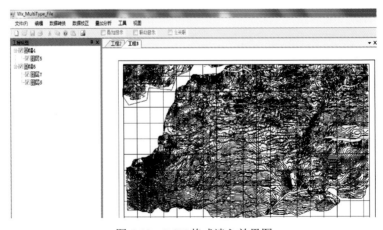

图 5-10　DGN 格式读入效果图

4）其他格式的文件

通过已有平台实现的部分文件格式的解析整合，实现 E00（ArcGIS）、mif（MapInfo）、wat（MapGIS 点）、wal（MapGIS 线）、wap（MapGIS 面）、dxf（CAD 明码）等类型的文件格式的导入。

E00 文件是 ESRI 的一种交换文件格式，这种文件格式可以通过明码方式表示 ESRI 的几乎所有的矢量数据格式，广泛应用于与其他软件数据的交换。E00 文件有两种格式，一种是二进制文件，一种是 ASCII 明码格式，用于外部数据交换时大多利用其 ASCII 明码格式。由于 ESRI 没有提供数据格式的技术白皮书，想利用这种格式作为交换平台就需要仔细研究。

mif 文件是 MapInfo 的通用数据交换格式，这种格式是 ASCII 码，可以编辑，容易生成，且可以工作在 MapInfo 支持的所有平台上。它将 MapInfo 数据保存在两个文件中：图形数据保存在.mif 文件中，而文本（属性）数据保存在.mid 文件中。其中，.mif 文件有两个区域：文件头区域和数据节，文件头中保存了如何创建 MapInfo 表的信息，数据节中则是所有图形对象的定义。故.mif 应是保存图形的一种文件格式。

MapGIS 是中地数码集团的产品，是中国具有完全自主知识版权的地理信息系统，是全球唯一的搭建式 GIS 数据中心集成开发平台，实现遥感处理与 GIS 完全融合，支持空中、地上、地表、地下全空间真三维一体化的 GIS 开发平台。

MapGIS 的图形文件有三种：点（wt）文件、线（wl）文件和面（wp）文件，它们分别存放不同几何性质的空间实体中（点状符号、注记、文字块、圆、弧、图像等均作为点对象存放在点文件中）。相应地，其明码文件亦有三种，即 wat、wal、wap 文件，各类明码文件均由文件头、空间数据、外观参数三种信息构成。MppGIS 文件解析后的显示效果图如图 5-11 所示。

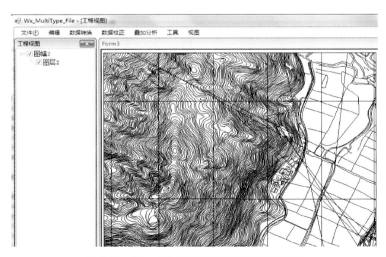

图 5-11　MapGIS 文件解析后的显示效果图

3. 地质图件的预处理

在对图件进行叠合分析之前，需要对图件进行预处理，预处理的成功与否也关系到最后的叠加分析效果。成果图件的预处理主要包括两部分内容，矢量图的预处理和位图的预处理。

1）矢量图的预处理

矢量格式的地质综合图一般包含丰富的图层信息，不同类别的地质信息多以图层区分。图形的预处理主要是为将矢量图中包含的信息按类别和图层拆分归类，为后续的叠合分析以及多屏联动做准备。由于矢量图是分图层的，所以在对矢量图进行预处理时可以按图层来对某一类数据进行整体的显示、隐藏或者删除等。

如图 5-12 所示为 gxf 格式的矢量图在处理前后之间的对比图。gxf 格式图件按图层进行分类显示，原始图件共分 15 个图层，包括有利区、探明区、断层、边框、上升盘、下降盘、名字、图例、井等。将图件进行分图层隐藏后，只保留有利区和探明区这两个图层后（红色与黄色色块代表区域），显示的效果如图 5-12 所示。通过这种分层处理后的图件即可在后期的叠加分析中使用。

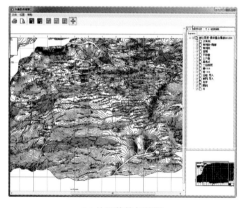 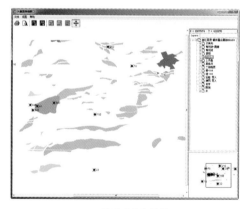

(a) 处理前的矢量图   (b) 处理后的矢量图

图 5-12   gxf 格式的矢量图在处理前后之间的对比图

2）位图的预处理

位图格式的地质图件无图层信息，丰富的信息内容以像素色彩区分，该类图件在实际生产中比重大，后续修改困难。图形的预处理通过研发颜色拾取透明化技术，实现了重要位图信息的区分拾取，使位图信息的精细分析对比成为可能。

位图的处理主要是指对栅格图像的显示的有效控制,包括实现图像的透明显示、局部显示等。它用到的技术是 GDI+、Windows GDI+(graphics device interface plus),也就是图形设备接口,提供了各种丰富的图形图像处理功能。其中,图形图像处理用到的主要命名空间是 System.Drawing,其提供了对 GDI+基本图形功能的访问,主要有 Graphics 类、Bitmap 类、从 Brush 类继承的类、Font 类、Icon 类、Image 类、Pen 类、Color 类等。

位图处理的效果如图 5-13 所示,通过对"地震波阻抗属性图"的色彩提取 RGB 信息,获取一定色彩的位图像素,这些特定色彩的像素位置代表一定波阻抗属性的取值范围。

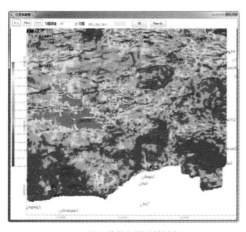 

(a) 处理前的位图-属性图　　　　　　　　　(b) 处理后的属性图

图 5-13　预处理前后的地震属性图对比

5.4　油气勘探软件中的领域模型

领域模型是对领域内的概念类或现实世界中对象的可视化表示,又称概念模型、领域对象模型、业务对象模型或分析对象模型。它专注于分析问题领域本身,发掘重要的业务领域概念,并建立业务领域概念之间的关系。

业务对象模型也叫领域模型(domain model),是描述业务用例实现的对象模型。它是对业务角色和业务实体之间应该如何联系和协作以执行业务的一种抽象。业务对象模型从业务角色内部的观点定义了业务用例,该模型为产生预期效果确定了业务人员以及他们处理和使用的对象("业务类和对象")之间应该具有的静态和动态关系。它注重业务中承担的角色及其当前职责。这些模型类的对象组合在一起可以执行所有的业务用例。

5.4.1　石油技术领域模型的发展

在油气勘探开发生产活动中，生产效益越来越依赖于计算机技术的应用。随着相关技术的发展，人们开始寻求地质、地球物理、油藏工程等多专业（学科）的协同合作，这就需要在计算和应用过程中利用先进的软件工具，通过数据共享的方式，将各类应用统一集成在一个计算环境下，即需要有一个统一的石油勘探开发综合集成平台。

为了解决信息共享及多学科综合集成的需要，国际上由 BP Exploration、Chevron Corporation、Elf Aquitaine、Mobil Corporation、Texaco Inc. 五家大石油公司发起，于 1990 年 10 月建立了石油技术开放标准联盟（Petrotechnical Open Standards Consortium，POSC），其任务是开发石油开放软件集成平台技术，发布相关的工业标准。POSC 是一个石油工业上游的国际标准化组织，一个非营利性的协会。POSC 自成立以来，与各成员组织一起推出了软件集成平台（software integration platform，POSC SIP），并不断根据计算机技术的发展和用户的需求，突出新版本的标准，发展新的思路。

POSC 业务域划分有着自身的优点，一是便于以面向对象的方式整体理解上游企业的业务模型；二是对业务活动的描述可以直接转换为数据逻辑模型。但它也有自己的缺点：首先是业务域名称不符合国内业务管理习惯。以下是 POSC 业务域与国内的业务管理习惯的对比：开发设计-开发方案设计，井设计、实施及报废-钻井工程，设施设计、实施及报废-地面工程，操作井和设备-原油生产，维护井和设备-采油工程管理，提供实验服务-分析化验。其次是 POSC 的业务划分不能覆盖国内勘探开发业务，例如，此模型不能涵盖如下业务：规划与部署、地质研究、油气藏工程、动态分析、开发测井、试井、试油等。最后是业务描述不能表达不同业务方法，例如，勘测不能涵盖各种勘探方法；测井、录井等的不同方法无法有效描述；提供实验服务业务对不同的分析化验无法区别对待，只能共性地描述实验过程。

2002 年以来，鉴于不同地区的油公司在管理模式和组织方式上的差异而导致的数据模型统一困难，POSC 组织的数据模型在 Epicentre3.1 之后停止了更新，成立了 Energistics 组织，转而重点解决不同油公司、石油技术服务公司及其相互间的数据交换问题，这就是基于 XML 的数据交换模型。

Energistics（POSC）是一个全球性的、非盈利会员制的中立组织，其职责是开发、管理和推广石油和天然气上游业务数据交换模型。Energistics 针对不同的技术领域建立 SIGs（特别兴趣团体），团结全球的领域专家和模型爱好者来促进本领域技术模型的开发。Energistics 的会员包括石油公司、服务公司、软件提供商和监管机构的代表，目前已有 100 多个，包括 Shell、BP、Chevron、ExxonMobil、Total、Halliburton、Baker Hughes、Schlumberger、Weatherford、Microsoft、Paradigm、PPDM、CMG 等国际著名公司。

　　Energistics 在某大型能源公司现行的业务流程基础上，抽象制定了 E&P 业务模型，它不依赖于任何特定的组织架构或技术工具。制定该模型的目的是帮助分析业务领域内的通用业务流程、概念、词汇等，进而开发和应用一致的领域模型。该模型具有通用性和稳定性，其优点是：①不用再为每项模型的研究来定义业务流程，从而节省模型研究的时间；②这种关于业务流程、概念、词汇等的明确的、通用的定义，有助于促进模型的开发、理解和实际应用；③可作为定义新业务流程（如基于 internet 新技术产生的新业务）的基础；④可作为应用软件需求分析的基础；⑤可促进行业以及跨行业业务模型的形成。

　　该模型将石油的勘探开发业务过程分为五个阶段：勘探（explore）→评估（appraisal）→开发（develop）→生产（produce）→废弃（abandon）。每个阶段又包含若干业务过程，每个业务过程可在不同的阶段中重复存在。换句话说，这些业务过程的定义是相对独立的，可根据实际需要将它们灵活"组装"起来形成每个业务阶段的完整业务流程。这些业务过程主要包括 14 个部分：井设计与管理（E）；测量（F）——井位测量、地球物理测量、测录井等；开发规划（G）——处理解释评价；油田基础设施设计与管理（H）；物资供应（I）；后勤服务（J）；金融服务（K）；取得或出让资产（L）；石油与天然气销售（M）；人力资源（N）；IT 服务（O）；实验室（P）；生产（Q）；维护（R）。

　　根据上述业务模型所识别的业务领域，Energistics 目前已经制定了 WITSML、PRODML、RESQML、Asset & Data Management、Industry Services、Geophysics、Regulatory 等 SIG，并相应建立了七大数据模型的路线（Energistics Inc.，2015），各数据模型发展状况如表 5-3 所示。

表 5-3　Energistics 数据模型体系及研究团体（杨传书，2011）

序号	业务名称	模型名称	已发布版本	研究团体
1	Drilling，Completions & Interventions	WITSML	Data Schema V1.4.1 API V1.4.1	●WITSML SIG
2	Production	PRODML	Data Schema V1.2 API V2.0	●PRODML SIG
3	Reservoir	RESQML	Data Schema V1.0	●RESQML SIG
4	Geosciences	—	—	●Geology SIG ●Geophysics SIG
5	Asset & Data Management	units of measure	V2.2（POSC）	●Asset & Data Management SIG ○Metadata ○Well Identity Standards
6	Industry Services	—	—	●Industry Services SIG ○Technical Architecture
7	Regulatory	—	—	●Regulatory SIG ○National Data Repository（NDR）

　　注：带"●"的是正式的研究团体，带"○"的是研究分支。

近几年在钻完井、油田生产和油藏三个领域形成了基于 XML 的模型，其他模型尚无最新成果。其中，WITSML 是与钻井、完井以及修井相关的模型，PRODML 是以 WITSML 为基础延伸的与油井生产相关的模型，RESQML 是与油藏相关的模型。下文以 WITSML 为例，剖析其内部结构、应用情况以及前景（杨传书，2011）。

5.4.2　以 WITSML 为例剖析领域模型设计

WITSML（井场信息传递标准标记语言）是一种数据传输模型，旨在促进井场和基地之间钻井数据的有效传输。WITSML 模型由 WITS（井场信息传输标准）开发而来，其目的是创建一种统一的 XML 格式模型实现井数据的传输，以便能够集成不同服务商的信息。标准数据传输机制可以整合新的工具和流程，这使得地质学家和工程师可以在他们熟悉的桌面应用程序中使用实时数据。

WITSML 模型包括两个可独立版本化的组成部分：数据模型和应用程序接口（API）。最新的 v1.4.1 版本（2011 年 9 月发布）数据模型定义了 27 个对象，如表 5-4 所示。

表 5-4　WITSML v1.4.1 数据对象

对象名	含义	对象名	含义	对象名	含义
wellbore	井筒	rig	钻机	bhaRun	下部钻具
well	井	opsReport	施工日报	attachment	文件附件
wbGeometry	套管柱	mudLog	泥浆录井	changeLog	变化日志
tubular	钻柱	message	事件	CRS	坐标系
trajectory	轨道	log	测井	drillReport	钻井日报
target	靶	formationMarker	地层分层	objectGroup	对象组
surveyProgram	定向测量程序	fluidsReport	钻井液报表	stimJob	压裂
sidewallCore	井壁取心	convCore	岩心	toolErrorModel	仪器错误模型
risk	风险	cementJob	固井	toolErrorTermSet	仪器错误项

这些数据对象中，wellbore 是 well 的子对象，而其他绝大多数对象又是 wellbore 的子对象；changeLog 对象可作为其他对象的子对象（记录该对象的变化情况）；CRS 是一个独立对象（坐标系）。对象之间的关系如图 5-14 所示。

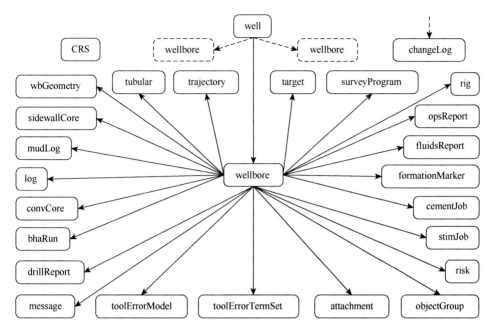

图 5-14 WITSML v1.4.1 数据对象之间的关系

WITSML 基于 XML 文件格式，一个数据对象定义了一组数据，可以用一个单一的 XML 文档传送，代表了一个领域（domain）逻辑模型内的一组紧密相关的数据子集，例如，"井"这个逻辑模型包括井、井筒、钻机等数据子集。数据对象包括属性、元素和子组件（component sub-schemas）。子组件是 XML 结构，但不能代表完整的数据对象，而且可以属于多个数据对象。一个子组件通常只定义一类数据，并且在这个类型名前面加上"cs_"作为这个子组件的文件名，例如，cs_drillingParams.xsd 里面仅包含钻井参数，而且它同属于 bhaRun 和 opsReport 这两个数据对象。WITSML 还定义了大量常量数据类型和单位制符号（杨传书，2011）。

通过上述的内容可以看到，WITSML 的领域模型设计意图实现了国际多种井场相关数据的整合，因此，其领域模型体系设计的较为抽象，通过在实现的时候赋予不同的数值来实现多种格式数据的整合与发送，这导致 WITSML 的业务模型定义和解析具有很高的专业性。甚至严格地说，POSC 的领域模型不是设计出来了，而是一种基于商业的妥协，为了满足那些投入资金与人员参与标准制定的石油公司的关于数据交换的需求，POSC 的领域模型更多地考虑如何将不同格式和信息内容的各类主题数据纳入到同一个主题中，从而导致了 POSC 领域模型在技术上具有很高的抽象性。

针对这一点，鉴于国内石油企业和油气技术服务公司几乎没有参与 POSC 领域模型的设计，同时，国内石油勘探开发的组织与管理模式与国外市场模式存在巨大差异，POSC 领域模型无论在内容和技术表现形式上都难以直接应用，这为国内建立自己的领域模型并应用于数据交换和软件研发等提出了挑战。

5.5 油气勘探的领域模型建设

领域模型是一个从软件应用角度定义的数据结构，虽然与交换模型有区别，但其本质上是一种交换模型，这种交换不仅体现在软件内部各模块之间的数据名称统一和数据交换，还体现在软件与软件之间，甚至不同公司的平台与平台之间。

5.5.1 领域模型建设方法

我们知道，业务模型是对领域内的概念类或现实世界中对象的可视化表示，又称领域模型、领域对象模型、分析对象模型。它专注于分析问题领域本身，发掘重要的业务领域概念，并建立业务领域概念。业务对象模型描述业务用例实现，并对业务角色和业务实体之间应该如何联系和协作以执行业务的一种抽象。业务对象模型从业务角色内部的观点定义了业务用例，该模型为产生预期的效果，确定了业务人员以及他们处理和使用的对象（"业务类和对象"）之间应该具有的静态和动态关系，它注重业务中承担的角色及其当前职责。这些模型类的对象组合在一起可以执行所有的业务用例。从这种概念定义可以看到，所有的领域模型的定义应该来自于具体的业务软件用例，偏离具体的应用主题和应用场景设计领域模型是一种风险很大的设计方式，也存在模型难以实践应用的问题。

由于领域模型与软件的密切联系，国内油公司和大量的专业软件开发公司都有自己的领域模型体系，这些领域模型能够很好地满足其自由软件研发的需求，也在其自研发的软件中起到了统一软件层数据应用的作用。但由于其数据组织的个性化，国内尚没有一种统一的领域模型设计来规范当前的各个软件中的数据应用，一方面是我们的软件研发没有达到这种丰富的层次，另一方面是统一的领域模型设计必然造成数据实体的存取、处理和加工的复杂性。

综上所述，正确的建立业务模型的方法，应该是依托国内油田的业务流程与管理模式，在借鉴 POSC 的优点的基础上，结合国际上的先进理念和国内的实际情况，修改完善其不适应部分，逐步建立国内石油行业业务模型的表达方法，如业务体系不够完整与清晰，可考虑形成一个领域模型的框架机制，从而避免直接建立一个完整全面的领域模型。因此，我们建议的方法是：以石油勘探开发生命周期为主线，结合专业技术和业务管理的分析方法，合理分析业务域及业务活动，尽量符合油气田勘探开发中约定俗成的管理习惯，做到不同业务域间的业务不重复，并保证能覆盖所有的石油勘探开发业务，进而形成本土化的勘探开发业务模型的设计思路和实施方法。

5.5.2 SPBM 领域模型建设流程

1. SPBM 业务模型设计

油气田勘探开发业务模型的建设是在勘探开发业务分析的基础上，按照对勘探开发业务进行结构化、标准化、规范化加工处理和优化整合，形成整体统一可管理、可转化的"勘探开发业务模型标准"，成为数据模型和应用系统的关键桥梁。业务对象模型的建设，应遵循以下三条原则。

（1）单一性原则。每个业务对象只描述某单一业务，不允许一个业务对象同时描述多个业务。如果一个业务对象同时描述了两个或多个业务，则必须把它拆分成多个业务对象来保证业务对象的单一性。

（2）共享原则。业务对象一旦被建立，将允许在整个业务对象模型中被共享使用。在其他业务中需要使用该业务对象时，不需要再重复建立，而是直接共享使用。

（3）合理粒度原则。业务对象的粒度如果太大，包含的内容太多，在使用时可能很多内容不需要，造成不必要的负担；如果粒度太小，包含的内容不够，就会导致业务对象的数量非常多，造成不必要的复杂性，因此，必须按照合理的粒度来划分业务对象模型。在上述三条业务对象模型建设原则的指导下，进行业务分析时主要做了 3 个方面的工作：①对油气田勘探开发业务域进行描述，划分业务域的层次结构，控制业务域为三层结构；②对业务域中的业务进行描述和划分，划分业务主题以及业务主题之间的关系；③对业务主题进行描述和划分，并与底层存储模型等进行对应，建立业务对象及其属性。

2. SPBM 业务域划分

业务域的划分以某种与石油相关的主题为指导，从整体上对油田主要业务进行划分。它既不是现有机构部门的照搬，也不是基础业务的整理，而是概括性和总结性的划分。

业务域的划分以方法生命周期为主线，将专业业务域与方法管理业务域有机地串接。根据这个原则和方法，把油气田勘探开发业务划分为"勘探规划部署""物探""井筒工程""分析化验""综合研究""开发规划与开发方案""油气生产""油气集输" 8 个一级业务域。

对一级业务域划分二级业务域没有采用统一的标准，而是根据每个一级业务域的特点制定了划分标准。具体划分方法包括：

（1）按照业务类别进行划分。如"勘探规划部署"业务领域包含"勘探规划""勘探部署"两大业务。

（2）按照业务的专业或职能进行划分。如"井筒工程"业务域包含"钻井""测井""录井""试油"等业务。

（3）按照施工方法和工作目标进行划分。如"物探"业务领域包含"二三维地震""VSP测井地震"等业务。

（4）按照业务主题和阶段进行划分。如"综合研究"业务域包含"资源评价""油藏描述与评价""剩余油研究""油藏模拟"等业务。

使用上述方法划分业务域以后，形成了整个石油行业的业务域结构。其中，有些业务域层次较深，可以划分三级业务域；而有些业务域层次较浅，只能划分二级业务域。

以物探业务划分为例，首先物探在整个勘探开发生命周期处于初始阶段，也是一个关键性的阶段，产生大量的大数据（数据体）和成果文档，因此把物探作为一个一级业务域对待。

物探是地球物理勘探和勘测的统称，每种勘探均有其特殊的目的和作用，它们有一些相同点，也有一些不同点。可以把物探划分为地面地震、VSP测井、生产管理3个相对独立的二级业务域，而在这3个二级业务域下没有再划分三级业务域。

石油行业业务域层次结构设计分级如图5-15所示。

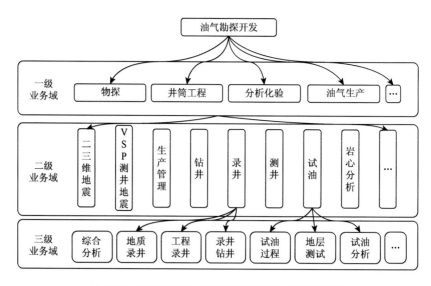

图5-15　石油行业业务域层次结构设计分级示意图

3. SPBM业务主题划分

业务主题来自对现有业务域的业务分析，描述了某一个或某一类特定业务的信息集合。有些业务主题的信息包含的内容很多，内容之间具有嵌套层次关系，而有些业务主题的信息相对简单，没有嵌套层次关系。当业务主题具有嵌套层次关系的时候，需要控制层次关系在三层以内，因为层次太多会增加业务主题的复杂度。如果某个业务主题的层次关系大于三层，则必须把该业务主题拆分成多个业务主题。业务主题的划分方法与业务域的划分方法类似，对二级业务域或三级业务域的划分没有采用统一的标准，而是根据每个业务域的特点制定了划分标准。具体划分方法如下所示。

（1）按照业务类别进行划分。

（2）按照业务的专业或职能进行划分。

（3）按照施工方法和工作目标进行划分。

（4）按照业务阶段进行划分。

使用上述方法划分业务域中的业务主题，例如，"物探"业务域中的"地面地震"二级业务域，划分为地震勘探部署、二维地震工区、三维地震工区三个业务主题。

4. SPBM 业务对象描述

业务对象来自业务主题中经过抽象和整合的实体或过程或事件，是 SPBM 模型中描述业务的最小单元，业务对象可分为实体业务对象、过程业务对象和事件业务对象。

1）业务对象描述流程

业务对象的描述流程如图 5-16 所示。

首先，选择某个业务，确定业务对象名称，从数据源、报表或图档中映射业务对象的数据项，若该数据项有语义描述，则需要确定语义描述是否准确；若数据项没有语义描述，则需要补充数据项的语义描述。其次，将修改完整的数据项添加到业务对象的属性中。最后，通过添加引用的行业标准和附件，完成对选定业务对象的定义和描述。

2）业务对象描述要素

业务对象主要包括业务对象名称、数据项、数据分类代码描述、参照的标准等几个要素。

（1）业务对象命名：多采用勘探开发行业中常用的名词作为业务对象名称。

（2）格式化数据描述：是指对业务对象中所有相关属性的描述。先根据现有的勘探开发数据模型，抽取实体对象，再梳理实体对象的所有属性，组织各路专家查缺补漏。但切忌照搬原勘探开发数据库。

格式化数据项描述的内容包括：业务分类、属性、代码、备注等几个部分。①业务分类：是指同一项业务对象可能出现在很多实施环节中，如"测井解释"，

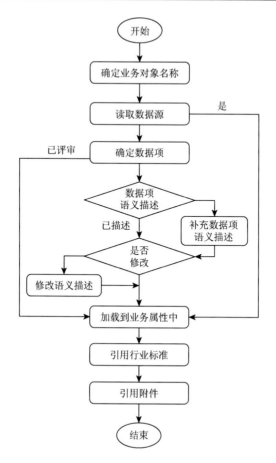

图 5-16　业务对象的描述流程图

它要解释的测井曲线可能是裸眼测井采集的，也可能是套管测井采集的。②属性：如果是原勘探数据库中已有的数据项，则可直接作为业务对象的属性来使用；如果是增加的属性项，则需要填写属性项的详细描述，用石油行业常用的名称填写临时名称，最后由石油行业相关的业务专家组统一讨论确定。③代码：如果是原数据库中已有的数据项，仍按原数据库中对代码的命名规则；新增加的属性项的代码编制先采用名称的首个字母的方式，当有重复时，加上数字代码区别，最后由专家统一讨论确定。④备注：是对数据项做的补充说明。

（3）数据分类代码描述：是指某一数据项的取值在事先明确定义的范围内，通常是有限个可列举的值。如数据项"井别"，其取值范围是"直井""斜井""勘探井""开发井"等。为了用数据表示信息及方便使用，用指定的代码表示各个值，这样就用"井别代码"代替了"井别"数据项。在梳理过程中，把类似这样的数据项全部抽取出来进行描述，描述的内容包括代码类型、代码、名称。如果是原勘探开发数据库中已有的代码类型，则直接引用；若是新的代码类型，则先自行分类，然后由专家统一定义其名称和代码。

（4）标准参照：是指业务对象中所参照的行业标准，包括施工操作标准、图表的规范等。该部分内容是业务分析时重要的行业标准参考依据。

（5）数据项提取：是业务分析中的一项重要而繁琐的工作，为了保证业务模型包含目前使用的勘探开发数据库，因此，必须仔细检查、核对、补充目前的数据项。提取数据项的数据源有勘探开发数据库、源头库、行业标准、图表文档中的数据项。数据项的提取要有唯一性，用单数形式描述。数据项的命名要明确描述对象的属性特征。

5.6　领域模型的建设原则

本节详细阐述了核心业务分析与建模的设计思想，分析范围涵盖了物探、井筒工程、分析化验等油田核心业务。结合中国石油化工集团公司勘探开发的实际情况，形成了本书的业务对象模型。通过上述的设计方法和建设步骤，业务用户可以依据行业应用的特点不断调整完善，逐步形成了一个内容完整、相互关联的领域模型设计，为后期的软件研发和模型建立提供数据基础。领域模型的各个部分与业务对象不是一个个的孤立体，而是相互依存相互关联的一体化的数据体系，因此，领域模型最终要依据业务主题的应用特点，通过关联组织形成统一的完整模型。我们以"基于地质背景的钻井工程领域模型"的建立为出发点，构建了一个典型的建设案例如图 5-17 所示。

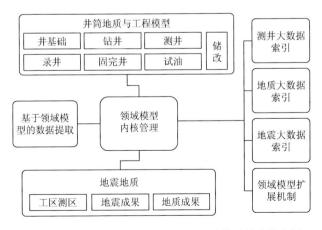

图 5-17　基于地质背景的钻井工程领域模型的建设案例

　　基于地质背景的钻井工程领域模型建立其内容包括井筒地质与工程对象、地震与地质数据两部分。为保证数据体系的一体化，需针对井筒数据和地震地质数据进行统一的关联关系建立；为保证大数据的读取和处理效率，需通过测井数据体、地震数据体和地质网格等数据的索引与扩展机制，形成各类大数据体的索引管理；针对地震地质数据融合，则通过工区与测区概念实现地质与井筒信息的统一组织；针对数据获取，则在此基础上建立基于领域模型的数据提取机制，实现来源于数据库的结构化数据、文档和图件数据以及大数据体的数据解析与读取。

　　国内外各个数据标准体系中领域模型的建设没有固定的表现方式，但建立领域模型的流程、方法和思想可以相互借鉴，从而保证领域模型在后期的可扩展性和可交换性。作者针对油气行业标准的制定，将这些特点总结如下：

　　（1）对象的组织观点：将各种对象分类，并抽取各类对象的共同点。将这些对象按照专业业务域→业务主题→业务对象来组织。

　　（2）信息重用性：无论是对象还是对象之间的关联关系，均是按照层次组织的，这就为信息重用奠定了基础。对于重复的信息不必在子类中进行定义，而采用继承机制直接从父类中继承。

　　（3）可扩充性：业务模型建立以后，不是一成不变的，而是根据勘探开发业务和应用需求进行扩充。

　　（4）特性的一次定义多次引用：特性一旦被定义，将在多个业务中被多次引用。

　　（5）相关对象空间信息的描述：在业务对象中有一类对象被称为拓扑对象，对这些对象的空间拓扑结构及位置进行完成描述。

　　（6）定义了丰富的标准参考值：业务模型中定义了能够满足于各种应用的丰富的数据类型。

　　结合油田各专业特点及业务需求，通过对油田整个勘探开发生命周期中涉及的业务分析，抽象为一个完整的业务功能结构，建立胜利油气田勘探开发业务模型，从而系统地本质地把握企业的功能结构，更好地服务于数字化油气田。

5.7　数据模型与标准化思考

　　需要注意的是，本章并未提出一个统一的领域模型案例，也是希望此举能够说明领域模型的面向应用的特点，即有什么样的应用方向，便有什么样的领域模型。针对国内较为普遍的报表、图形和定性化信息组织模式，国内的数据应用以管理信息系统为主，称为"基础信息组织"；而国际上各信息技术服务公司大多已较深的切入到地质研究环节，大量的专业化设计、模拟与分析软件是其软件体系建设重点，因此其信息处理结构与应用方式也更加的复杂，从而具有了不同的领域模型类型和组织方式，可以称为"专业信息组织"。对比这种"基础信息组织"

和"专业信息组织",不能说哪一种设计更为合理或者正确,这是由软件体系的服务目标和表达层次所决定的。

从领域模型建设的内容出发,我们进一步探讨关于数据体系标准化的问题。

数据模型与领域模型发展到一定层次,便是信息的标准化。国家标准《标准化和有关领域的通用术语 第 1 部分:基本术语》(GB/T 3935.1—1996)中对标准的定义是:"为在一定范围内获得最佳秩序,对活动或其结果规定共同的和重复使用的规则、导则或特性的文件。该文件经协商一致制定并经一个公认机构的批准。它以科学、技术和实践经验的综合成果为基础,以促进最佳社会效益为目的。"在本章的前述内容中,提到了国内石油数据标准化建设从早期石油部到石油天然气总公司期间的数据标准化问题,并列举了这些年针对数据标准化建设的大量工作和成果,但这些标准化的建设具有一定的行业指导性,也带来了一定的经济效益,但其是否是最有效的建设模式,这是有待商榷的问题。

在一个开放的市场竞争环境中,行业的技术标准,从本质上是行业内企业与技术团体明确技术地位与话语权的一种手段,目标是为企业效益服务。油田企业对于建立行业标准的观念之一,是认为"标准是取得行业技术发展主动权的重要手段",但在长期的油田数据体系标准化建设中认识到:标准本身并不是核心技术,更非重大创新,标准是以该标准背后的技术能力、商业化产品、市场影响力等因素作为后盾,或者说,这些标准背后的市场能力才是"标准"之所以成为标准的重要因素。

基于上述认识,行业标准的制定应该是基于开放合作,由市场中具有一定地位的多个公司或者团队沟通与协商,建立能够带来共同利益的技术标准及其配套的应用体系,这样才能形成数据标准化建设中的长远发展。例如,当前国际石油工业界技术先进的、应用较广的是两个协会标准——POSC 和 PPDM 数据模型标准,国际上很多成功的应用软件产品,如 Schlumberger Finder、LandMark PetroBank 等石油数据管理系统,都是以 PPDM、POSC 数据模型标准为基础开发的(景瑞林,2012),从数据交换标准建设方面,近年来影响较大的数据标准化组织是由 POSC 组织发展而来的 Energistics,它是一个全球性的非盈利行业协会,其众多标准体系的建设,就是通过多用户多团队的联合开发,逐步应用和维护了一系列开发标准来服务与油田的勘探开发(www.energistics.org,2016)。Energistics 通过建立会员组织的方式来形成数据标准,目前其针对各个学科领域建立了众多基于 XML 和 Web 服务技术的行业标准。这些不同的领域数据标准一般是由一个叫做特殊兴趣团体 SIG(Special Interest Group)的用户社区来提出需求,进而帮助开发维护标准、审查发布新版本并支持方案部署与应用。这些标准体系最为普及的分别是已经正式发布的三个数据交换模型标准,即①井场信息传递标准标记语言(WITSML),用于钻完井及井筒作业;②生产 XML 标准

(PRODML)，用于生产优化、监控、报告和配置管理的标准；③储层描述 XML 标准(RESQML)，用于实现储层特征、地球模型和储层模型的标准。除此之外，Energistics 组织还有大量的 SIG 小组针对从数据、软件到业务实践过程展开标准化的工作，其组织结构同样也是由大量业界的油公司、技术服务公司和技术团队组成。

对比国际石油信息化标准的协作模式，思考国内油田在信息标准，尤其是数据标准化方面的工作，我们认为有必要从以下几个方面思考。

（1）标准体系的设计，要以业务体系为出发点并充分尊重业务流程与特点。这种尊重，不仅体现在标准制定要充分尊重市场现行的约定和相关规范，也是指标准制定的成员需要业务方充分的参与，而不是仅仅从标准化和信息化角度制定条款。

（2）通过市场逐步建立开放的业务体系，与国内或国际相关技术团队共同形成统一的信息化标准。国际相关的信息化标准并没有过多考虑国内信息化发展的现状和特色，这也是导致其国内应用困难的重要原因。因此，国内油公司与技术团队应联合起来，通过商业合作建立信息沟通的统一口径非常重要。随着国内油公司与石油技术公司这种市场协作机制的推进，大量甲乙方之间、甲方之间非常需要一个统一的标准体系来有效减少沟通与共享的成本，也非常需要这样一个标准体系使行业信息化发展趋于规范。

（3）标准的制定要充分考虑企业业务中的共性与个性问题，并具有有效的技术实现。标准体系不应大包大揽地解决所有细节，从目前技术发展角度看，标准研究应该做好基础对象标准和框架标准两项工作。首先是建立一个概念基础，即首先基于本体（ontology）的业务对象的概念定义，保证相关企业和团队能够使用共同的概念来描述业务，在此基础上允许一定个性化扩展；其次是建立一个标准定义框架，这个框架是指业务的分类、定义和扩展的机制，这种框架固化对业务统一约束的部分，建立对个性化定义的扩展模式，使得标准能够具有更普遍的适应性。

（4）在标准规范的基础上，应建立有效的发展和服务机制。这些机制，包括建立一种有效的由标准展开的审查、升级和维护机制，也建立基于标准的市场推广、应用部署、实践指导和技术服务，从而保证标准在行业发展过程中的适应性和有效性。

目前的数据标准受到现有数据采集、存储与应用方式的制约，长远来看，石油企业的数据标准化是一个不断发展和完善的过程。袁满在智能数字油由开放论坛暨第三届 iDOF2016 年会中就指出：随着油田数据应用的规模化和智能化技术的应用，数据标准将从术语标准进化到本体，与其说数据标准的进化，不如说是人类对知识检索的追求从简单的数据处理到知识深度挖掘的进化过程。未来的数据标准的术语、元数据、叙词、分类等标准将来会融合到基于本体的知识层面上。

5.8　本章小结

本章介绍了石油勘探开发数据库与数据模型的概念、内容、相关技术及在国内 20 余年来的发展历史，通过大量国内外建设案例和技术方法的论述，通过国内大量失败案例的剖析，分析了当前油气勘探数据体系建设存在的战略思想、方法问题和技术问题。

我们针对数据模型的看法是：石油地质数据库建设中，数据内容建设是第一位的，数据模型的设计是为了有效存储和管理行业数据、促进行业目标，而不是喧宾夺主，任何过度的模型设计和技术对于石油地质数据库的长期发展都是有害的。基于上述这一出发点，简化数据模型设计，以建促用、建用结合是数据模型建设持续、规范和合理的技术发展路线。

本章从技术上将数据模型分为管理数据的存储模型、用于数据共享的交换模型、用于软件应用的领域模型，5.2 节、5.3 节重点介绍结构化与非结构化的存储模型，5.4 节介绍交换模型及领域模型化技术，5.5 节介绍领域模型建设的方法、原则和案例，针对领域模型的设计、组织和发布技术做了探讨。

本章基于当前国内数据建设现状和存在的问题，提出了针对数据体系发展的建议，即持续完善而非全面替换数据中心的数据模型建设，通过建立统一的数据交换，实现在未来的软件工具研发中以领域模型设计为核心，依托统一的数据交换规范与标准，为后期的数据集成和应用集成提供全面的、高质量的数据内容，为今后的大数据应用和智能数据挖掘奠定数据基础。

第6章 数字盆地的软件架构

数字盆地本身是一种软件平台，因此，其信息化架构的主体是一种软件架构，数字盆地建设初期首先要实现的就是作为油气勘探行业的企业级软件架构。目前，一个面向勘探业务提供专业级软件开发的架构已经成为国际油公司与石油技术服务公司研发的重点内容。

分层架构是解决复杂软件架构的最有效方法（Fowler，2002）。数字盆地的软件架构设计，首先要将数据、数据发布和软件三个层次分开，在软件层面继续将通用软件功能、业务功能、系统解决方案等几个层面的技术分开，通过软件架构机制提供几个层面相互通信的机制。架构最重要的作用便是将长期的业务逻辑和业务知识以软件模块的方式沉淀下来，实现业务知识的集成与共享，从而建立一种针对行业的长期的业务知识积累，这是形成今后企业发展能力的关键，也是打造行业领先竞争力的一个重要的基础设施。因此，在数字盆地的架构设计中需要重点探索各类通用和专业的模块如何进行数据、图形和功能的集成，打造一个可面向主题定制的软件环境。目前，这种信息集成模式大致可以分为基于 GIS 或二维图形的集成模式和基于三维空间的集成模式。

6.1 软件架构的总体设计

6.1.1 国内外软件架构发展现状

正如数字油田信息化的核心是一个软件架构一样，数字盆地首先就是作为一个行业的企业级的软件架构而存在的。目前，面向勘探开发核心业务提供专业级软件开发的架构，是目前国际油公司与石油技术服务公司研发的重心。国内各油田先后提出了以软件集成为核心的勘探开发一体化软件架构设计，但均局限在解决内部信息集成的问题，在专业化软件研发方面一直缺乏一个具有行业影响力的统一的软件架构与技术规范。

目前，国际三大石油工程技术服务提供商：斯伦贝谢、哈里伯顿、贝克休斯，均已建立了各自的一体化的石油工程软件平台，并借助软件平台将其历史软件产品进行重构迁移,发展新的、功能更强大的石油工程软件体系。各个专业可以在统一的地质模型和软件架构的基础上实现跨专业协作,并可利用标准化的开发资源进行快速软件开发。斯伦贝谢 Ocean 平台是 2010 年推出的、第一个商业化的石油勘探开发一体化软件开发平台,经过近年的发展已经初具雏形。2013 年,贝克休斯推出了自有的 JewelEarth 勘探开发软件研发平台。严格意义上说,从 2013 年至今,这两个平台依然是国际上仅有的商业化油气软件开发平台(图 6-1)。

公司	斯伦贝谢	哈里伯顿	贝克休斯	Kingdom
软件体系图		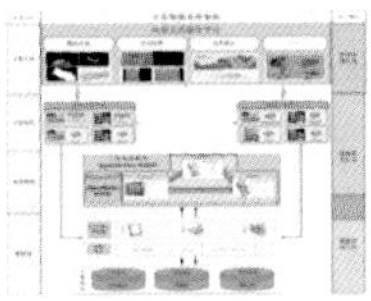	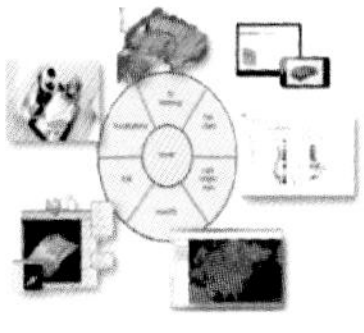	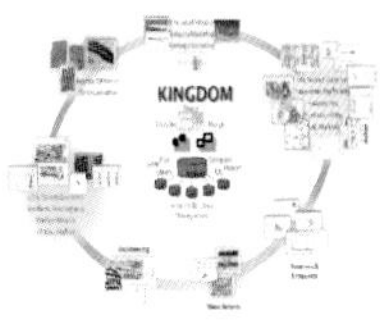
覆盖专业	地震解释、测井处理、地质建模、油藏工程、钻井工程、储层改造、综合信息管理与展示	地球物理、地质研究、断层风险、储改、钻井设计、钻进分析、井场数据管理、生产分析	地震解释、油藏建模、井筒工程、储层改造	地面环境、地震解释、地质模型、随钻评价、储层改造、完井测试、裂缝建模、经济评价
运行环境开发平台	Petrel2016 Ocean Platform	DecisionSpace + DecisionSpace SDK	JewelSuite + Jewe l Earth Platform	Kingdom + Kingdom SDK
功能特色	商业化平台 应用支持丰富 软件生态系统	全景数字盆地 ROC/RTOC 决策	商业化平台 二次开发平台 扩展性强	特色功能 小型企业应用多

图 6-1 国际勘探开发一体化软件开发平台

1. 斯伦贝谢公司的 Petrel 软件平台

斯伦贝谢公司的石油工程平台体系发展最充分,其 Petrel 平台配套有 Ocean 开发包。开发者经过 Ocean 培训,就可以使用 Ocean 为 Petrel 开发功能模块。所开发的功能模块,只能作为 Petrel 的插件,在 Petrel 环境下使用。Petrel 作为从物探和地质软件发展而来的平台,已经具有了 10 余个钻井相关专业的功能模块,能够较好地完成地震、地质模型与井筒工程的衔接。斯伦贝谢将油气软件产品线规划为五大平台,各平台分别具有特定的产品定位,包括 Petrel 勘探开发平台、Techlog 井筒软件平台、Avocet 生产运营软件平台、Studio 勘探开发知识环境、Ocean 软件开发框架,各个平台基于 Ocean 开发,做到了开发平台统一。

2. 哈里伯顿公司的 DecisionSpace™ SDK 开发工具包

哈里伯顿公司的石油工程软件继承了其收购的兰德马克公司的软件体系,

实现了比斯伦贝谢公司更为齐全的石油工程专业覆盖。哈里伯顿公司已经完成其 DecisionSpace^{TM} 软件平台的建设，完成了大部分软件的整合重构，对外提供 SDK 用于二次开发。哈里伯顿公司借助自身强大的专业软件体系和 IT 支撑能力，在全球建立远程决策支持中心，全面地实现了后方支持中心对现场作业的支持指导。其在 RTOC/ROC 配备有专职的钻井专家和全套的分析软件，有常备的值勤制度，而且借助其全球化服务优势，可以由分布在各大洲的 RTOC/ROC 提供昼夜随时技术支持。这套远程支持体系已经产生了巨大的经济效益。

3. 贝克休斯公司的 JewelEarth 平台

　　贝克休斯公司的 JewelEarth 平台的发展时间晚于上述两个平台，但是局部技术有所领先。贝克休斯公司原为以井筒工具制造和井筒技术服务为主的公司，后转变经营方针，向着综合性石油工程技术服务公司的方向发展。为配合这一转变，它 2010 年通过并购，建立起了自己的石油工程软件开发平台 JewelEarth 和地质建模基础框架 JewelSuite。同上述两个平台一样，该平台以地质建模为基础，各专业围绕共同的地质模型开展工作。同上述两个平台借用第三方引擎产品不同，该平台的三维显示引擎、数据驱动程序等各部分均为自研产品。

　　国际各大公司的石油工程软件体系呈现出相似的发展趋势：①专业软件依托平台成体系发展，基础平台研发与业务程序研发相分离；②软件技术方面，在完善的数据整合的基础上，借助轻量级框架实现松耦合，注重软件工程管理；③开放软件平台，发展软件开发生态系统。

　　国内无论商业化的专业软件还是专业软件开发平台都处于基础阶段，商业化的软件和平台较为稀少。导致国内外在软件平台差距的原因是多样的，国际油公司其勘探开发与石油工程的一体化业务体系、软件研发与地质专业的高度协同、持续而务实的基础软件工具研发、技术、行业和企业发展的系统化战略都是其发展的必然因素。

　　反观国内，虽然石油公司的信息化标准制定权统一在中国石油天然气集团公司和中国石油化工集团公司等大型石油公司，但勘探开发数据模型和业务模型长期不能达到一致；虽然一体化软件平台经过多轮次的反复建设，但具有全面勘探开发专业软件研发平台依旧缺失。类似现状的根本原因，还是国内在市场和科技研究导向上的问题。长期以来信息化建设热衷于全面的、高端的乃至不顾现实研发水平的"技术创新"，一方面是信息化建设缺乏必要的业务逻辑沉淀，另一方面是行业软件研发缺乏大规模团队化协作，导致较为复杂的软件技术和基础性软件功能无法有效积累，这种信息与行业在软件研发上的错位导致的软件专业性和规模性无法统一，是目前统一软件架构中存在的最大问题。

从长远发展的角度，一种行业软件平台的突破需要建立一个共同的战略愿景，针对这个愿景划分不同的业务需求，以此为目标建立从数据模型到软件功能体系的技术框架，形成大家共同遵守的标准和技术规范，然后就是各个领域的团队遵循这种统一的规范踏踏实实、稳扎稳打地开展特定业务主题的解决方案。

6.1.2　软件架构总体设计

长期以来，国内数字油田建设都将统一的软件架构设计作为数字油田的核心工作来展开，中国石油天然气集团公司、中国石油化工集团公司及中国海洋石油总公司在内的各个油田都启动了勘探开发一体化软件架构技术研究并形成了大量的研发成果。以胜利油田为例，多年来基于数据中心建设形成了多种不同的软件架构体系，分别面向 OA 系统、管理决策系统和专业软件研发，虽然面向的业务领域不同，但其核心技术和研发平台基本是一致的。典型的实践如"勘探决策支持系统"便是采用组件化模式开发，整个系统是一个多层框架，所有的模块在框架中都是独立的组件。这种架构的考虑不仅提供统一的数据访问和数据服务，也为各类业务组件的整合共享建立了一个基础平台。中国石油集团东方地球物理勘探有限责任公司在数字油田建设方面取得了系统的理论和软件成果，他们提出了"数字油田统一软件系统架构分四个层次：物理资源层、数据资源层、业务逻辑服务框架（含 SOA 框架和云计算框架）、应用层"，进而提出"在数字油田统一软件系统总体架构中，以 SOA 理念构建平台，并充分考虑数字油田软件系统应体现的敏捷性、实时性、可扩展性等基本需求"（马涛，2010）。这种设计思路也是目前各油田展开统一软件架构设计的基本出发点，本章重点在此认识基础上展开软件框架基本概念的论述。

如图 6-2 所示，数字油田于数字盆地的软件机构体系是一致的，均为物理层、数据层、服务层和应用层四个部分，这一软件架构的目的是加强基础数据管理和应用建设，重点进行各研究环节成果数据的归类和整理，通过一体化应用集成工作，提供多领域研究协同工作水平和生产管理决策水平的提升，最终实现提升油气勘探的竞争力和科研突破能力。

油田信息化的软件框架的内容，是通过分层设计思想来体现的。通过数据采集管理、数据发布、应用集成、业务支持等不同层次的细化和衔接，形成面向业务的总体性解决方案，其规划过程是针对业务体系的系统架构，其建设过程是自下而上的业务导向。除基础的物理层之外，其他几个部分的主要内容包括：

（1）勘探数据资源管理：集成综合研究、圈闭、管理成果和空间地理数据，研发更高层次的数据管理工具，改进数据的全面性和质量。

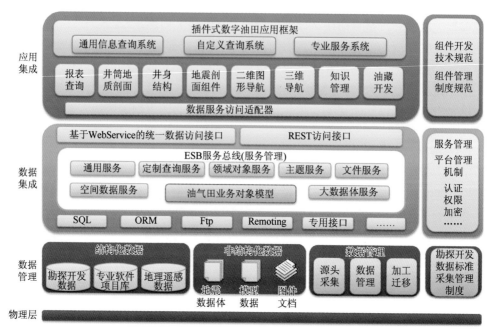

图 6-2　软件架构案例：国家 863 科研课题——"数字油田关键技术研究"

（2）统一的信息服务平台：实现底层各类数据库的整合，实现基于业务的统一数据组织；实现基于组件的软件体系；基于业务分析建立统一的各类数据访问接口。

（3）勘探信息集成应用：实现用户单点访问，整合现有各类系统，形成统一系统，方便用户数据获取。

本章针对数字盆地的建设需求，重点针对数据集成和应用集成这两个部分，以"基于领域模型的数据服务"和"客户端软件集成框架"两个部分的案例展开理论与实践论述。

6.2　基于领域模型的数据服务

勘探地质综合研究的信息来源包括四个方面：以勘探历史生产科研动态为主体的勘探数据库、以地质综合研究各环节成果图件与文档为主体的研究成果库、以钻、录井实时数据为基础的生产实时库、以 GeoFrame（斯伦贝谢公司）和 OpenWorks（兰德马克公司）等大型企业版软件为载体的地质研究项目成果库。实时检索就是根据油气勘探协同研讨时对数据的需求，通过实时 SOA 服务平台技术和地质研究项目成果库的访问技术，对四类数据库（勘探基础库、生产实时库、研究成果库、项目成果库）进行实时关联查询和检索，实现对生产、科研和管理动态的全面、实时、准确地掌握，保证协同式综合研讨过程、勘探决策过程与日常生产科研过程的数据获取和处理的同步性和时效性，有利于协同分析和伴随决策的开展。

以中国石油化工集团公司胜利油田为例，在胜利油田勘探开发领域的现有应用系统中，有些已经使用数据服务进行数据访问，有些已经使用了数据服务平台对数据服务进行管理，如勘探决策支持系统中就研发形成了支持勘探决策应用的基于 SOA 的数据服务平台。本节以勘探开发的业务对象模型为核心，探讨数据服务的数据处理与发布功能，针对勘探开发应用研究新的数据服务形式，搭建更加完善、全面的基于 SOA 的信息集成服务平台。

6.2.1　信息集成服务技术

1. 面向服务的体系结构分析

面向服务的体系结构（service oriented architecture，SOA）是一个组件模型，它将应用程序的不同功能单元通过这些服务之间定义良好的接口和契约联系起来。接口采用中立的方式进行定义，独立于实现服务的硬件平台、操作系统和编程语言。这使得构建在各种这样的系统中的服务可以用一种统一和通用的方式进行交互。也可以这样理解，SOA 不是一个具体的技术，而是一个抽象的思想或是一个框架。因此，SOA 只是一个标记，它代表的是一种新的思想，不要局限于对原始的英文单词"service oriented architecture"的理解之中，它只是"以服务为向导的新的 IT 时代"的 IT 方向指导的一个标志而已，其内涵将会越来越丰富。

虽然面向服务的体系结构不是一个新鲜事物，但它却是更传统的面向对象的模型的替代模型。基于 SOA 的系统不排除使用面向对象的设计思想来构建单个服务，但是其整体设计却是面向服务的。所以，虽然 SOA 是基于对象的，但是作为一个整体却不是面向对象的。SOA 系统原型的一个典型例子是通用对象请求代理体系结构（common object request broker architecture，CORBA），其定义概念与 SOA 相似。现在的 SOA 已经有所不同，因为它是依赖于一些更新的进展如以可扩展标记语言（extensible markup language，XML）为基础的。通过使用基于 XML 的语言（称为 Web 服务描述语言，web services definition language，WSDL）来描述接口，服务已经转到更动态、更灵活的接口系统中，非 CORBA 中的接口描述语言（interface definition language，IDL）可比了。Nicolai M.Josuttis 在其专著 *SOA in Practice：The Art of Distributed System Design* 中总结 SOA 的三大特征是：①独立的功能实体；②大数据量低频访问；③基于文本的消息传递。

2. Web Service 技术应用分析

Web Service 以面向对象技术为基础，对数据和编程元素进行封装，以便不同的基于 Web 的应用程序能够访问，利用 Web Service，如简单对象访问协议（simple object access protocol，SOAP），浏览者可以从其他同样基于 SOAP 的站点获取价格信息，并且传送给客户进行比较。在很多场合常常遇到把 SOA 和 Web Service 混用的情况，但实际上他们是完全不同的概念。概括来说，"SOA 不是 Web Service，Web Service 是目前最适合实现 SOA 的技术"（Papazoglou，2009）。

早在 1996 年，Gartner 就前瞻性地提出了面向服务架构的思想（SOA），直到 2000 年以后，W3C 才成立了相关的委员会，开始讨论 Web Service 的相关标准；各大厂商一边积极参与标准制定，一边推出一系列实实在在的产品。由于现在几乎所有的 SOA 应用场景都是与 Web Service 绑定的，所以有时候这两个概念存在混用的情况。但不可否认的是，Web Service 是最适合实现 SOA 的技术，SOA 的应用推进在很大程度上要归功于 Web Service 标准的成熟和应用普及。Web Service 技术在以下几方面体现了 SOA 的需要：首先，基于标准访问的功能实体满足了松耦合要求；其次，大数据量低频率访问是符合服务大颗粒度功能的；最后，基于标准的文本消息传递，为异构系统提供了一种通信机制。

3. REST 技术应用分析

REST（representational state transfer），即表述性状态转移，是一种较新的热门服务形式。REST 是一种风格，而不是标准，因为没有 REST 协议规范或者类似的规定。Roy Fielding 把 REST 定义成一种架构风格，其目标是"使延迟和网络交互最小化，同时使组件实现的独立性和扩展性最大化"。REST 也称为 RESTful Web Service，是一种新风格的 Web Service。

SOAP 最早是针对 RPC 的一种解决方案，简单对象访问协议属于轻量解决方案，同时作为应用协议可以基于多种传输协议来传递消息（HTTP、SMTP 等）。随着 SOAP 作为 Web Service 的广泛应用，不断地增加附加的内容，使得软件开发人员觉得 SOAP 过重。在 SOAP 后续的发展过程中，一系列协议的制定，增加了 SOAP 的成熟度，也给 SOAP 增加了负担。

REST（约定：按照大多数人的习惯，将 RESTful Web Service 简称为 REST，将 SOAP Web Service 称为 Web Service）将 HTTP 协议的设计初衷作了诠释，在 HTTP 协议被广泛利用的今天，越来越多的是将其作为传输协议，而非原先设计者所考虑的应用协议。SOAP 类型的 Web Service 就是最好的例子，Web Service 消息完全就是将 HTTP 协议作为消息承载，以至于对于 HTTP 协议中的各种参数置之不顾。其实，最轻量级的应用协议就是 HTTP 协议。HTTP 协议所抽象的 Get、

Post、Put、Delete 就类似数据库中最基本的增删改查，而互联网上的各种资源就类似于数据库中的记录，对于各种资源的操作最后总是能抽象成为这四种基本操作。在定义了定位资源的规则以后，对于资源的操作通过标准的 HTTP 协议就可以实现，开发者也会受益于这种轻量级的协议。

REST 的思想有以下几个关键点（Webber et al.，2011）：①面向资源的接口设计；②抽象操作为基础的 CRUD；③HTTP 是应用协议而非传输协议；④无状态，自包含。

4. 信息集成服务平台服务形式

针对行业软件研发，技术只有是否适用的问题。一种好的技术和思想被误用了，那么就会得到反效果。REST 和 Web Service 各自都有自己的优点，同时，如果在一些场景下去改造 REST，其实就会走向 Web Service。

REST 对于资源型服务接口来说很合适，同时特别适合对于效率要求很高，但是对于安全要求不高的场景。而 Web Service 的成熟性可以给需要提供更多开发语言的、对于安全性要求较高的接口设计带来便利。

在案例研究中，我们建立了多源异构三层元数据模型，划分了数据源元数据、业务元数据和主题元数据，将勘探开发各种数据和业务对象等进行统一描述，并记录在元数据库中。这些元数据描述的数据和对象，就是勘探开发业务中的资源，而发布资源的最合适的服务形式就是 REST。因此，这里通过研究 REST 的服务形式，并基于元数据模型和业务对象模型，搭建全新的数据服务体系，对原有数据服务平台进行补充。

6.2.2　业务对象模型设计

软件设计中的业务对象模型又称为领域模型，是描述业务用例实现的对象模型。它是对业务角色和业务实体之间应该如何联系和协作以执行业务的一种抽象。业务对象模型从业务角色内部的观点定义了业务用例。该模型为产生预期效果确定了业务人员以及他们处理和使用的对象（"业务类和对象"）之间应该具有的静态和动态关系。

地质综合研讨与决策客户端向数据服务平台请求数据时，并不是通过数据库地址、表名和字段名等数据的详细信息来访问，而是通过统一提取并发布的业务对象来访问底层数据。所谓业务对象，就是在石油勘探开发业务活动中产生的数据对象，多数情况下它对应于一个数据库表，但也有对应于多个数据表的复杂业务对象和对应于非结构化数据的特殊业务对象。用业务对象发布数据的优势在于，一旦建立通用的业务对象体系，数据的访问即可屏蔽底层数据结构的差异；而代价则是需要在各具体应用的服务端创建、维护和对外发布这些业务对象，这就需要使用元数据模型来描述众多的业务对象。

　　针对石油行业应用具有体系庞大、数据量大、专业化算法复杂的现状，单一的元数据难以满足数据组织和描述要求，需要以分层次的思路建立多层元数据描述，设计元数据模型结构。地质综合研讨与决策采用的双层元数据模型如图 6-3 所示。

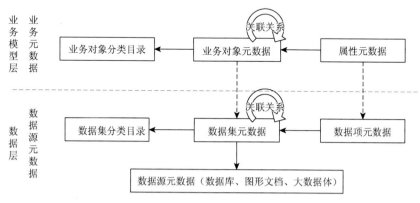

图 6-3　双层元数据模型结构示意图

　　数据源元数据是对油气田各部门的结构化数据（主要是数据库）和非结构化数据（包括图形文档文件和大数据体）的描述，包括结构、存储位置、访问方式等元数据。

　　业务层元数据，是由石油专业人员根据实际的业务应用需求，在数据源层元数据基础上经过过滤、组合、加工和业务间制定关联关系而成的，用于分析业务对象的属性以及分类目录、业务对象元数据和关联关系元数据等。以业务对象元数据描述业务对象的基本信息；以关联关系元数据描述业务对象之间的依赖、引用以及在不同分类模式下的关联关系；以分类目录从业务方面建立数据之间的关联关系线索。

6.2.3　基于 SOA 的信息集成平台框架

　　信息集成平台实现了勘探开发数据体系的统一对外发布。如图 6-4 所示，信息集成服务平台框架首先分为平台管理和数据服务两个主要部分，在数据服务上又分为数据访问、业务对象模型、数据服务和数据发布四个层次。在这四个层次中，顶层的数据发布通过 Web Service 数据服务和 REST 数据服务两部分实现，其底层统一划分为数据访问方式、业务对象模型、数据服务形式 3 个层次来统一设计和实现。

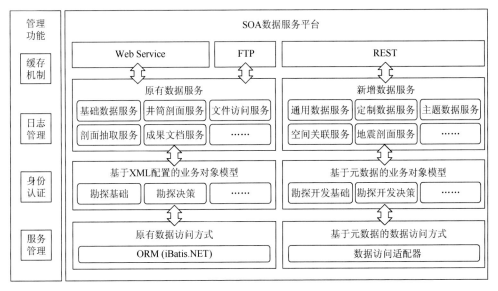

图 6-4　基于 SOA 的信息集成服务平台框架图

在数据服务平台中，身份认证、事务等处理逻辑属于各个层次通用的体系，从数据服务平台中独立了出来，通过 AOP（面向切面编程）技术，将这些逻辑在独立的模块——管理功能中统一描述。数据服务平台的相关逻辑，通过实现该层相关逻辑的接口来实现，而数据服务部分是分为四个层次设计实现的。

1. 数据发布：Web Service 数据服务设计

数据访问方式。采用 iBatis.NET（ORM 开源项目）来访问底层数据，iBatis.NET 提供了针对各种主流数据库的访问接口，并通过配置文件来设置数据源以及访问数据源的程序集等。

业务对象模型。底层数据与业务对象之间的 ORM 映射是通过 iBatis.NET 的配置文件配置的，iBatis.NET 类库访问底层数据，并根据 ORM 配置将数据转换成业务对象。

数据服务。按照勘探决策支持系统的应用需求，研发了基础数据服务、井筒剖面服务、剖面抽取服务、成果文档服务、文件访问服务等。

服务形式以 Web Service 为主，大部分服务以 Web Service 方式发布数据。考虑到文件访问的特殊性，在文件访问方面有非常成熟的 FTP 服务，同时，为了减少服务平台的访问负担，将 FTP 作为 Web Service 服务的一种补充。

2. 数据发布：REST 数据服务设计

数据访问方式。以数据访问适配器的方式访问底层数据，提供了 ORM、SQL 文件等方式的数据访问适配器。

业务对象模型。以元数据模型为基础，业务对象信息记录在元数据模型中，记录业务对象与数据集的 ORM 映射关系以及业务对象之间的关系等。

数据服务。按照勘探决策支持系统的应用需求，研发了通用数据服务、定制数据服务、主题数据服务、剖面抽取服务、空间关联服务等。服务以 REST 形式发布数据，以 JSON 或 XML 格式提供客户端需要的数据。

3. 业务对象模型建设

业务对象模型，又称为领域模型，分为两个层次，分别是应用实体对象和业务实体对象。业务实体对象是细粒度的业务实体，它由底层数据源相关的生产流程分析抽取。业务实体对象是生产流程中现实存在的实体的抽象化。

应用实体对象是一种粗粒度的实体。它是满足应用层对数据需求的实体对象，在具体的研究和管理应用中，其领域模型是不同于生产流程的，生产流程中细粒度的对象必须经过组装之后才能形成在应用体系中能够使用的实体，而这种实体相对业务实体来说是一种针对解决方案的粗粒度实体，而这种组装的过程，则是一种应用业务处理逻辑，将把这种处理操作封装到应用实体对象之中。

4. 数据服务设计

数据服务设计是针对石油地质综合研究中的数据需求而设计的服务模式，用以实现数据的获取和发送给数据发布层发布，该技术设计内容将在下一节详述。

5. 数据访问设计

传统的数据访问方式是通过数据访问层（data access layer）来实现的。该层封装了对数据库的访问操作，包括异构数据库访问和对数据库的 CRUD（数据的增删改查）操作，主要职能是执行由映射器传送过来的数据库操作指令（SQL 语句、存储过程等）。

6.2.4　基于 REST 数据服务设计

在原有 Web Service 服务平台的基础上，补充研发 REST 服务平台框架。REST 服务平台，以油气田勘探开发业务对象模型为核心，以服务组件的方式研发各类数据服务，通过服务组件容器统一管理，对外提供统一的 REST 形式的数据服务，发布 JSON、XML 等数据格式。

JSON（javascript object notation）是一种轻量级的数据交换格式，它基于 JavaScript（Standard ECMA-262 3rd Edition-December 1999）的一个子集。JSON 采用完全独立于语言的文本格式，但是也使用了类似于 C 语言家族的习惯（包括 C、C++、C#、Java、JavaScript、Perl、Python 等）。这些特性使 JSON 成为理想的数据交换语言，易于人阅读和编写，同时也易于机器解析和生成，如图 6-5 所示。

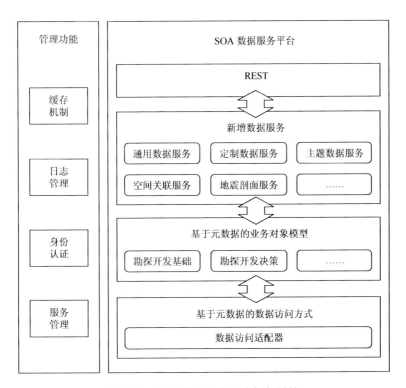

图 6-5　REST 数据服务平台框架设计

1. MVC2 RESTful 技术实现

多年来，模型-视图-控制器（model-view-controller，MVC）模式一直都是计算机科学中非常重要的体系结构模式，在处理应用程序中的关注点分离时，这一模式是非常强大且精妙的方式，而且在基于 Web 的应用体系框架中运用得非常好。1978 年，Trygve Reenskaug 教授在 Xerox 创建 MVC 框架时曾说："MVC 本质的目标是为了弥合人类用户的精神模型与计算机中存在的电子模型之间的差距。理想的 MVC 解决方案支持用户直接看到和操纵域信息的构想。如果用户需要从不同的上下文中和/或从不同的视角同时看到相同的模型元素，这个结构是很有用的。"

模型-视图-控制器 MVC 是将应用程序分割成 3 个主要方面的体系结构模式：该模式在网络编程中被频繁使用。MVC 与 REST 的架构风格几乎是为数据服务平台量身定做的。通过分析现有的数字油气田的应用，如图 6-6 所示，目前的应用主要基于模型的展示与针对模型的服务两个部分，加上以数据为核心的模型部分，属于软件架构设计中的 MVC 架构体系。

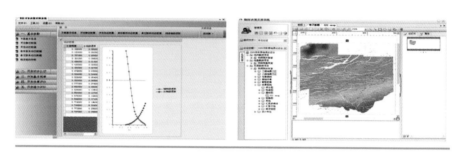

界面应用+数据服务

图 6-6　数字油气田应用框架（MVC）

2. 框架实现原理

REST 数据服务平台框架，采用 ASP.NET MVC2 的技术实现 MVC+RESTful 风格，通过 ASP.NET MVC2 项目作为网站进行发布，可以充分利用 MVC 框架的特点将 M 和 C 进行关注点分离，采用 Unity 容器提供了 IOC 的系统特性，为系统的可扩展性和可管理性提供了支持。

由于以 ASP.NET MVC2 作为网站进行发布，所以 MVC2 RESTful 的生命周期取决于 HTTPApplication 类的生命周期。MVC2 RESTful 对 HTTPApplication 类进行扩展，以 RESTHTTPApplication 命名重写了 HTTPApplication 的启动、停止、异常与销毁处理。在系统启动的过程中，RESTHTTPApplication 采用模板模式完全重写了原有的系统行为。MVC2 RESTful 框架的服务采用 Unity 容器进行管理，开发者可以通过在子类里重写 OnCreateContainer（）的方法采用其他的 IOCa 容器。

用户在终端通过 URI（统一资源标识符，uniform resource identifier）来指定资源，MVC2 RESTful 将该 URI 资源通过路由功能导引到指定的控制器，在该控制器中调用 M（注意：M 中包括 S），产生数据模型，然后再以 REST 的方式，根据终端的类型对数据模型进行处理，以不同的数据格式返回给终端（如 JOSN 或者 HTML 格式），如图 6-7 所示。

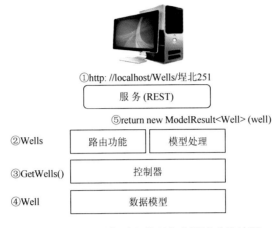

图 6-7　REST 服务平台处理客户端请求的过程

3. 数据访问适配器

针对数字油气田的各种业务功能的应用要求和实际情况，面对数据库、图档和大数据体等多种数据来源，需要提供多种模式的数据访问方式。基于这一出发点，需要提供包括基于元数据的 ORM 映射对象访问、基于 SQL 的数据访问、基于文件的访问等多种方式。为此，需要在设计数据访问层时将接口和实现分开，在将数据访问层的功能提取成契约之后，使用者即可随时方便地切换不同的实现。

应用到数据访问层上，分离接口意味着要为所有需要通过数据访问层暴露的功能定义契约，这个契约实际上就是编译在其所属程序集中的接口。

服务层所在的程序集引用了数据访问层接口所在的程序集，每个数据访问层的实现也同样引用了接口所在的程序集。数据访问层的使用者并不了解其具体的类型，却清楚其接口，因此，可以使用接口中定义的方法来让实际的数据访问层处理。抽象地说，数据访问层工厂将找到并返回一个带有特定功能的组件，如图 6-8 所示。

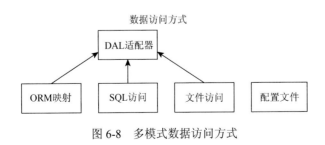

图 6-8　多模式数据访问方式

服务层所在的程序集引用了数据访问层接口所在的程序集，每个数据访问层的实现也同样引用了接口所在的程序集。服务层虽然使用了某种特定的数据访问层实现,却并不了解具体是哪一个。在应用程序的任意一个实现,可能会根据不同的运行条件而有所区别的情况下,分离接口模式都会带来好处。在应用时,用户并不知晓其使用到的最终类型,也不关心最终类型,只要使用的对象实现了预先约定的接口即可。

将数据访问层的接口和实现放在不同的包中,并在二者之间提供一个工厂模式(Gamma E et al.,1994),让任何客户都可以获取到当前数据访问层的引用。

4. REST 服务结果

在 ASP.NET MVC2 中,C 的处理结果其实是使用 Response.Write 将文本直接写到 HTTP 响应中。针对不同的客户终端,返回的结果并不一致。所以,默认情况下,MVC2 RESTful 服务中每一个方法的返回类型皆为 ActionResult。动作方法遵循的模式是完成任何要求的工作,并在最后返回继承自 ActionResult 抽象基类的类型实例。

6.2.5　石油地质数据服务功能实现

专业数据服务是信息集成服务平台的核心内容,是应用系统与服务平台连接的桥梁。专业数据服务以勘探开发业务模型为基础,访问底层各种类型的数据资源,并将这些模型和数据资源对外发布给客户端应用程序,这些数据资源包括各种结构化数据和非结构化数据。

针对勘探开发数据资源中的各种数据类型,研发了通用查询服务、定制查询服务、业务对象服务、主题数据服务、文件访问服务等数据服务;针对勘探开发应用中的业务逻辑,研发了地震剖面服务、空间关联服务等数据服务。

1. 通用查询服务

通用查询服务,提供适用于所有业务对象的、通用的数据服务,通过解析字符串的方式,确定业务对象是什么,条件是什么。返回结果可以是业务对象,也可以是 DataSet 数据集,客户端根据需要获取。用户根据自己需要的业务对象以及业务对象的条件,以一定的方式向服务器发出请求。服务器解析用户请求后,得到用户需要的业务对象名称 bizName、业务对象条件 code 和返回类型 mimeType。

服务器首先从元数据库获取一个名称为 bizName 的业务对象 businessObject,然后再将适合用户使用的查询条件 code 转化为 SQL 查询条件 condition。根据

businessObject 可以获取其对应的数据集 dataSet 以及该数据集所在的数据源 dataSource。这样，服务就获得了查询数据所需要的所有条件，服务器连接查询数据库后，暂时将获取的数据存在 objects 里。根据用户的返回类型要求，服务器将 objects 转化成适当的类型，返回给客户端。

用户直接在浏览器中输入或由客户端构建字符串请求进行查询：

http：//{服务器地址}：{端口号}/BasicQuery/{业务对象名称}/{查询条件}。

2. 定制查询服务

定制查询服务，提供适用于 SQL 查询的数据服务，返回结果是数据集，适用于用户对数据库结构比较熟悉且需求特殊的情况。用户根据自己需要的 SQL 查询，以一定的方式向服务器发出请求。服务器解析用户请求后，得到用户要查询的 SQL，查询的数据库名称为 address 和返回类型 mimeType。

服务器首先从元数据库获取一个名称为 address 的数据源元数据 dataSource。这样就获得了所有查询数据所需要的条件，服务器连接查询数据库后，暂时将获取的数据存在 objects 里。根据用户的返回类型要求，服务器将 objects 转化成适当的类型，返回给客户端。查询方式：

http：//{服务器地址}：{端口号}/SqlQuery/{数据源名称}/{SQL 语句}。

3. 业务对象服务

业务对象服务，提供某业务对象特有的数据访问，返回结果是业务对象。目前，还没有针对具体的应用实现业务对象服务。在通用查询服务中，已经能够提供绝大多数业务对象的基本访问方式，如按照业务对象的属性条件查询业务对象等。但是，由于通用查询服务是针对所有的业务对象提供的数据服务，只提供了业务对象访问的通用方法，而没有提供针对某个业务对象提供其特有的访问方法。因此，需要为业务对象的特有数据访问操作研发业务对象服务。

用户根据自己需要的业务对象以及业务对象的条件，以一定的方式向服务器发出请求。服务器解析用户请求后，得到用户需要的业务对象名称 bizName、业务对象条件 code 和返回类型 mimeType。

与通用查询的流程一样，服务器首先从元数据库获取一个名称为 bizName 的业务对象 businessObject，进而获取其对应的数据集 dataSet 及数据源 dataSource。通过这些条件查询数据库将获取的数据存储在 objects 中，进而将 objects 转化成适当的类型，返回给客户端。查询方式为：

http：//{服务器地址}：{端口号}/{业务对象名称}/{查询条件}。

4. 主题对象服务

主题对象服务，提供主题对象的数据访问，返回结果是主题对象。主题对象的结构使用 object[] 来存储业务对象。用户根据需求，以一定的方式向服务器发出请求。服务器解析用户请求后，得到用户要查询的主题名称 typename 和主题约束条件 code。

服务器端首先根据 typename 获取相应的主题 topic，然后根据 topic 可以获取该主题所包含的所有业务对象 bizObjects、业务对象关系 rBizObjects 以及主题的约束 constraint。首先根据 constraint 找到起始业务对象 firstBizObject，再结合用户提供的约束条件 code，可以获取起始业务对象的数据。然后结合刚获取的业务对象数据和该业务对象的相关业务对象的关系，就可以生成新的查询条件，从而获取相关业务对象的数据。依次类推就可以获取该主题包含的所有业务对象的数据。查询方式：

http：//{服务器地址}：{端口号}/TopicObject/{主题对象名称}/{查询条件}。

5. 文件访问服务

文件访问服务，提供文件的读取等，返回结果是二进制文件流（file stream）。用户根据自己需要的 FTP 文件访问需求，以一定的方式向服务器发出请求。服务器解析用户请求后，得到用户要查询的文件业务对象 typename 和文件名称 name。

服务器端首先根据 typename 获取相应的业务对象 bizObject，然后根据 bizObject 可以很容易获取其对应的数据集 dataSet 及其包含的两个数据项 name_dataItem 和 path_dataItem 以及 dataSet 所在的数据源 dataSource，服务进一步获取两个数据项对应的存储 FTP 站点文件信息的数据库元数据信息 source_infos。查询方式：

http：//{服务器地址}：{端口号}/files/{文件业务对象}/{查询条件}。

6. 地震数据体服务

用户根据自己需要的地震数据体和测线号，向服务器发出请求。服务器解析用户请求后，得到并返回测线剖面的数据体文件。抽取的测线可以是横测线、纵测线，也可以是任意测线。

服务端首先通过根据地震数据体名称获取地震数据体业务对象，根据 SegyPath 属性找到数据体文件。根据测线的类型（横测线、纵测线、任意测线）以及测线号（或任意测线的拐点集合），采用不同的处理方法在地震数据体文件中抽取剖面文件，形成文件流，返回给客户端。查询方式：

http：//{服务器地址}：{端口号}/SeismicVolume/{地震数据体名称}/{测线类

型}/{测线号（或拐点集合）}。

7. 空间关联服务

该服务涉及几个具有明确空间属性的业务对象，其中"面"对象为探矿权、采矿权、油气田区域、三维工区和二维工区；"线"对象有二维测线和任意测线两种；"点"对象主要是探井、设计井等井点对象。根据业务对象空间关联关系，研发相应的数据服务，通过计算业务对象在空间的位置关系（包含、相交、不包含等）来查找关联对象。

用户根据自己需要的空间业务对象以及空间业务对象的条件，以一定的方式向服务器发出请求。服务器解析用户请求后，得到用户要查询的空间业务对象名称 regionType、业务对象条件 code 和返回类型 mimeType。具体提供了六类空间关联查询方式：

（1）由面查点，即查询指定区域内的井：根据三维工区、构造单元、油气田、采矿权、探矿权等区域的坐标，计算区域的最小外接正四边形；将坐标位于该四边形内所有待查井找出，判断是否在区域的范围内，即可得到指定区域内的所有井。

（2）由面查线，即查询与指定区域相交的线：根据三维工区、构造单元、油气田、采矿权、探矿权等区域的坐标，计算指定区域的最小外接正四边形；四边形向坐标系 X 轴和 Y 轴的正、负方向无线延伸，得到一个"十字区域"，由于一般情况下测线都是水平方向和垂直方向上的直线段，所以与区域相交的测线都包含在该"十字区域"中；找出"十字区域"中的所有测线，将其分解为多条线段，分别判断各线段是否与指定区域的各边相交，即可得到与指定区域相交的所有测线。

（3）由面查面，即查询与指定区域相交或包含在其内的待查区域：首先取出组成指定区域的所有测线或线段，计算其最小外接正四边形；由于区域都是由测线或者类似测线的线段组成，在此可以借用由面查线（2）中的方式搜索符合条件的待查询区域。

（4）由线查点，即查询距离指定测线距离 L 内的井：测线是由多点连成的折线，根据测线各点的坐标，计算测线的最小外接正四边形；利用用户设定的距离 L 对四边形扩展，即四边形向坐标系 X 轴和 Y 轴的正、负方向各延伸 L 长度；将坐标位于该四边形内的所有井找出，将测线分解为多条线段，分别计算井与各线段的距离，比较得出井到测线的最小距离，若该距离小于等于 L，则判定在测线 L 距离内，由此即可得到测线 L 范围内的所有井。

（5）由点查点，即查询距离指定井距离 L 内的其他井：井对象具有坐标这一基本属性，通过计算其他井与该井之间距离即可求得符合条件的所有井；另有一种通过坐标点查询井的变通方法，它提供了直接用于计算距离的坐标值。

（6）由点查面，即查询井所在的区域：首先针对待查询的面对象，依次求取其最小外接正四边形，通过判断点是否在此四边形内进行初步筛选；接着判断点是否落在面对象的内部即可获得符合条件的区域。六种服务的查询方式为：

以 http：//{服务器地址}：{端口号}/为前缀分别输入：

①Sapce/WellsOfRegion/{面对象名称}/{查询条件}/{点对象名称}。

②Sapce/LinesOfRegion/{面对象名称}/{查询条件}/{线对象名称}。

③Sapce/RegionsOfRegion/{面对象名称}/{查询条件}/{面对象名称}。

④Sapce/WellsOfLine/{线对象名称}/{查询条件}/{点对象名称}。

⑤Sapce/WellsOfWell/{点对象名称}/{查询条件}/{点对象名称}。

⑥Sapce/RegionsOfWell/{点对象名称}/{查询条件}/{面对象名称}。

6.3 客户端软件集成框架

6.3.1 客户端架构技术

随着互联网应用的逐步普及，当前大量软件研发逐步转移到浏览器环境下运行，以 HTML5 为代表的前端框架逐步占据了主流。但由于石油行业的图形化和高度交互的需求，面向专业研发的平台依旧是基于 Windows 客户端平台，其软件框架称为 Winform 客户端框架。目前，这一技术在 2010 年之后发展基本稳定下来，常用的客户端框架有：

1. CAB 和 SCSF 架构

CAB 框架与 SCSF（smart client software factory）是重量级 C/S 程序开发中比较优秀的框架，他们主要提供系统的模块化并行开发。该框架最大的特点是松散耦合，把软件分割成很多模块，然后采用框架把这些模块有机整合起来，实现模块化设计或插件化设计。通过松散耦合，各个小块之间的交互会尽可能的少，从而使程序易于开发，易于扩展和维护。

2. 微软的 ESB 产品 Biztalk

Biztalk，微软的主要产品之一。Biz 为 business 的简称，talk 为对话之意，所以该产品功能为各企业级商务应用程序间的消息交流之用。Biztalk 使用统一标准化语言 XML 作为不同系统应用之间的消息传递对象，来完成企业内部以及不同企业的应用程序交互。它可以完成：①连接一个组织内的应用程序，通常称为企业应用程序集成（EAI）；②连接不同组织中的应用程序，通常称为企业对企业（B2B）集成。

3. 微软 Prism 软件框架

Prism 是由微软 Patterns & Practices 团队于 2011 年开发并发布的一个开源项目，目的在于帮助开发人员构建松散耦合的、更灵活、更易于维护并且更易于测试的 WPF 应用。这一框架提供基于 MVVM 模式的客户端开发，其中使用依赖注入等一些方法将软件业务逻辑解依赖，方便软件开发者开发出可扩展的高可用性的应用。

客户端软件框架的开发重点是实现业务功能块的插件机制，从而形成松耦合的、易于扩展和集成的专业软件系统。统一的软件应用（客户端）框架解决大规模软件研发中的一致性和高效率问题，其重点在于软件的模块化和功能复用。而软件应用框架的设计，就是在油气田勘探开发应用功能需求基础上，分析应用系统中可以提取成专业组件的模块，形成专业组件管理和运行环境，解决勘探开发应用中某些功能重复建设的问题，形成油气田勘探开发专业组件库。通过专业组件客户端应用框架形成专业组件的运行环境，依靠专业组件运行的接口标准和消息通信机制，实现专业组件间的无缝连接。

由于该技术目前发展相对成熟，我们不对其做深入探讨，而是根据国家 863 计划中研发的统一软件应用框架软件展开主要功能介绍和剖析。该软件框架目前在"中石化勘探辅助决策系统"和"中石化石油工程决策支持软件"等业务软件中得到应用。

6.3.2　可复用专业组件集成模式

油气田专业组件主要是指提供一定的勘探开发专业功能，并且能够在客户端运行的专业模块，以绘制勘探开发的各种专业图形为主，也称为业务功能组件或专业图形组件，如工区底图组件、地震剖面组件、井筒地质剖面组件等。这种勘探开发领域的专业组件，一般都具有功能模块粒度大、具有完整的业务功能、能够完成一系列业务逻辑等特点。以井筒地质剖面组件为例，能够绘制出综合录井图、气测录井图、标准测井图、测井图、测井曲线图、组合测井图、放大测井图、成果曲线图等图形；采用模板驱动的图形绘制技术，以各种图形模板生成不同的井柱图形；同时，具有各类图形对象可以被任意的移动、复制、组合等功能。

将这些专业组件组合在一起运行，并让它们之间能够联动，必须研发一套专业组件的运行环境，让专业组件能够在同一个环境中被加载运行，也就是一套客户端应用框架。同时，根据客户端应用框架的要求，制定专业组件的开发规范，指导新的专业组件的研发工作。

1. 专业组件客户端应用框架

客户端应用框架，为了能够加载运行专业组件，实现一整套相关的专业组件可复用机制，该机制包括采用与客户端应用框架一致的技术体系、实现客户端应用框架提供的统一接口、采用客户端应用框架提供的消息通信方式等几个方面。

客户端应用框架，首先是一个可独立运行的应用程序，但是独立运行时里面没有任何内容，只有加载了专业组件以后，框架中才会有具体的内容。应用框架中最重要的部分是工作台（Workbench），它是一个组件容器，提供了专业组件接口，并包含了外壳、插件容器、事件通信机制三部分，如图6-9所示。

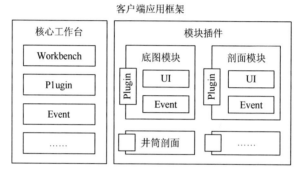

图 6-9　客户端应用框架图

应用程序域为程序集提供了独立的运行空间，以便加载程序集的时候能看到它自己的安全描述符、错误保护以及程序集集合。当加载的程序集试图进行跨应用程序域的调用时，它就需要序列化和代理，这个过程就不像一个程序集调用在同一个应用域中的另一个程序集的过程那么简单。

1）插件机制

在客户端框架中定义专业组件（Plugin）接口，提供 Load、Unload、Run 三个应用。客户端程序员需要在专业组件模块中实现该 Plugin 的三个抽象方法，指定专业组件模块在专业组件加载和卸载时的行为。

客户端框架提供了专业组件间通信（Event）的接口，当客户端框架动态加载专业组件时，把专业组件订阅、发布的通信事件注册到客户端框架的中介者中，当该专业组件发布消息事件时，首先把消息发送给中介者，再由中介者把消息发送给订阅了该消息事件的其他专业组件，从而实现专业组件间的消息通信。

（1）Plugin 接口。将专业组件的接口和具体实现进行分离，分离接口意味着要为所有需要通过专业组件暴露的功能定义契约，这个契约实际上就是编译在其所属程序集中的接口。客户端框架所在的程序集引用了专业组件接口所在的程序集，每个专业组件的实现也同样引用了接口所在的程序集。将专业组件的接口和实现放在不同的包中，并在二者之间提供插件工厂，让任何客户都可以获取到当前专业组件的引用。

专业组件工厂是一个对象，专门用来创建暴露了某个特定接口的类的实例。通常来说，工厂内部并没有其他的逻辑，工厂是包含了一个方法的类，该方法将初始化一个硬编码类型的新实例，然后将其返回。

（2）插件模式。在专业组件工厂中增加配置文件，客户端框架所在的程序集在读取该配置文件的信息后，得到应该实例化并返回那个具体的类型，从而实现插件模式。作为一个插件模式的实现，任何需要数据访问的使用者都不了解其具体类型，也不需要链接到其程序集。此外，配置集也放在了应用程序外，因此，修改配置并不需要重新编译代码。

插件模式存在的一个基础原则就是插件工厂的使用者并不了解工厂实例化的对象的具体类型，插件工厂将读取配置，取得所有必需的、用来识别并加载特定类型的信息。

（3）控制反转模式。为了提供了更好的扩展，在插件模式的基础上，利用依赖倒置（dependency inversion principle）原则，升级为控制反转模式。控制反转的基本想法是功能的使用者并不自己管理所需要的依赖，而是将这些工作交给专门的组件完成。作为对依赖倒置原则的一个应用，用一段泛化的代码控制更加特定的外部组件的执行。

通过控制反转（inversion of control，IoC）容器将不同的专业组件实现注入系统中，可以在不知道这个专业组件程序集存在的情况下调用它，如图 6-10 所示。

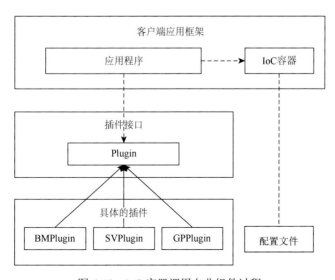

图 6-10 IoC 容器调用专业组件过程

专业组件的使用者逻辑上依赖于 Plugin 接口及其实现，客户端框架并不直接完成注入定位专业组件的实现、实例化合适类型之类的冗繁操作，而是用一个中间对象将所有需要的外部对象的引用注入专业组件使用者内部。依赖注入器将负责查找合适的 Plugin 实现，并让使用者可以调用。

2）事件通信机制

客户端框架把专业组件加载运行管理以后，只是在界面上把各个模块集成在一起，这时，还需要提供专业组件间的通信机制，以便让各个专业组件能够互相联动，成为无缝连接的一个整体。

常用的事件通信模式有两种：观察者模式（observer）和中介者模式（mediator）。

（1）观察者模式。观察者模式，定义对象间的一种一对多的依赖关系，当一个对象的状态发生改变时，所有依赖于它的对象都得到通知并被自动更新。

观察者模式在两个对象之间建立"通知依赖关系"，当一个对象（目标对象）的状态发生改变时，所有的依赖对象（观察者对象）都将得到通知，并做出相应的改变。

观察者模式的优点：①观察者模式在被观察者和观察者之间建立一个抽象的耦合。被观察者角色所知道的只是一个具体现察者聚集，每一个具体现察者都符合一个抽象观察者的接口。被观察者并不认识任何一个具体观察者，它只知道它们都有一个共同的接口。由于被观察者和观察者没有紧密地耦合在一起，因此它们可以属于不同的抽象化层次。②观察者模式支持广播通信。被观察者会向所有登记过的观察者发出通知。观察者模式的缺点：①如果一个被观察者对象有很多直接和间接的观察者的话，将所有的观察者都通知到会花费很多时间。②如果在被观察者之间有循环依赖的话，被观察者会触发它们之间进行循环调用，导致系统崩溃。在使用观察者模式时要特别注意这一点。

（2）中介者模式。中介者模式，用一个中介对象来封装一系列的对象交互，中介者使各对象不需要显示的相互引用，从而降低耦合；而且可以独立地改变它们之间的交互。

中介者在一组对象之间引入一个中介者，各个对象状态发生改变时，都通知中介者，再由中介者通知其他的对象，对象之间互相并不交互。

中介者模式和观察者模式的区别是，前者应用于多对多杂乱交互行为的统筹处理，后者应用于一（多）对多关系的灵活定制。

中介者模式的优点：①减少了子类生成。中介者将原本分布于多个对象间的行为集中在一起，改变这些行为只需生成中介者的子类即可，这样各个对象类可被重用。②它将各对象解耦。中介者有利于各对象间的松耦合，你可以独立地改变和复用各对象类和中介者类。③它简化了对象协议。用中介者和各对象间的一对多的交互来代替多对多的交互。一对多的关系更易于理解、维护和扩展。④它对对象如何协作进行了抽象。将中介作为一个独立的概念并将其封装在一个对象中，使你将注意力从对象各自本身的行为转移到它们之间的交互上来。这有助于弄清楚一个系统中的对象是如何交互的。⑤它使控制集中化。中介者模式将交互的复杂性变为中介者的复杂性。因为中介者封装了协议，它可能变得比任一个对象都复杂。这可能使得中介者自身成为一个难于维护的庞然大物。

（3）模式选择。对比观察者模式和中介者模式，发现当依赖对象和目标对象相对较少时，使用观察者模式能够很好地在对象间进行消息通信。但是当对象数量增对，各个对象互相之间的消息通信成网状时，观察值模式的实现就显得非常复杂，这时需要引入中介者模式来解决多对象间的消息通信。

各个专业组件间并不知道其他专业组件的存在，或者说不必知道其他专业组件的存在，因此，观察者模式在这种情况下不是很适合。由于客户端框架的存在，为中介者模式的应用提供了基础。因为客户端框架本身就是一个中介者，并且专业组件需要在客户端框架中被加载运行，客户端框架知道每一个专业组件的状态如何，每个专业组件都可以与客户端框架直接进行通信，因此，在客户端框架中采用中介者模式实现消息通信是非常合适的。

客户端框架中，定义了专门负责消息通信的事件容器——Event Framework，负责统一管理各个专业组件注册的事件。EventFramework 中定义了一个 EventBroker 类，专门负责管理各个专业组件注册的发布通信事件和订阅通信事件，如图 6-11 所示。

当客户端框架动态加载专业组件时，把专业组件订阅、发布的通信事件注册到客户端框架的 EventBroker 中，EventBroker 就充当了中介者的角色。当该专业组件状态改变发布某通信事件时，首先把通信消息发送给 EventBroker，再由 EventBroker 在订阅事件中检索哪几个专业组件订阅了该事件，把通信消息发送给这些专业组件，从而实现专业组件间的消息通信。

3）专业组件

专业组件必须实现客户端应用框架的 Plugin 接口，实现 Plugin 接口中的 Load、Unload、Run 三个抽象方法，指定专业组件在插件加载和卸载时的行为。

专业组件在加载（load）的时候，将专业组件的程序集加载到内存中；在运行（run）时，将专业组件的 UI 在客户端框架的 work bench 中运行显示。

客户端框架为系统提供了专业组件间通信的接口。专业组件可以使用 Plugin 类提供的 AddPublication（string idName、object publisher、string eventName）、AddSubscription（string idName、object subscriber、string methodName）添加发布

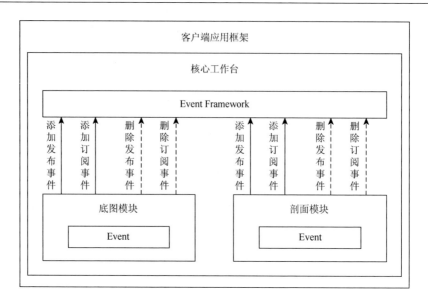

图 6-11　客户端框架事件通信机制

和订阅事件，采用 RemovePublication（string idName、object publisher、string eventName）、RemoveSubscription（string idName、object subscriber、string methodName）移除发布和订阅事件。

　　每个专业组件，既可以是消息的发送者，也可以是消息的接收者。专业组件间的连接越多，互相之间发送接收的消息就越多，互相之间的联系就越紧密。

2. 油气田可复用专业组件的集成模式

　　各个勘探开发专业组件，基于油气田信息集成服务平台进行开发，通过服务平台获取各类勘探开发数据，并根据相应的业务逻辑对数据进行处理以后，以各种形式展示给用户。目前，开发完成的勘探开发专业组件种类繁多，从井筒到地震，从平面到剖面，从地质到石油工程，根据业务内容和表达特点不同而具有不同的图形形态和数据内容。由于其内容丰富、数量巨大而无法一一列举，此处仅整理部分典型的组件案例，如数据查询组件、平面导航组件、地震剖面组件、井筒地质剖面组件等，以其为素材，探讨如何通过现有组件实现应用集成。

　　1）数据查询组件。

　　通用性数据查询组件是以基础的勘探开发数据查询为主，提供了勘探开发数据表的分类组织、数据表数据的查询显示、单记录方式数据显示、数据筛选过滤等功能，如图 6-12 所示。

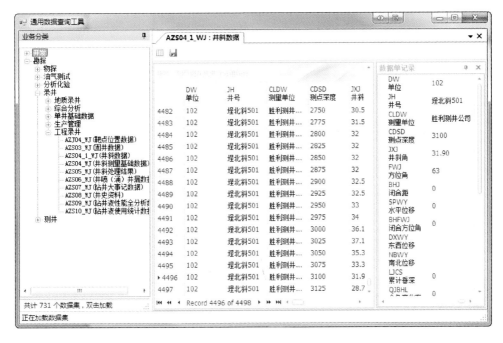

图 6-12　数据查询组件运行界面

勘探开发业务被划分为勘探、开发两大领域,其中,勘探包括物探、录井、测井、试油、分析化验等业务域,开发包括开发静态、开发动态、开发监测、井下作业工艺、方案规划、开发实验、生产管理、油气集输、储量管理等业务域。通用查询组件的表现方式多样,一般在业务域下划分更细的业务域,业务域下包含各个业务节点的数据报表和图表,这是目前各油田中最为常用的一种信息表达组件。

2)平面图形导航组件

平面导航组件主要负责对各类勘探开发对象进行基于二维平面的可视化浏览与展示,如图 6-13 所示,平面导航组件是以主要目的层构造图为背景,叠加显示采矿权、探矿权、构造单元、油气田、工区测网、构造图、层位、断层边界、测线、探井、开发井、设计井、井斜轨迹等对象,提供实时选取纵测线、横测线和任意测线、井数据管理、计算距离、计算面积等功能;跨工区抽取地震测线;井的过滤显示功能;水平切片显示等。

其主要功能包括:

(1)平面导航功能。以主要目的层构造图为背景,叠加显示采矿权、探矿权、构造单元、油气田、工区测网、构造图、层位、断层边界、测线、探井、开发井、设计井、井斜轨迹等对象,并提供各种图形对象的基本操作功能。在钻井工程上,

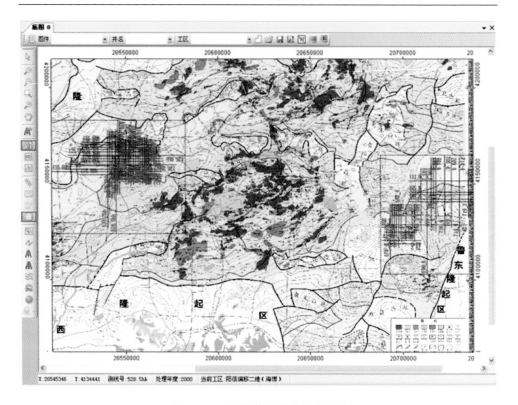

图 6-13　平面导航组件功能示意图

可根据井的完钻层位、钻遇层位、井深等信息过滤出用户需要参考的井，并投影到底图上。

（2）抽取测线。提供在二维、三维地震工区范围内实时选取纵测线、横测线和任意测线的功能，并与剖面浏览器联动显示测线剖面。

（3）图形对象操作。灵活地选择底图上各类对象，进一步获取与所选择对象有关的各类信息。可以在底图上通过简单的鼠标操作，选择某口探井、开发井、设计井以及某个图形（矩形、圆、多边形、折线等）等对象，还可以选中由任意多口井组成的井集。选择后，可以执行与该具体对象有关的操作，如选中一口探井后可以查看该井的综合录井图、井史档案、探井部署任务书等内容。

3）地震剖面组件

地震数据的显示目前主要是以地震数据文件（主要是 SEGY 格式）的图形化显示为主，主要就是俗称的地震剖面，如图 6-14 所示。

所有的处理和解释业务的任意一个环节可能都需要使用剖面来显示数据的质量或参数设置的合适程度，剖面模块组件的主要功能就是实现地震剖面测线的远

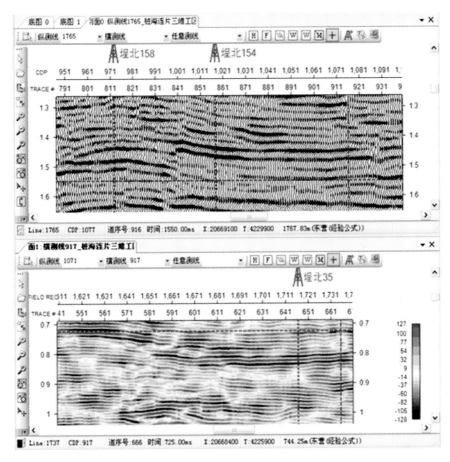

图 6-14 地震剖面功能示意图

程、快速、实时、任意测线的抽取。此外,还有其他的附属功能,如在剖面上显示井、设计井、层位和断层等信息。该组件实现以下功能:

(1)地震数据单工区横纵测线数据文件的图形显示浏览。地震剖面组件最主要的功能就是可以显示单工区中的任意横纵测线剖面,并且可以显示在单工区范围内的用户选择的任意点连接的任意折线所形成的剖面。显示地震剖面时,需要按照地震数据的存储格式,计算出当前测线所经过的地震道,从地震数据体中抽取测线对应的地震道数据,最后形成 SEGY 文件后显示。

(2)地震数据跨工区的任意测线数据文件的图形显示浏览。剖面组件有时需要提供在底图中用户选择跨工区任意点连接的任意折线所提取的数据文件形成的剖面,这其中不光涉及从不同数据体文件中数据的抽取,还涉及跨工区数据的剖面显示方式的设计,需要采用拼接算法把属于不同地震数据体的数据组合成一个标准的 SEGY 文件来显示。

（3）剖面显示属性以及一些基本的操作。在剖面显示的时候，根据用户和一些专业软件的现实情况看，需要有不同方式显示效果，如变密度显示和变面积显示，其中，在变密度显示中不光需要给用户提供标准的颜色棒选择，还应当提供给用户自己设计编辑不同颜色棒的操作界面。同时，在属性编辑中，也应当提供跟专业的剖面显示软件所提供的一些相类似的功能，如增益控制等。另外，一些基本的操作如放大、缩小、匹配等是必须提供的。

（4）剖面的时深转换与属性读取。在专业的解释软件剖面显示中，既有深度剖面的展示也有时间剖面的展示，这个就需要实现不同工区的时间和深度对应关系。当这个工区有较好的 VSP 资料或者合成记录资料时，在剖面显示中就应当使用这个资料而不是笼统地使用一个某地区的经验公式，因为随着时深关系的改变，研究解释人员所定的设计井的井深也应当随着改变。通常，这也是有算法的，如一般的经验公式算法、插值算法、速度体算法等，在程序中应当提供所有的选择并且剖面随着选择的不同发生变化。

此外，用户在剖面上浏览的时候，经常需要获得某个位置的地震数据的准确振幅值，这也就需要程序在状态栏中及时显示鼠标点所在位置的 x、y 坐标、振幅值、时间值、深度值等数据的获得和显示。

（5）剖面中井的信息图形显示。在地震剖面中，提供设置剖面前翻或后翻的间隔，并且，包括探井和设计井在剖面的投影，也需要设置一个投影距离，在这个距离范围之内应当允许投影到某个剖面，否则不投影，并且井和剖面的距离也是需要相关算法来计算的，因为井点并非落在某个具体的剖面上的，它们离某个测线总是有一个直线距离。同时，解释人员在查看地震数据体信息时，还需要一些曾经解释的结论信息，如层位信息、断层信息、探井信息等，通过这些信息，解释人员可以更好地确定所需要的井位。

4）井筒地质剖面组件

井筒地质剖面绘制组件以钻井录井、测井、试油、综合研究等信息为数据源，基于数据库的管理功能，实现井筒录井、钻井、测井、试油、综合研究等信息浏览功能。井筒地质剖面绘制组件采用模板驱动的图形绘制技术和面向对象的图形绘制技术，以自定义的各种图形模板生成不同的井柱图形，同时，图形中的各类图形对象可以任意的移动、复制、组合等。并且，用户可以根据自己的需要定制自己的图形模板，来生成符合自己工作需要的各类图形。

井筒地质剖面绘制组件可以绘制出综合录井图、综合柱状图、气测录井图、标准测井图、组合测井图、放大测井图等。该组件实现以下功能：

（1）模板驱动的图形显示浏览。如图 6-15 所示，根据研究人员常用的井筒地质图形，预定义多个不同的模板，这些模版对图形的显示属性和方式进行预定义，用户根据模版的内容来显示所选井的默认图形，图形显示后可以利用组件的其他功能来进一步对图形的显示特性进行调整。用户可以切换模版来显示所选井的其他图形。

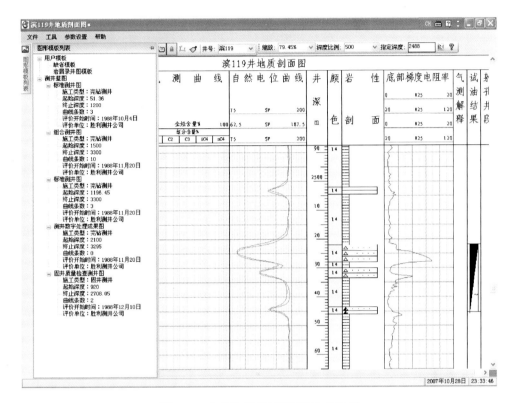

图 6-15　井筒地质剖面模板驱动示意图

（2）回放常规测井蓝图。根据测井曲线蓝图的各种参数，设置好模板，即可回放各种测井蓝图，包括标准测井图、放大测井图、组合测井图、测井曲线图、测井图、成果曲线图、固井质量评价图等。

（3）各类地质对象的绘制和横纵向显示，能够绘制地层分层、钻时曲线、气测曲线、测井曲线、岩性剖面、岩石颜色、含油级别、解释结果等地质对象，并能通过定义模板的方式，来绘制不同的地质剖面图形。随着当前图形操作的复杂化，该图形需要适应油田井位论证会中多屏的需要，将测井曲线横向进行显示，用户通过左右滚动进行曲线的显示，同时，可以进行多井的横向显示，方便研究人员的多井对比显示。

（4）图件中图形对象的操作和属性调整。道的操作是指可以修改道的属性、调整道宽、拖动道来改变道的次序等，同时，支持嵌套道，即道内可以嵌套多个道对象；而对象操作指可以修改各种地质对象的属性并可以随意拖动对象到不同的道内。此外，该图形操作可提供整个图形的平移；深度比例尺调整；整图缩放比例（可以直接缩放到窗口、100%、任意比例缩放等）；导航到指定深度；可以快速将图形导航到任意指定深度。

（5）多井对比图形的绘制。在研究过程中，经常需要在一个页面上显示多口井的井柱图形来进行对比研究，系统可以简单地通过选择不同的井号，即可完成任意多口井在一个页面上的显示。显示后的多个井柱可以按照图形的顶部和井的实际深度进行对齐。

3. 基于多业务组件的集成模式

基于业务组件的信息集成系统，是将各专业子系统和专业组件从勘探开发综合应用需求出发，通过对现有系统的梳理和分析，研究勘探对象和专业应用之间的关联关系，通过软件框架技术，实现勘探对象和专业应用之间的互联互通，打通勘探信息应用的关联，为勘探应用软件研发提供功能基础。完成勘探业务对象之间的集成工作，分为以下几个步骤。

1）建立勘探对象和勘探业务关联关系

按照勘探对象和业务对象建立关联的思路，实现勘探中各类对象和业务模块之间的调用关系。如表 6-1 所示，通过分析勘探对象之间的关联关系，建立对象之间包含与被包含的关系，实现井（探井、开发井）、构造单元、油气田、储量区块、圈闭、采集工区、处理工区、矿权范围等业务对象的信息展示与信息关联方式，形成业务数据之间的互联互通；如表 6-2 所示，针对勘探业务应用模块之间的业务关联，确立应用软件相互的调用关系，从而实现根据各个模块之间的业务关联关系，进行从一个软件模块到另一个软件模块的数据传递和功能调用，以此方式支持跨专业的综合应用。

表 6-1 勘探对象之间的关联分析

	矿权	探井	采集工区	油气田	构造单元	储量	圈闭
矿权		范围包含	范围相交或包含	范围包含	范围包含	范围包含	范围包含
探井	被包含		被包含	被包含	被包含	平面上被包含	被包含
采集工区	范围包含	范围包含		范围包含	范围包含	平面上范围包含	范围包含
油气田	范围包含	范围包含	范围包含		范围包含	范围包含	范围包含

	矿权	探井	采集工区	油气田	构造单元	储量	圈闭
构造单元	范围包含	范围包含	范围包含	范围包含		范围包含	范围包含
储量	范围包含	范围包含	范围包含		范围包含		范围包含
圈闭	被包含		被包含	被包含	被包含	被包含	

表 6-2　勘探业务应用之间的关联分析

	二维图形导航	岩屑录井图	井深结构图	井斜图	测井图形绘制
二维图形导航		查看导航图上所选井的岩屑录井图	查看导航图上所选井的井深结构	查看导航图上所选斜井的井斜图	查看导航图上所选井的各类测井图形
岩屑录井图	可以将所选井投影到图形上		绘制该井的井深结构	如果该井是斜井，绘制其井斜图	绘制该井的各类测井图
井深结构图	可以将所选井投影到图形上	绘制该井的岩屑录井图		如果该井是斜井，绘制其井斜图	绘制该井的各类测井图
井斜图	可以将所选井投影到图形上	绘制该井的岩屑录井图	绘制该井的井深结构		绘制该井的各类测井图
测井图形绘制	可以将所选井投影到图形上	绘制该井的岩屑录井图	绘制该井的井深结构	如果该井是斜井，绘制其井斜图	

2）建立勘探资源对象之间的关联调用机制

按照空间坐标关系，将探井（设计井、部署井、动态井、静态井）、开发井、二维测线、三维工区、构造单元、油气田、矿权、圈闭、储量等勘探对象在导航图上进行投放，实现了多种勘探业务元素的组织和查询，并可进行各对象之间的关联拓扑查询，通过数据关联，可以满足针对当前油气数据中心多种数据的实时关联查询。

3）建立应用模块之间的调用机制

系统集成了图形导航、综合录井图、测井曲线、地震剖面、文档浏览、岩心图像浏览、数据桥、地质统计、井身结构图及管柱图等各个专业应用组件。

通过统一的客户端插件框架，使任意不同组件进行相互通信和数据传递，实现了勘探对象、应用模块之间的互联互通，解决了"竖井式"开发方式带来的信息、功能孤岛等问题。通过勘探信息应用的框架技术，实现了勘探领域内各类勘探资源对象和勘探业务应用的互相关联和通信，可实现多种业务组件的统一集成。如图 6-16 所示，通过上述勘探对象与模块的相互调用机制的建立，依靠信息树或图形导航模块中的勘探业务对象名称，实现直接调用与该对象相关的其他功能模块。如通过地震线道号对象调用剖面图形模块来展示地震剖面；如通过地质体对象调用油藏模拟网格体的三维展示模块；如通过测井曲线模板对象在平面导航中调用综合测录井图形；如通过探井和物探的施工日期调用相关的施工表格和图表模块。

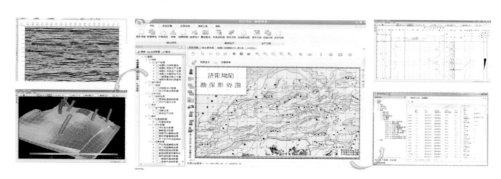

图 6-16　勘探业务应用互联互通（刘长治，余学峰等，2013）

6.4　软件架构"栅栏式"建设策略

油气地质勘探行业作为一项较为复杂的经济活动，其发展具有一定的产业结构及发展规律。近年来林毅夫提出的新结构经济学在经济界具有较大影响，提出"经济发展本质上是一个技术、产业不断创新,结构不断变化的过程。"所以，应该"运用比较优势来选择企业的产业、产品和技术结构的发展战略能够最快速的提高要素禀赋结构"（林毅夫，2011）。这一理论对于油气地质的信息化，尤其是软件体系的发展具有极大的指导意义，在此，我们据此针对油气勘探行业信息化框架，尤其是软件框架，从产业发展角度做一个分析。新结构经济学认为一个经济体的经济结构内生于它的要素禀赋结构，持续的经济发展是由要素禀赋的变化和持续的技术创新推动的。我们将这一理论从更为微观的一个行业活动中分析，也会发现类似的现象和结论。

行业软件架构已经不仅仅是一个通用性的技术架构，而是充分考虑到业务特点后设计的一种定制性和混合型的复合架构。由于油气勘探与地质研究业务具有的数据复杂化、功能图形化、成果模型化等业务特点，在设计软件架构时必须充分考虑行业特点而做出架构功能的取舍。不仅如此，油气勘探的软件架构设计其主体内容不应该是软件技术本身，而是通过这个架构核心如何包容复杂的而数据处理和业务逻辑功能，这些架构设计内容包括：如何获取解析和处理各类复杂的行业数据，如何建立数据的处理和展示分析的工具，如何收集整理业务功能和算法形成通用服务，如何将上述的数据和功能组合成一个具体行业问题的解决方案等等。这种软件架构设计思想的定位，导致了面向油气勘探这样的行业软件架构具有更加敏捷性和迭代性的建设策略。

　　数字盆地建设是一个从业务目标到技术实施的持续整合路线。特定行业的信息技术实践有效地促进了业务逻辑的落地。但信息技术产品作为技术工具，其本质是业务工作模式和方法的沉淀与积累。信息不会直接引导行业变革，而是促进和辅助行业变革，使行业变革在落地过程中具有合理的流程和工具。

　　基于上述出发点，在数字盆地软件框架的建设策略上，首先要充分体现行业特点、呈现业务功能，而避免将其变成一个纯粹的信息技术项目。为此，我们设计了称为"栅栏式"建设策略，在软件架构的建设方面细化为"层次设计，纵向实施，分块落地，迭代丰富"的实施策略，这种策略的核心方法就是提出以特定业务主题的建设方向。具体可以表述为：以信息技术为平台的层次，以特定业务需求贯穿框架，自顶向下逐层设计。在具体实现上，可以分为三个步骤和原则（图 6-17）。

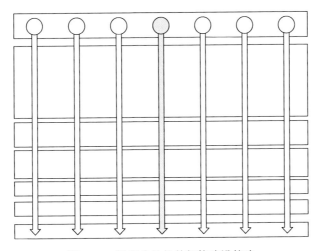

图 6-17　数字盆地软件架构建设策略

　　（1）首先建立层次化的指导性软件框架。在具体的软件框架建设过程中，其框架技术仅仅用于规范和控制数据与软件的互通性。层次软件框架的建设，避免延伸到复杂的业务实施过程，从而保证业务实施过程的独立性。

　　（2）其次，依托业务应用场景实现勘探业务需求的逐步落地，逐步丰富完善软件配套体系。

　　这一策略的核心就是 针对复杂业务建立"业务微循环"，即：以特定业务主题需求为目标、以软件技术框架为规范的，从数据到服务、从模型到方法、从模块到软件集成的一个小型的层次化研发过程。

每一个业务微循环本质上是一个独立的软件模块，但是这个软件模块依据软件架构层次，从数据模型（领域模型）、数据服务、算法、软件功能插件、交互设计等几个层次进行了拆分，保证这一小型软件系统能够融合到软件框架体系之中，从而实现数据模型、算法和功能插件的共享和复用。

这种贯穿了智能勘探架构的业务微循环，首先是以业务目标驱动的，也就是说其最基本的出发点，是源于业务目标。其次，这种业务微循环的内容完善是来自于各个业务应用主题的具体实施，包括行业知识、模型方法、应用模块、基础服务、底层数据，通过软件研发过程中的功能迭代升级，不断丰富和加强框架机制。

（3）以业务实现过程不断丰富软件架构，改进和完善架构机制。架构的内容来自于业务实现过程。在具体的业务应用实施过程中（而非之前）设计和实现相关的"软件"、"功能组件""知识""模型方法""数据模型"，通过每一个软件的开发不断扩展软件平台的内容、不断增加业务数据和业务逻辑，只有这样才能盘活这些技术要素。

综上所述，作者提出的数字盆地软件架构建设策略，本质是一种基于敏捷设计思维的软件架构设计方法。它一方面是针对于近年来国内油田大型软件框架和数据模型等信息项目的建设教训总结而来，另一方面也是如何科学的建设一个复杂软件架构的科学方法。业务软件和软件信息化框架两者的建设不是孤立的，更不能毫无关联，而是统一设计、同步建设、不断融合、互为支持的一体化发展之路。

6.5 本 章 小 结

数字盆地的软件架构是其应用的重要内容，本章简述了国内外面向勘探开发的企业级软件架构现状，指出当前油气勘探开发信息化最为重要的技术核对：面向勘探业务提供专业级软件开发的架构研发。

本章基于分层架构讨论了数字盆地的软件架构设计，将数据、数据发布和软件三个层次分开，重点针对数据服务层和客户端软件层的软件框架设计展开讨论，将现有的软件架构实现技术、理论与方法进行了较为详尽的表述。其中第 2、3节是针对"基于领域模型的数据服务"和"客户端软件集成框架"两个技术关键的剖析，前者重点在于数据服务的设计与实现；后者提出在数字盆地的架构设计中需要重点探索各类通用和专业的模块如何进行数据、图形和功能的集成，通过基于 GIS 或二维图形的集成模式和基于三维空间的集成模式，打造一个可面向主题定制的软件环境。

　　本章提出，架构最重要的作用便是将长期的业务逻辑和业务知识以软件模块的方式沉淀下来，实现业务知识的集成与共享，从而建立一种针对行业的长期的业务知识积累，这是形成今后企业发展能力的关键，也是打造行业领先竞争力的一个重要的基础设施。本章最后根据当前信息化项目建设中的教训和经验总结，重点探讨了复杂的企业级软件架构技术，提出了数字盆地软件架构的"栅栏式"建设策略，指出其本质是一种基于敏捷设计思维的软件架构设计方法，明确业务软件模块和总体的信息化框架两者的建设不是孤立的，更不能毫无关联，而是统一设计、同步建设、不断融合、互为支持的一体化发展之路。

第7章 数字盆地信息组织与知识表征

油气勘探领域是高度知识化的领域。勘探生产过程就是获取数据成果；勘探研究过程就是数据处理与分析；勘探管理过程就是信息与知识管理；勘探决策过程就是统一理论与认识；地质理论认识其价值以概率和量化知识来表述。因此，勘探业务过程，就是依托有限信息进行分析，从而不断接近地质事实的过程，其本质是知识创造。

知识管理是指在组织内持续创造新知识、广泛传播知识并迅速体现在新产品服务技术和系统上的过程。油气勘探地质研究的知识管理，是针对研究的地质背景、规则标准、流程方法、案例模型以及针对当前业务主题的信息组织方式。根据油气勘探地质综合研究及其协同研讨的需要，本章提出了从五个方面展开面向油气勘探的知识管理，即以地质综合研究业务为中心的知识管理的 K5 模型（孙旭东等，2015）：基于业务知识谱系图的全流程业务体系描述；基于主题知识的特定业务主题的信息与功能组织；基于关联知识的业务应用及其成果关联；基于案例知识的典型案例信息系统化收集；基于模型库和方法库的数学模型、图版、经验公式管理。

前文提到，知识工程是在组织内持续创造新知识、广泛传播知识并迅速体现在新产品服务技术和系统上的过程。由于目前人工智能技术的研究不能满足计算机系统独立完成较复杂的知识处理任务的需求，我们采用知识工程概念中的知识表述技术来表达勘探对象与思维过程，从而建立勘探地质综合研究的知识模型。

基于上述的油气勘探知识表述技术，针对石油地质综合研究中的各理论和研究环节，有针对性地描述其信息组织、信息关联、研究流程，是知识管理技术研究的主要内容。这种面向油气勘探全过程的知识管理工作，是后期展开基于地质模型的模拟、计算和分析的最基础工作。这种知识表征技术，也为地质研究从定性描述走向了定量描述。

7.1 地质研究的知识模型设计方法

在具有创造性思维的勘探者中，数据是动态的相互关联的，他们将这些数据和信息结合经验与知识，将表面上不相关的事物联系起来，通过想象在脑海中组合成油气藏的图景。要研究地质综合研究的知识表述，就必须将研究过程对应的勘探对象、研究流程与思维方法形成一个知识模型，不同于前文的知识设计技术，这是从业务角度对知识进行的一个分类设计。

基于上述的本体模型和过程模型的设计技术，形成了指示的表述、管理和应用技术，如何将这种技术应用到具体的业务过程和业务特点的描述中，是地质综合研究的知识模型设计的中心，本节便探讨针对地质综合研究的知识模型设计。

前文针对勘探地质综合研究，基本从研究工作的业务背景、研究方法、业务特点、研究流程和技术体系等方面较为全面的描述了勘探综合研究的思维方法。因此，我们基于上述理论，提出并发表了从五个方面展开面向决策的知识管理技术，即面向石油地质综合研究的地质知识管理的 K5 模型（表 7-1），①知识谱系：基于业务知识地图的全流程业务体系描述；②主题知识：基于主题知识的特定业务主题的信息与功能组织；③关联知识：基于关联知识的业务应用及其成果关联；④案例知识：基于案例知识的典型案例信息系统化收集；⑤模型方法：基于模型库和方法库的数学模型、图版、经验公式管理。

表 7-1　勘探知识管理的五要素（K5 模型）

知识类型	管理目标	功能设计	实现技术
知识谱系	勘探全流程业务体系描述	描述业务体系及其流程组成的技术,业务知识地图是描述业务框架及各类知识相互关系的导航	本体模型
主题知识	业务主题的信息与功能组织	针对勘探生产研究的关键环节建立的信息支持体系,将某一环节决策需要的信息,以系统的组织模式集中	本体模型
关联知识	业务对象关联	以业务对象为关联要素,以空间关系作为基本关联主线,辅助业务主题、地质目标、管理主线和自定义映射等关联维度建立业务对象及其属性的关联关系,为信息对比、智能搜索、挖掘分析奠定基础	过程模型
案例知识	典型案例的系统化组织	针对特定决策点的经典案例,实现特定业务的来源、过程、成果、结论等主题化组织	本体模型过程模型
模型方法	数学模型/图版/经验公式组织等管理	解决具体问题的思路和方法的量化表达,是最具实践性的知识,对系统的自动化与智能化提升具有重大意义,包括：基础数学算法、专业数学算法、地质数学模型、图形图版方法、决策统计分析等	本体模型过程模型

1. 知识谱系表述技术

知识谱系（知识地图）是一个组织知识的视觉呈现，它并不描述知识的具体内容，而是描述知识的载体信息。知识地图简单来说就是组织中的知识及其相互关系的图示，是一种组织知识（既包括显性知识，也包括隐性知识）的导航系统，能显示不同知识存储之间的重要动态联系（图 7-1）。

知识地图本身并不是知识的集合，也即知识地图不是具体的知识而是关于知识来源的知识。因此，油气勘探的知识地图重点描述油气勘探的总体框架体系，即油气勘探的总体过程与主要勘探阶段的划分，它是以视觉化的手段表示组织的整体知识及其相互关系的一个导向。通过该阶段划分，明确勘探研究各个阶段的依赖关系和衔接关系。

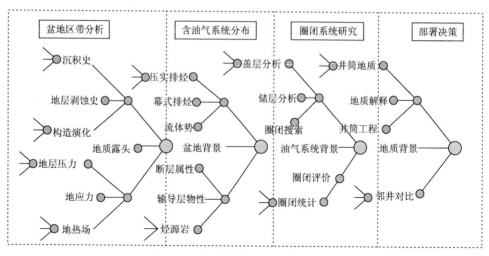

图 7-1　油气勘探地质研究知识地图

2. 主题知识表述技术

主题知识库是针对勘探生产研究的关键环节建立的信息支持体系。将某一环节决策需要的信息，以系统的组织模式集中。主题知识重点针对勘探研究的多学科综合特点，提供多种研究成果的集中，实现针对特定研究主题的信息汇总。

如在"探井井位部署分析"的研究主题中，需要将地震工区、地震体、关联井、关联井集、各类关联成果图件、文档，以集成化的模块和数据体系集成在一个空间中，通过知识表述，系统按照关联规则定义该主题的相关内容，形成针对主题的知识表述方法。如"**XX 探井井位部署**"主题知识表述如下所示。

```
<WD: Welldecision xmlns: WD="urn: schemas-sinopec-com: Welldecision: xmlDefine">
<WD: Welldeploy WD: WellName="坨 879" Projectname="chexi35" SurfaceName="8877658">
<WD: ReportDoc></WD: ReportDoc>
        <WD: ResultMap>
<WD: structureMap>
<WD: Data WD: ID="A098634" WD: Type="CGM" WD: author="XULI">坨 373 断块等厚图</WD: Data>
            <WD: Data WD: ID="X945843" WD: author="">Chexi 区域油气田分布图</WD: Data>
</WD: structureMap>
        <WD: SeismicMap></WD: SeismicMap>
        <WD: reservoirMap></WD: reservoirMap>
        <WD: Welllogmap>
            <WD: Data WD: ID="Tuo210" WD: Type="zjj" WD: locationID="L58473">坨 210</WD: Data>
        </WD: Welllogmap>
    </WD: ResultMap>
    <WD: RelationWell></WD: RelationWell>
    <WD: RelationWellSet></WD: RelationWellSet>
</WD: Welldeploy>
</WD: Welldecision>
```

3. 关联知识表述技术

关联知识库是依据不同的维度，建立业务对象及其属性的关联关系，为后期信息的关联对比、智能搜索、挖掘分析奠定基础。

关联知识是以空间关系作为基本关联主线，以业务对象为主要关联要素，辅助业务主题、地质目标、管理主线和自定义映射等关联方式建立起信息关联模型。通过多源异构数据的组织，实现明确数据本身以及数据之间的关联关系。通过空间元数据对于数据的空间地质意义实现清楚表达，使得以更清晰的流程、更具效率的方法从海量数据中提取某一勘探区带或开发单元相关信息。

4. 案例知识表述技术

案例库是针对特定业务环节的经典案例，开展的系统化的信息组织。针对 CSI 综合工作法中关于勘探研究的局部整体性特点，勘探研究是通过物探与探井等技术的纵横结合，实现对勘探目标和地质模型的不断修正，因此，其每一个解决问题的过程都是一个典型的系统工程案例。由此，案例知识表述技术，一方面在于实现针对特定主体的经典案例，将其来源、过程、成果、结论等主题化组织；另一方面实现了针对特定主体的系统化记录，通过案例整理工作，将业务主题形成一个前后串联、因果关联、认识全面的整体。

5. 模型方法知识表述技术

为实现勘探研究过程总多技术综合应用，模型方法知识表述技术是解决具体问题的思路和方法的量化表达。是最具实践性的知识。该技术描述内容包括勘探地质研究过程中的：基础数学算法、专业数学算法、地质数学模型、图形图版方法、决策统计分析等量化模型。目前针对石油地质研究中的油气生排烃和油气运移聚集，国内外具有针对各种地质状况下的大量而丰富的数学模型和算法研究，这些模型技术是构成三维盆地模拟技术的核心算法，通过基于三维数字盆地的地质格架，实现应用该模型的油气地质过程的动态模拟，有效辅助地质研究的可视化与模型化分析工作。针对这些模型和方法的知识表达，将实现专业化知识的积累和重复利用。

7.2 勘探业务主题的知识分析

油气田的勘探过程中有不同的业务主题，包括地质构造解释、综合研究、圈闭研究、井位部署、探井生产等主题，不同的主题其研究的对象不同，针对物探、录井、钻井、测井、分析化验等基础数据的需求和组织方式不同，对油田的勘探勘探所起的支撑作用也不同。同时，各个主题之间又是相互关联、相互支持，并共同服务于油田的可持续发展。地质综合研讨中的知识管理技术以知识模型的抽取和建立作为主要手段，服务于特定的石油地质研究主题。

地质综合研究属于油田的上游业务的勘探领域，该主题面向地质目标及其地质属性，所涉及的数据是最多的也是最复杂的，包括地球物理、录井、钻井、测井、分析化验、油藏地质、试油（测试）等各方面的资料（图 7-2）。基于这些数据研究的对象大多是区带、圈闭和具体的层位，研究的目的是为了提高油田的勘探开发效率，降低油田生产的成本。

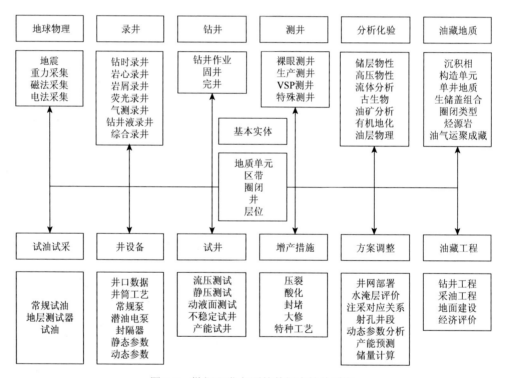

图 7-2　勘探开发主题的数据支撑体系图

7.2.1　油气地质综合研究的业务主题

油气地质综合研究的主题以地震资料、测井资料、岩性分析资料和前人研究成果等为基础，通过对区域烃源岩条件、运聚条件、储层条件、保存条件以及圈闭综合评价条件（生储盖圈运保）等分析和研究，最终确定有利区带和有利圈闭的位置，为井位的部署提供技术支撑（图 7-3）。

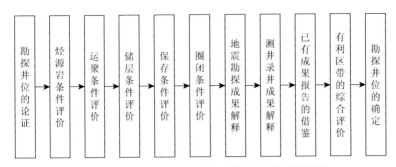

图 7-3 油气地质综合研究主题的业务流和数据流

油气地质综合研究的本体模型建立起来以后，通过该模型可以实现探井井位部署的正演和反演（图 7-4）。如果给出井位 A 与 B，要在两个井位中最终优选出一个进行探井的部署，据已建立的本体知识模型，可以快速、准确、全面地查询各项井位部署所需要的数据，并且对这些数据进行分析，以可视化的方式把研究的结果给地质家进行全面的展示，通过最终的人机互动就可以确定具体井位的部署意见和建议。如果想对部署井位的论证过程进行一个全面的了解，依据本体模型可以快速地对井位 A 的部署过程和支撑数据进行查询，得出将井位部署在 A 点的依据和相关的数据。

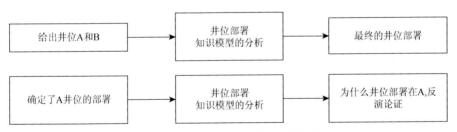

图 7-4 本体模型对井位部署的支撑作用关系图

7.2.2 油气勘探领域词集的整理和分类

目前，石油勘探开发领域所涉及的知识比较多，包括勘探、测井、钻井、录井、试油、井下作业、油藏开发、采油工程、储运等多个专业，这些专业相互协同，构成石油勘探与开发的全部业务流程。领域本体模型的构建必须基于以上专业的系统知识和技术，在收集专业词汇和术语的基础上对这些词集按照业务流程进行合理的划分，主要包括两个方面的工作（表 7-2）。

（1）用自顶向下的方式建立领域词汇、专业术语、概念之间的关系，形成一个领域本体树形结构。

（2）完成各个词汇、术语、概念的属性和相关操作的标注，使得概念和其相关属性、操作联系起来，为过程模型的建立提供技术支持。

表 7-2　油气地质综合研究的三级词汇划分表

一级词集	二级词集	三级词集
井位部署	烃源岩	烃源岩厚度
		有机质丰度
		运移方向
		距离圈闭的远近
	油气运移	运移通道
		圈源的时空匹配
		运移通道类型
		生运组合
	储层物性	储层四性研究
		所处沉积相带
		储层厚度
		储集空间类型的匹配关系
	区域盖层	盖层的岩性
		区域分布范围
		盖层厚度
		是否存在断层
	圈闭类型	有效圈闭的数量
		圈闭的闭合度
		圈闭类型组合
		累计叠和的面积

依据油气地质综合研究的词集划分，制作了五个二级词集的业务流程图和本体模型图，如圈闭评价的业务流程图（图 7-5）。从图中可以看出，圈闭评价的具体流程和操作细节以及最终对井位部署的贡献。圈闭评价涉及两大主题，分别是圈闭识别及圈闭类型的分析和圈闭综合评价及优选，前者主要进行圈闭可靠程度、圈闭识别以及圈闭基础信息评价等工作；后者主要进行圈闭精细描述、含油性评价、资源量评价、储量计算等方面的研究。最终结合两方面给出井位部署的具体位置和部署的建议。

在圈闭的本体模型设计中，模型中每个节点都是由名词组成，每个词集都有本身的属性和操作，各个节点的操作都会产生相应的数据和结论来支持圈闭的评价，最终形成一个具有普适性的知识模型，如圈闭条件节点中的属性就是圈闭类型、圈闭面积、圈闭幅度以及圈闭埋深四个方面的属性，依据相应的数据对这些属性进行操作就能产生圈闭条件评价的结论。不同油田的圈闭评价都可以按照本体模型进行研究，只是针对的具体数据不同。

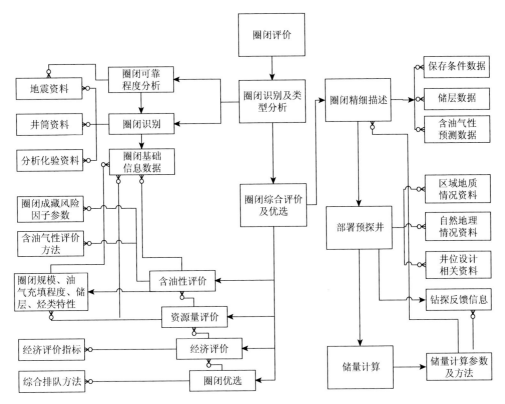

图 7-5　圈闭评价的业务流程图

7.3　勘探过程模型的建立

油气知识表征技术的核心思想包括两点，一是建立面向主题对象的过程知识模型，二是建立过程知识模型中每个模块的本体模型。当模块的本体模型与过程的知识模型有效地整合后就是油气领域中一个完整的本体知识模型，把建立的所有本体知识模型利用数据仓库的技术进行管理和维护就形成了勘探开发的本体知识库，进而帮助地质家提高决策的效率和准确率。

油气地质综合研究过程模型的建立是在相关主题业务和数据支撑分析的基础上进行的，井位部署的评价因素包括烃源岩、油气运移、储层物性、区域盖层和圈闭类型五个方面，涉及的相关数据的具体业务流程如图 7-6 所示。

油气地质综合研究的一级主题业务主要包括区域地质概况、烃源岩分布、储层评价、区域盖层确定、油气运聚分析、圈闭类型判断和井位部署的综合分析与研究七个方面的研究。同样，油气地质综合研究的一级过程模型包括区域地质概况、烃源岩分析、储层评价、区域盖层确定、油气运聚关系分析、圈闭类型判断、井位部署综合分析与研究七个主要的业务流程模块（图7-7）。每个模块由四个要素组成，左边表示模块指令的输入，右边表示处理结果的输出，上面表示外部数据的输入，下面表示执行模块功能的组织和人员，按照业务流程的各个模块之间存在支撑和并列关系，上一个模块的输出结果可以作为下一个模块的数据输入，进而支撑下一个模块的功能实现，支撑关系用带箭头线条连接，并列关系不用相连，这就构成了针对储层评价业务主题的过程知识模型。

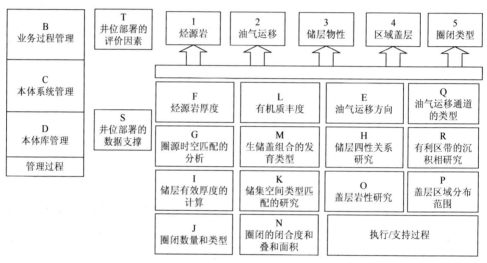

图 7-6　井位部署的主题业务和数据支撑系统图

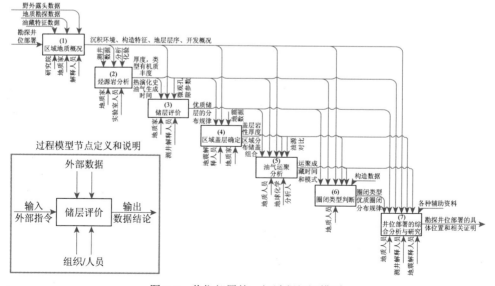

图 7-7　井位部署的一级过程知识模型

　　油气知识表征技术的系统构架由三级过程模型组成，一级是整体的过程；二级是在一级模型的基础上更细的过程；三级是针对二级模型中各个节点的过程操作、数据流程和业务流程等（图7-8）。

　　示外部数据的输入，下面表示执行模块功能的组织和人员，按照业务流程的各个模块之间存在支撑和并列关系，上一个模块的输出结果可以作为下一个模块的数据输入，进而支撑下一个模块的功能实现，支撑关系用带箭头线条连接，并列关系不用相连，这样就构成了针对储层评价业务主题的过程知识模型。

　　储层评价的过程模型包括沉积相研究、储层岩性识别、储层类型划分、微观孔隙参数分析、储层物性模型建立、四性关系研究、储盖组合类型确定以及储层级别的划分和评价8个环节，每个环节都是按照储层评价的业务流程进行的，前面环节得出的结论和数据对后面环节的操作都有支撑作用，最终形成一套完整的储层评价体系。

　　同理，其他各个过程需要同样的细分过程，如烃源岩分析的过程模型包括沉积相研究、地层对比分析、岩性研究、地化资料分析、有机质类型确定、地质热演化史研究以及烃源岩地层的综合评价7个环节。

　　油气地质综合研究的过程模型包括1个一级过程模型和7个二级过程模型，二级模型共计49个过程节点，本体模型就是通过利用地质、油藏、测井、地震、实验数据等各种资料对这些节点进行展开，把相应的数据流和业务流进行系统的整合，最后形成油气地质综合研究的一个有机整体。

　　而三级过程模型主要是利用各类资料对油气综合研究所涉及的子主题进行详细的展开，把相关的业务流和数据流进行有效的整合和梳理，形成一个完整的子主题评价模型，这是油气地质综合研究的基础（图7-9）。

　　沉积相研究的三级过程模型包括数据类、依据类得到的结论以及各种类和结论之间的相关关系。沉积相研究所涉及的类有野外露头资料、录井资料、取心井资料、地震资料和测井资料5个类的数据，每个类的属性和具体的操作见图。依据这些操作可以得到关于沉积相的结论，然后利用计算机语言对这些类和结论进行连接，形成沉积相评价的数据流和业务流。

　　同理，储层岩性识别的三级过程模型包括数据类、依据类得到的结论以及各种类和结论之间的相关关系。储层岩性识别所涉及的类有矿物分析资料、岩性描述资料、沉积韵律和水动力资料、测井数据、岩心分析数据、密闭取心井资料6个类，每个类的属性和具体的操作见图。依据这些操作可以得到关于岩性识别的结论，然后利用计算机语言对这些类和结论进行连接，形成储层岩性识别的数据流和业务流。

　　通过对储层评价二级过程模型中的八个节点进行系统的分析和研究，形成了储层评价中的八个三级过程模型，三级过程模型所涉及的是对具体的评价主题和基础数据进行研究的过程，得出的结论直接传送给二级过程模型中的节点进行分析，最终优选出井位部署的有利储层。

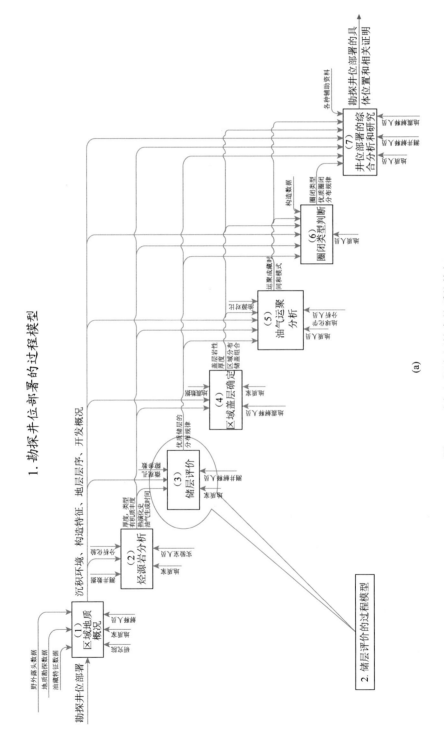

图 7-8　油气知识表征技术的系统构架

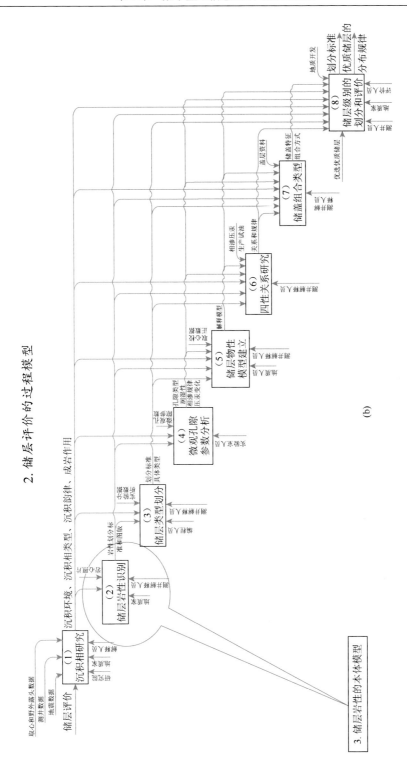

图 7-8　油气知识表征技术的系统构架

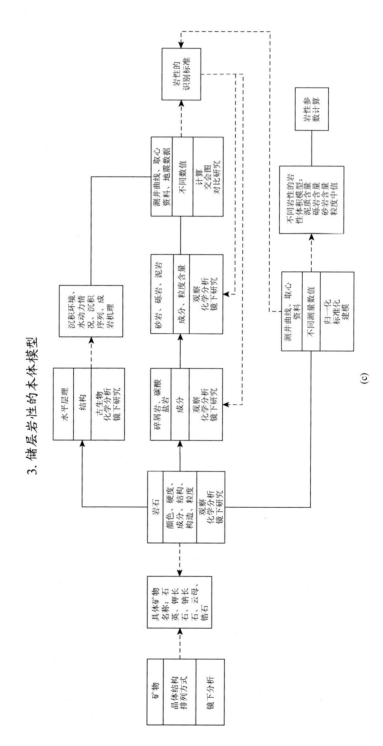

图 7-8 油气知识表征技术的系统构架

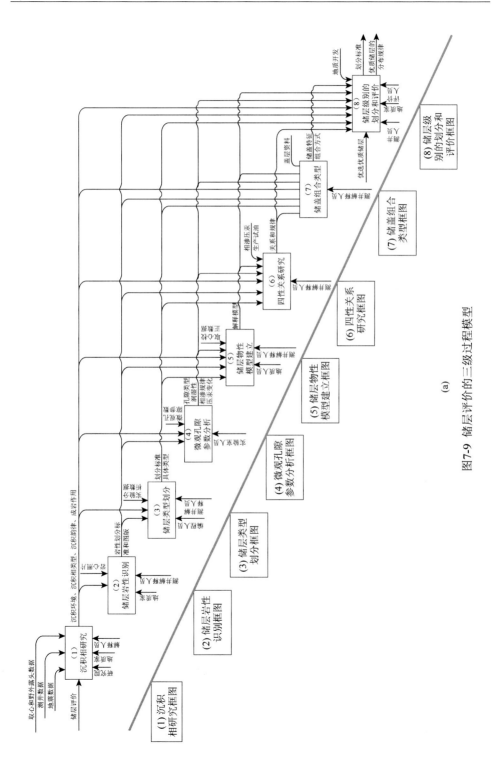

图7-9　储层评价的三级过程模型

(1) 沉积相研究

(2) 储层岩性识别

(3) 储层类型划分

(4) 微观孔隙参数分析

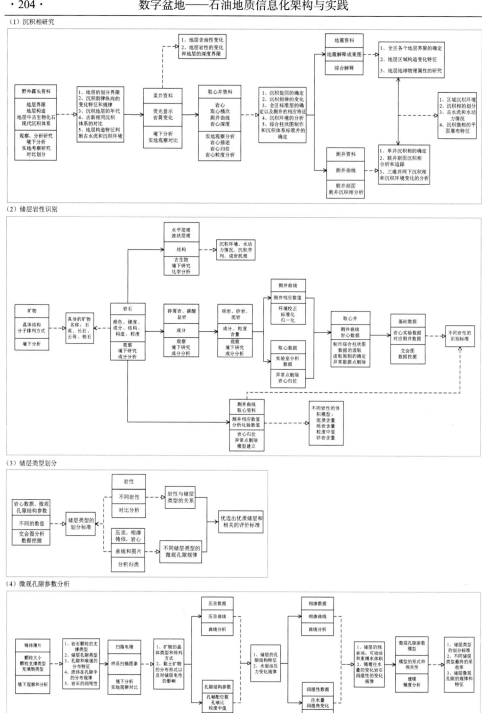

(b)

图 7-9　储层评价的三级过程模型

（5）储层物性模型建立

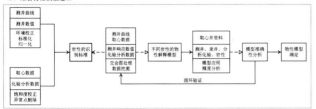

（6）四性关系研究

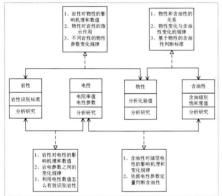

（7）储盖组合类型

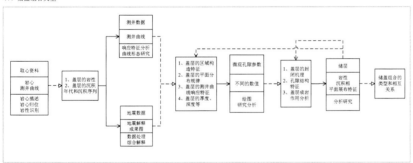

（8）储层级别的划分和评价

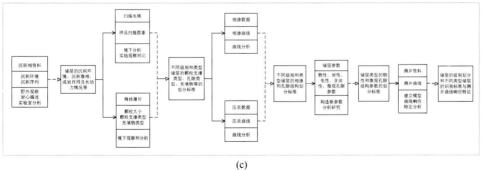

(c)

图 7-9　储层评价的三级过程模型

　　烃源岩分析的本体模型通过利用地质、油藏、测井、地震、实验数据等各种资料对二级模型节点进行展开，把相应的数据流和业务流进行系统的整合，最后形成烃源岩评价的一个有机整体（袁国铭、李洪奇等，2011）。

　　区域盖层确定的本体模型通过利用地质、油藏、测井、地震、实验数据等各种资料对二级模型节点进行展开，把相应的数据流和业务流进行系统的整合，最后形成区域盖层评价的一个有机整体（李曼，2005）。

7.4　油气勘探本体模型的建立

1. 油气地质综合研究本体构建方法

　　一个专业领域的本体模型首先必须确定一个业务主题，在相关业务主题的指导下收集和整理该业务范围内的所有的词汇和专业术语，然后按照词汇的等级合理划分词集，以树形或网状的结构模式组织这些词汇之间的关系，在词集整理完善的基础上要建立这些词汇的概念、属性、评价技术和参数、操作流程和识别标准以及词汇之间的关系等，这样就形成了一个完整的领域本体模型（图 7-10）。

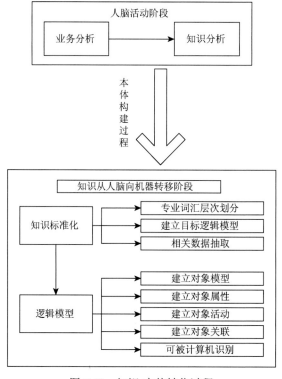

图 7-10　知识-本体转化过程

领域本体模型构建过程的实质是对人脑活动过程进行抽象,对知识进行整合,使之成为能被计算机所识别并存储的过程。

2. 油气地质综合研究概述

确定含油气有利区带之前,首先需要进行系统的勘探工作。勘探程度由粗到细,勘探区域由大到小。从盆地评价开始,到区带评价以及更具体的圈闭评价,一步一步细化勘探步骤,分别从生、储、盖、圈、运、保六方面对目标区域进行评价,同时对其他各方面因素加以综合,最终确定钻井位置,为试油采油工作做好前期准备。

3. 油气地质综合研究业务流程

油气地质综合研究业务过程模型可划分为三个级别,一级是整体的过程;二级是在一级模型的基础上更细的过程;三级是针对二级模型中各个节点的过程操作、数据流程和业务流程等。

油气地质综合研究一级过程模型包括 7 个环节,分别为区域地质概况、烃源岩分析、储层评价、区域盖层确定、油气运距关系分析、圈闭类型判断和井位部署综合分析研究。其中,每个环节又具有自身独立的二级过程模型节点和三级数据流,如图 7-11 所示。

油气地质综合研究的过程模型包括 1 个一级过程模型和 7 个二级过程模型,二级模型共计 49 个过程节点,三级过程模型通过利用地质、油藏、测井、地震、实验数据等各种资料对这些节点进行展开,把相应的数据流和业务流进行系统的整合,最后形成油气地质综合研究的一个有机整体。

我们在前期研究中对 49 个二级过程模型节点进行分析,剔除方法和操作性过程节点,对剩下的概念性节点进行整合归纳,构建出四大本体,即沉积相本体、岩性本体、储层类型本体和储盖组合本体。其中,每个本体信息涵盖量较大,内容反复应用于油气地质综合研究各个二级过程之中。鉴于二级过程节点内容的复杂性和高频使用性,本体模型的优势得以凸显,即术语“标准化”、领域知识“规范化”以及知识的“可重用性”。

4. 沉积相本体模型的建立

依据石油勘探开发的过程知识模型可以清楚地了解每个主题的业务流程和数据流程以及每个业务模块的功能和作用,并且可以知道模块之间是以什么样的关系进行连接,进而对最终的评价结果提供帮助。过程模型只给出了具体的流程,怎么实现这些模块的功能就必须依据本体模型的支撑,本体模型必须具备词名、属性、操作和关系四个要素。首先,必须收集相关领域的词汇和术语,并对词集的级别进行划分;然后,对每个词名的属性进行分析,针对属性特征定义相关的操作;最后,建立每个词集之间的相互关系,这样就形成了一个完整的本体模型。

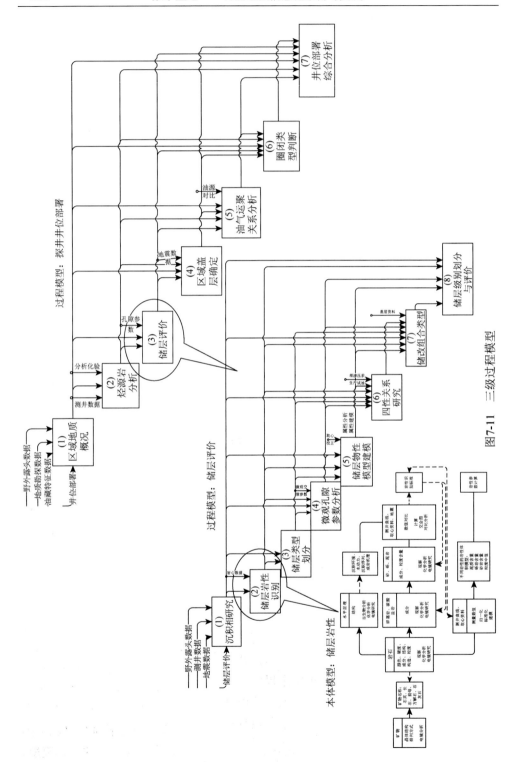

图7-11 三级过程模型

沉积相研究贯穿于油气地质综合研究各个环节，无论对于储层评价过程、区域地质概况分析、烃源岩分析还是盖层和圈闭的研究中都起到了基础性作用。因此，首先建立沉积相研究本体。在本体表示过程中，涉及概念、属性、内容以及它们之间的相互关系。为了显示更加直观清晰，特别约定本体表示图例，如图 7-12 所示。

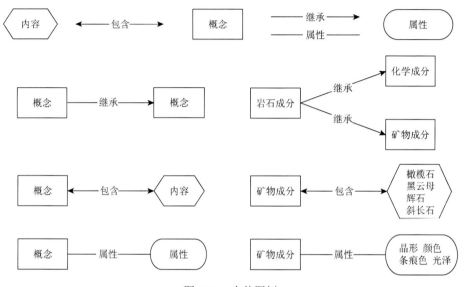

图 7-12　本体图例

矩形代表概念，六边形代表概念所包含的内容，圆形表示概念的属性。元素之间的关系可以分为三种，继承关系、包含关系和属性关系，分别用双箭头直线、单箭头直线和直线表示。

例如，岩石成分这个父概念可以划分为两个子概念，即化学成分和矿物成分，可以通过化学成分和矿物成分这两个方面对岩石成分进行细化描述。子概念与概念间为继承关系。矿物成分这个子概念包含具体的矿物成分名称，如橄榄石或黑云母可用六边形框表示，具体矿物成分名称与矿物成分为包含关系。同时，矿物成分具有晶形、颜色以及光泽等属性，通过这些属性可以对矿物成分进行定性和定量评价。

沉积相研究实际上就是通过野外地质露头资料、测井录井资料以及地震资料，确定沉积旋回韵律，判断区域沉积环境和水动力特点，划分出沉积相和沉积微相的过程。剔除人为操作，沉积相本体本身的组成部分应包含四部分内容，分别为沉积环境、沉积岩特征、沉积相模式和沉积相类型。沉积相为沉积环境及在该环境中形成的沉积岩的特征的综合，而其中沉积环境是形成沉积岩特征的决定因素，沉积岩特征是沉积环境的物质表象。相模式是对沉积环境及其沉积产物和沉积过程的高度概括。沉积岩特征和相模式是恢复和再现古代沉积环境的两个重要手段。

5. 储层岩性本体模型的建立

储层岩性识别是储层评价的一项重要内容,是精细油藏描述的一项重要工作,也是进一步进行地层对比、沉积相分析等地质勘探研究的重要任务。储层岩性识别工作流程同样也贯穿于油气地质综合研究的各个二级过程模型中。精确的岩性识别为储层参数精细解释、沉积相研究、储层综合评价以及最终的井位部署奠定了良好的技术基础。

储层岩性识别是通过对岩心观察、岩性分析、试油参数分析和测井曲线的特征研究,综合分析利用常规曲线和测井新技术等方法实现对储层岩性的定性和定量识别。其主要步骤为,首先从岩石矿物入手,通过镜下分析确定造岩矿物的晶体结构和排列方式,确定矿物具体名称。再根据造岩矿物性质,通过古生物特征分析、镜下研究以及成分分析等方法判断岩石层理以及定量确定储层岩石性质。最后结合取心资料和各种测井数据,建立目标地区储层岩性的划分标准。

在岩性识别过程所涉及的内容及成果的基础上,从岩石成分、岩石结构、岩石构造、岩石物理性质和岩性五大方面构建储层岩性本体。

储层岩性本体的基本单位是岩石,而岩石是由矿物成分和化学成分组成。矿物和化学成分均有各自的属性。不同岩性的岩石具有不同的结构特征、构造特征以及岩石的物理性质。这些特征均是一种岩性区别于另外一种岩性的属性。基于这些属性,储层岩性划分标准得以确定,储层岩性得以区分。

6. 储层类型本体模型的建立

储层类型划分的过程首先研究分析储层岩石沉积环境和分布情况。根据岩心数据、测井资料以及地震资料确定岩心储集空间类型和微观空隙结构参数,分析储层物性、岩性、建立储层类型的划分标准。最后确定储集体类型、分布状况和储层控制因素,对储层类型进行综合评价,优选出优质的储层和总结出储层的评价标准。

考虑到储层类型划分过程中所涉及的相关内容,包括储层岩性、储集空间类型、储集体类型等,储层本体应由储层性质、储层岩性和储集类型三大部分内容所支撑。储层性质包括沉积环境、储层分布、储集空间类型和储层物性,这些内容是储层的基本特性。在此基础上,结合岩心、测井和地震资料可对储层岩性特征进行分析,由此建立储层类型划分标准,识别储集体类型,并确定优质储层。为井位部署的最终决策提供相应的数据和技术两方面的支撑,帮助地质家和专业技术人员快速、准确地分析和研究目的层的储层类型。

7. 储盖组合类型本体

在油气勘探中,勘探人员需要从生、储、盖、圈、运、保六方面对目标区域进行评价。上述六方面条件并非独立存在，而是相互关联，相互制约。圈闭的含油气能力不仅取决于储层性质和盖层性质，在很大程度上也依赖于储盖层组合关系。储盖层组合关系是储层含油气能力的一个主要因素。

按照储层岩石类型，可将储层分为：碎屑岩储层、碳酸盐岩储层、火山岩储层、结晶岩储层及泥质岩储层。度量储集层能力的参数是孔隙度、渗透率、孔隙类型等。盖层按照岩性分类可分为膏岩类盖层、泥质岩类盖层和碳酸盐岩类盖层。盖层封闭机理分为三种，分别为物性封闭、超压封闭和烃浓度封闭，这些封闭机理也是盖层评价因素的重要依据。但是储层含油性不单单取决于储层和盖层各自条件的优劣，还受储盖组合的控制。在建立储盖组合本体时，首先从储盖层各自性质入手，剖析储层盖层的控制因素，进而分析储盖层组合类型。

8. 储层评价本体

储层是地下具有连通的孔隙、裂缝或孔洞，能储存油、气、水，又能让油、气、水在这些连通空隙中流动的岩层。储层评价是地层评价的核心，也是测井工程的一项重要内容，是精细油藏描述的一项重要工作。储层评价工作流程同样也贯穿于测井解释的各个二级过程模型中。

储层评价是通过对区块储量分析、区块试油参数分析、以往储层评价结果、烃源岩评价结果、钻井分层结果和测井曲线的特征研究，综合分析利用常规曲线和测井新技术等方法实现对储层的准确评价。其主要内容包括评价储集层的岩性（确定矿物成分和泥质含量）、储油物性（主要是指孔隙度和渗透率）、含油性（指岩石空隙中是否含有油气以及油气的多少）以及产能评价。

在储层评价过程所涉及的内容及成果的基础上，从区块储量、试油参数、以往储层评价结果、烃源岩评价结果和地质分层五大方面构建储层评价本体。储层评价工作中，影响因素跨度大，范围广，通过整理上述方面数据，得到五方面的参数属性列表，这就是储层评价的本质知识模型，最后，基于这些参数属性，储层评价工作得以顺利展开。

过程模型可以提供主题业务的具体流程和相关数据的输入输出，模块的本体模型可以提供实现模块功能的评价标准和操作规范，是一个具有普适性规律的知识组合，因此，两者的有效结合并且利用数据仓库的技术进行管理和维护，就形成了一个勘探开发领域的本体知识库。一方面，它把大部分地质家和软件开发工作者的思想进行了总结和归纳，形成了一个完整的知识过程和规范操作；另一方面，它利用计算技术对这些知识进行管理，大大提高了勘探开发的决策效率。

储层评价的本体模型通过利用地质、油藏、测井、地震、实验数据等各种资料对二级模型节点进行展开，把相应的数据流和业务流进行系统的整合，最后形成储层评价的一个有机整体。

　　过程模型可以提供主题业务的具体流程和相关数据的输入输出，模块的本体模型可以提供实现模块功能的评价标准和操作规范，是一个具有普适性规律的知识组合。因此，两者的有效结合并且利用数据仓库的技术进行管理和维护，就形成了一个勘探开发领域的本体知识库。

　　领域本体模型的构建必须基于相关专业的系统知识和技术，在收集专业词汇和术语的基础上对这些词集按照业务流程进行合理的划分。我们对油气地质综合研究的业务过程进行细致分析，建立了油气地质综合研究过程模型，包括 1 个一级过程模型和 7 个二级过程模型，二级过程模型共计 49 个过程节点。提取这 49 个节点中被重复共享使用的知识领域，搜索该领域专业词汇，剔除井位部署领域之外或生僻冷门词汇，并按照不同等级对领域专业词汇进行划分。井位部署本体模型的构建收集和整理涉及沉积相研究、储层岩性识别、储层类型划分和储盖层组合关系。将油气地质综合研究过程模型标准化后转化为计算机可以识别的模型，转入计算机中，并将地区具体勘探数据装载进本体属性表，在计算机上以可视化方式呈现出来，且支持智能搜索。

　　在实际勘探工作过程中，地质人员可根据需要，在计算机中搜索井位部署相关流程，获得数据输入输出节点，查询领域知识本体相关信息等。领域知识本体可以提供关于领域知识的专业词汇、词汇概念分级、概念所包含的内容、概念的属性以及属性的说明和值域范围。

　　通过将本体概念引入到专业领域的知识模型建立中，并以此为基础而实现的油气勘探知识表征技术将具有以下几方面的优越性。

　　（1）支持专业领域的智能搜索引擎。

　　（2）领域本体是数据库的灵魂。

　　（3）可以实现领域内过程知识的匹配和回溯。

　　（4）领域本体是该领域内其他数据库的"加工厂"，可以把分散的、没有联系的数据按照一定的逻辑关系自动整理成领域专家需要的知识，并且以简洁、清楚和可视化的方式显示，帮助专家进行决策。

7.5　本体知识模型的管理

7.5.1　本体知识模型的管理技术

　　知识本体是领域概念及概念之间关系的规范化描述，这种描述是规范、明确、形式化、可共享的。"明确"意味着所采用概念的类型和它们应用的约束实行明确的定义。知识本体的目标是捕获相关领域的知识，提供对该领域知识的共同理解，确定该领域内共同认可的词汇，并从不同层次的形式化模式上给出这些词汇和词汇间相互关系的明确定义。基于本质的知识描述与管理具有长期的理论体系和大量的时间应用。

勘探开发中的各种成果和数据无组织地存放在磁盘中。为了方便用户对知识的管理和查询，建立了勘探开发领域本体管理系统，实现了对领域内概念、属性、活动的规范化描述和存储，根据本体库的知识结构对知识进行分类组织和存储，实现了知识的快速查询和共享。

油气领域本体知识库主要包括四个方面的内容：①本体的存储；②本体模块的功能；③本体的描述；④本体的可视化。这四个要素构成了本体知识库的全部技术要点，以油气地质综合研究为例对这些要素进行了研究和分析。

1. 本体的存储

在勘探开发知识管理系统中，建立了知识的本体模型和过程模型，并根据模型对知识进行分类和组织。知识搜索实现了对勘探开发过程中本体的搜索、过程模型的搜索以及相关的知识搜索。知识浏览以本体和过程为中心，显示相关的知识。知识评价则是按照评价体系和评价标准，对本体和过程模型进行检查和确认。

油气知识表征技术的核心思想是利用过程模型把勘探开发中各个专家形成的主观思想规范、清晰、系统地表示出来，并且能够使用计算机语言进行编辑和操作，实现了对知识的存储和共享。

1）过程模型的存储

过程模型是由一系列的执行单元组成，每个执行单元包括指令输入、组织人员、外部数据输入、结论输出四个部分的结构。

将每一个处理单元作为一个节点，输入输出作为节点的端口，则过程模型由一系列的节点以及节点的端口组成。将过程模型进行存储，实现了知识的存储和共享，设计了过程模型存储的数据结构，该数据结构通过建立三张关联数据表，实现了对过程模型的存储，过程表：存储过程模型的基本信息；节点表：存储了过程模型中的所有节点信息；端口表：存储过程模型中每一个节点的输入和输出信息。

2）过程模型的维护

实现了过程的添加、插入、编辑和删除；实现了节点的添加、编辑和删除；实现了端口的添加、编辑和删除。

3）过程模型的可视化

从数据库中读取过程模型的数据信息，生成过程模型树，可以选择并自动绘制出过程模型图。点击一个节点，可以显示出该节点对应的二级过程模型，并实现了过程模型图的放大、缩小、导出 jpg 的功能。

2. 本体管理系统的功能模块

1）本体的浏览

以树状结构显示领域本体中的知识结构，选择一个领域，可以显示该领域的名称、属性和活动，实现了对知识的快速查询。

2）本体维护

领域的知识是不断变化和发展的，因此需要对描述领域知识的本体进行维护。本体维护主要包括添加、删除和编辑。添加本体的时候可以逐个添加领域内的概念、属性和活动，也可以通过 Excel 进行添加本体。

3. 本体的描述

本体描述采用通用的本体描述语言 OWL（web ontology language），对本体进行描述，通过导出本体的 OWL 文件，实现了领域内本体的共享。

4. 本体的可视化

本体的可视化是指针对本体概念的形象化表达，其可视化实现了领域内各种知识概念、活动之间的关系（图 7-13）。

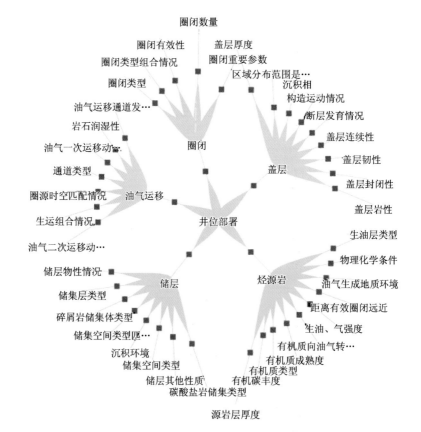

图 7-13　地质综合研究本体的可视化表示

7.5.2　知识抽取技术研究

石油地质综合研究的成果是一系列无组织的文档，这些信息在工程勘察报告中未被充分利用。我们使用自然语言处理和统计学的方法对这些文本进行知识抽取，得到每篇文章的核心内容、主题词以及从大规模勘探开发预料中获取所需要的概念和概念之间的关系，用可视化的方式来显示这些语义关系，使得搜索的结果更加智能化，最终形成一个面向主题思想的过程模型。

知识抽取的具体方法流程为：首先构建专业石油勘探开发词条库，包括专业词库和属性词库，在中国石油勘探开发专业词条整理的基础上，人工填充一些必备的词库；然后建立语义谓词表，在专业石油勘探开发报告以及论文中，能反映概念之间关系的词大多数都是动词，因此采用动词作为关联关系词，如"是、呈现、属于、占据、钻遇、组成、构成、包括"等。

利用知识抽取技术可以快速地对文献资料进行知识模型的提取和建立，帮助地质学家更好地理解方法的过程和操作，为本体知识模型的建立提供技术基础。

7.6　油气勘探知识管理的意义

长期以来，信息技术仅仅作为一种基础工具来为地质工作者提供数据和展示软件，而地质研究中大量的抽象性和创造性的工作，尤其是构思成藏过程与模式等复杂思维过程，被划归为地质专家的工作范畴。面对智能化的发展趋势，如何运行信息技术实现业务更大程度的自动化和智能化一直是我们探索的重点，知识工程与知识管理技术便应运而生。

我们的业务体系，其核心理论、目标、流程和方法已经在前面的章节中进行了较为详细的描述。但是这种描述依旧停留在定性的层面，将业务描述从定性到定量的过程转化，是实现数字盆地从数据应用到业务智能化的关键。

知识体系作为一种重要的信息要素具有独有的特点和意义。知识体系本身是一种信息技术，但与数据、软件这些信息技术不同，她兼具数据和逻辑的双重性质，知识模型是联系业务体系和信息体系的中介，知识将业务模型建立一种结构化和量化的表述模式，从而使石油地质形成一种可以为信息技术所理解的表达方法。因此，知识属于数据的一种，但其又是一种特殊的、高层次的数据，是一种针对信息处理模式甚至是思维模式的表达，这就决定了知识作为一种高级的信息技术，其内容不仅是针对数据体系的描述和组织，同时更是对业务体系的构建、表述和建立思维模式的技术，这决定了知识体系同时成为了业务与信息之间建立联系的桥梁。

到了我们重新认识知识的时候了。

油气勘探中运用信息技术最大的困扰，是如何将数据和数据处理（软件）过程围绕一个业务主题进行综合组织。例如对于一个业务研究主题的解析，由目标说开去，首先是这业务主题要解决的业务问题是如何描述；其次是针对这个业务问题，其处理过程与逻辑的公式化或量化的定义，这形成了业务模型的过程描述，再其次是明确这个业务模型的运转需要的数据体系，其数据的范围、种类与格式的定义；最后，是信息经由业务模型被处理成为什么样的数据结果，这些成果数据的种类、内容与格式定义。而油气地质研究的过程，就是这样一个个业务主题通过流程组合，通过不同主题之间数据的顺畅流转，建立更为复杂的认知与分析模型，从而实现基于已有探测数据的量化判断。

本章节通过三个方面对知识作用展开表述，第一是知识分类及其基本表述技术，提出了知识表述的基本技术与方法；第二是基于石油地质的业务表述方法及其知识模型，提出了面向石油地质的业务知识体系及其相互关联关系，应用知识表述技术实现了业务全过程及其内在关系的量化表达；第三是知识表述的组织和管理，通过本体管理、业务过程和要素的管理，提供业务过程的知识定制。通过这三个部分的探索与实践，充分展示了知识体系建设对于油气勘探的精确、高效乃至智能化发展具有重大的作用，结合近年来的技术研究与业务实践来看，这种作用主要体现在以下几个方面。

1. 知识对当前信息技术发展方向的意义

信息技术体系本身就是一种可量化的过程。通过知识体系不仅可以描述数据和软件逻辑，同时也可以依据业务目标针对数据进行有目的的处理、重组、关联和整合，使数据模型与领域模型的建设具有了目标和业务约束，从而保证了基础数据建设的目标性。

2. 知识是贯穿整合信息技术架构全过程的整合要素

基于业务的知识表述技术，保证了从数据模型到数据服务，从软件架构到业务功能；从信息解决方案到行业解决方案的一致性。这种一致性保证了一个信息技术架构在实现"业务微循环"的过程中能够从业务目标出发，将信息架构中不同层次的技术相互串联为一个整体，达到"以软件技术框架为规范的，从数据到服务、从模型到方法、从模块到软件集成的一个小型的层次化研发过程"。

3. 知识对于业务体系结构化和清晰化的意义

知识不仅描述了业务体系，也量化了业务服务目标，从而实现信息体系与业务目标形成一个整体。通过将其分解为多个独立的业务主题，进而通过各个业务主题的量化和组合，形成了针对某一特定地质环境下的信息化解决方案，为地质专家研究与分析勘探目标建立了一个完整的流程与方法体系，这种流程与方法作为长期地质理论与实践活动的智慧结晶，将促进后续的研究在前人研究经验和成果基础上逐步深化，逐步构建科学与系统的研究体系。

4. 知识的应用为新技术与新方法的应用奠定基础

不断发展的信息技术与方法为特定业务主题的研究提供了增长点，通过针对业务目标的量化描述，使得新技术能够得到快速的应用。例如，基于大数据的数据挖掘技术，属于传统数据挖掘技术随着信息技术的发展而不断深化应用，如果在数据挖掘之前没有形成基于挖掘点的知识体系梳理，便会存在数据挖掘的信息散乱和目标不清晰的问题，这也是过去多年来数据挖掘无法规模化应用的一个重要原因，针对业务主题的知识表述就是针对业务需求，解决其数据筛选、归一化和业务要素描述的关键问题，便可以实现更为精确和有效的处理效果。

综上所述，传统的油气勘探过程重心在于对油气地质环境的定性描述，通过总结归纳油气产生的机理和成藏模式来建立石油地质的基础理论。而业务与信息的融合最关键的一环，就是将业务本身的特征找到合理的量化表述方式，进而通过信息技术对数据和逻辑的组织建立针对这种业务量化表述的实现，确切点说，是将隐性的知识变成显性的知识，是将地质业务变成信息化表达，将人工的流程通过自动化处理来推进地质研究的智慧。

7.7 本 章 小 结

本章节定义和阐述油气勘探中"知识管理"的概念和技术体系。

勘探地质研究的知识体系是针对研究的地质背景、规则标准、流程方法、案例模型以及针对当前业务主题的信息组织方式。本章节针对地质综合研究中的五类知识进行了分类并展开了知识表述说明，通过对地质综合研究这一业务过程中的业务体系、研究主题、关联模式、数学模型和案例等五类业务描述形成不同的知识类别，从而实现对业务多角度展开清晰化描述，最终形成面向油气勘探的知识模型。

本章在上述理论体系基础上，系统研究了面向决策本体、过程和决策的知识表征技术，系统的划分专业词集，以树形或网状的结构模式建立这些词汇的概念、属性、评价技术和参数、操作流程和识别标准以及词汇之间的关系等，剖析形成了油气地质勘探的业务领域中知识本体与过程本体技术。

　　针对油气勘探的业务流程，尤其是地质研究分析的流程进行流程表述并应用知识管理技术进行表征和记录，是今后针对地质研究的业务主题展开有序的数据组织、知识组织和模型组织的基础工作，也是后期展开基于地质模型的模拟、计算和分析的最基础工作。这种表述，使得地质研究从定性描述走向了定量描述，从而具有了极其重大的意义。

第8章 地质模型的建立

地质建模是建立能够反映油气地质对象结构和属性的静态模型的过程。三维地质建模是 20 世纪 80 年代中后期首先在国外发展起来的储层表征新领域，即把储层三维网格化后，对各个网格赋以相应的参数值，按三维空间分布位置存入计算机内，形成三维数据体，不仅可进行储层的三维显示，也可进行各种运算和分析。其核心是对井间储层进行多学科综合一体化、三维定量化及可视化的预测。数字盆地的地质建模技术与传统的地质建模技术体系基本一致，均为从构造模型到实体模型的流程，即以地震解释结果建立构造模型，通过地质分析建立岩相模型，逐步形成具有孔隙度、渗透率等地质属性的网格化实体模型。但由于油气勘探阶段相对油藏开发阶段的井筒资料较少，在确定地质构造与属性上的不确定性更加明显。因此，数字盆地的地质建模工作在流程和数据的应用上有一定的差异，需要建立特定的数据组织技术和不同地质对象的建模技术，形成面向油气地质研究业务的三维地质建模流程。

8.1 多尺度地质建模关键技术

1. 井筒数据的多尺度组织与建模

1）井筒数据粗化

钻井作业中的测斜数据只是各离散测点处的基本参数，并不反映井眼轨迹的实际形态，井眼空间位置的确定需要在此基础上通过某种测斜计算方法得到。井轨迹定位使用 12.5m 间隔或者更小精度来进行数据的采集，这样产生的井轨迹数据会包括大量的数据点。如果在井轨迹的三维展示中使用全部采样点进行展示，不仅大量地消耗了内存空间，也降低了系统的运行效率，因此，需要引入两个参数：阈值参数 angle 及抽稀度参数 N，针对井斜数据设计数据点粗化算法。通过引入两个参数：阈值参数 angle 以及抽稀度参数 N，对于阈值参数 angle，参考原始井斜数据相邻两点的偏离角度，当该角度大于某个给定阈值的时候，该点作为控制点不能进行粗化操作；当该点小于给定值的时候，可以对其进行粗化操作。对于粗化参数 N，考虑到多个相邻点连续角度都有变化并且变化范围都没有超过给定值的时候，可以使用 N 个点抽取一个点的规则进行粗化，这样可以避免将大量连续偏离角度小的变化点进行粗化，从而导致井轨迹失真的效果。粗化后的井轨迹虽然精度上不如原始数据，但是用在井筒低精度级别显示时，可以有效地提升系统的运行效率并降低内存的消耗。

对于地质录井数据和测井数据，它们的采集精度非常高，通常都是 0.125m 一个采样点（8 采样点/m），但是这些数据往往不是全程测量的，仅仅是针对井筒的某一段进行测量。因而，对于这些数据并没有将其强制降低精度跟井轨迹一起显示，而是采用显示多个井轨迹的方案进行处理。原始的井轨迹数据可以采用井筒（直径为 R）进行三维展示，属性数据可以使用井筒直径大于 R 的方式进行展示。这样的处理既不影响原始井轨迹的展示，还可以清晰地展示相关的属性数据。

2）井筒的 LOD 模型

1976 年，Clark 提出了细节层次（levels of detail，简称 LOD）模型的概念，认为当物体覆盖屏幕较小区域时，可以使用该物体描述较粗的模型，并给出了一个用于可见面判定算法的几何层次模型，以便对复杂场景进行快速绘制。由于三维工区的范围都很大，所以在一个三维工区中会涉及较多的探井、开发井，每口井的钻井、录井、测井、试油和分析化验数据较多，在有限的三维空间中展示这些井筒数据会使用户无法看清关心的信息，因此需要对井筒数据在不同显示尺度下显示的三维对象进行显示分级处理，即在大的尺度下，只显示用户关心的重点井，随着尺度的逐渐减小，显示的井数目逐渐增多，直到尺度足够小，才显示所有的井信息。对于分级显示有多种解决方案，在这里是基于距离的，即当相机的距离与整个场景的距离由大变小时，显示的井数目就越少，井的信息就越详细。

为了能够合理绘制标准比例尺下与井相关的各类图件，依据每口井的重要程度，为了能够合理绘制标准比例尺下与井相关的各类图件，需要在建模过程中制定各个比例尺图件应该包含的井位信息，并保存下各个比例尺图件应该包含的井位名称，例如，基于 LOD 技术，可以将井信息分为 7 个离散的细节层次。按照尺度由大到小的顺序，前五个细节层次分别为 1∶20 万、1∶10 万、1∶5 万、1∶2.5 万、1∶1 万五种比例尺下的图件应该包含的井位数据，且都使用"井圈+井名"的方式表示，仅用于标志油气井的位置与井的名称。后两个细节层次中绘制的井位数据与 1∶1 万比例尺下的图件包含的井位数据相同：其中较大尺度的细节层次使用"低精度井轨迹+井圈+井名+地质分层+油气层"的方式绘制井信息；最小尺度的细节层次使用"高精度井轨迹+井圈+井名+地质分层+油气层+测井曲线等"方式绘制井信息。

同时，在对井筒信息进行三维场景的构建过程中，需要读取多个数据源的大量数据，在显示的井筒数量较多时，数据库读取数据使得整个系统的运行效率受到了很大的影响。因此，需将井信息按照前述的模型组织方式构建模型，保存到本地缓存文件中，以便减少数据库的读取次数，提升系统的运行效率。

2. 地层数据组织与建模技术

在油气田勘探过程中，地质勘察、地球物理和地球化学等各种技术手段的使用为研究区的三维地层模型的建立提供了丰富的数据资料。从数据表现形式来看，主要有钻井类型数据（如钻探数据）、剖面类数据（如各种地质剖面图）和地震解释构造层位（含断层）、地层分界面构造等高线数据等。这些数据从不同的侧面刻画了地质体信息，为地层的构建提供数据来源。

目前，在地层数据模型方面，主流的方法为表面模型（或称结构面），其形式多样，主要有等高线模型、Grid 模型、TIN 模型等，最为常用的是基于采样点数据构建的 TIN 模型。其次为一些实体模型，主要包括角点网格模型、GTP 模型、广义三棱柱、三棱柱模型、不规则六面体模型等。此外，还有多种其他类型的模型，如混合模型、对象进化模型等，在石油勘探中一般采用的是角点网格模型，其他模型的表达不符合地质特点。

地层构建的关键在于构建地层分界面。地层分界面是不同属性地层与地层的分界面，其数据来源主要是地震勘探。一个地层分界面可以唯一代表其下面（或上面）紧邻地层的分界面，因此，在三维地层模型中对地层的研究可转化为对地层分界面的研究。对于近平面形状的地层面来说，可用其走向、倾向和倾角等产状数据来表示，但实际上地层面往往不是稳定的平直面，而是沿走向和倾向都会发生变化而形成的曲面，并且受到地层沉积环境的影响，特别是断层的广泛发育，破坏了地层面的连续性，使其呈现不同的复杂形态。利用 TIN 模拟地层面，可以方便地实现地层面高低起伏、断层、不整合面、透镜体的表达，但对地层边界的确定以及断层对地层连续性的破坏的处理依然是难点。

3. 油藏多尺度数据组织模型及建模方法

油藏数值模拟是寻找剩余油的重要手段，为高含水开发后期油藏的调整、挖潜提供重要依据，也是数字化油田的重要体现。在前期石油地质和油藏工程研究的基础上，建立油藏数值模拟模型，通过生产过程的再现，拟合生产动态指标，发现动、静态矛盾，通过反复模拟，建立反映整个油藏开发过程的四维地质模型。

油藏数值模拟的结果是在静态地质模型的基础上通过油藏数值模拟方法产生的，所以一个油藏数值模拟的模型文件包括网格数据和属性数据两大部分。

（1）网格数据。存储了油藏数值模拟模型的所有网格空间信息，包括所有网格的 I、J、K 三个方向的维度、坐标系统信息、所有的网格坐标信息以及网格有效性信息等。

（2）属性数据。存储了静态属性以及动态属性数据。静态属性（如渗透率数据、孔隙度数据等）数据结构与整个模型保持一致，来源于地震属性计算或通过井震联合反演计算形成的各类空间属性，它们不随着时间点的变化而改变。动态属性（如含油饱和度、含水饱和度等）是根据生产数据模拟计算出来的，每个时间点有一组数据。

1）油藏数据特点

为了定量化地认识油、气、水在油藏中的分布情况，人们引入了油藏数值模拟的方法。利用勘探、钻井、测井及录井等数据，构建目标油藏的地质结构和某一初始时刻的各类属性，再利用数值模拟的方法，计算油、气、水随着油气开采的动态变化情况。对油藏进行数值模拟后，可以得到油、气在储层三维空间内的展布情况，更重要的是，可以定量化地掌握不同时刻油、气、水的分布状况。油藏数值模拟结果包含了大量各个时间的属性数据。

构建地质模型的方法很多，我们重点讨论不规则网格系统中每个网格单元为不规则六面体的情况，这也是当前应用最为广泛的网格类型。该类型的油藏地质模型具有如下特点：①一个油藏被剖分成若小层-顺层剖分-nz 层，每层在 I 轴方向上包含相同个数 nx 的网格，在 J 轴方向上包含相同个数 ny 的网格；②静态地质模型中的网格单元相互邻接但不重叠，相邻两个网格共用一个四边形（四个角点）；③当地层出现尖灭时，六面体网格单元退化为五面体；④当网格所对应地层孔隙度为零时，将该网格作为无效网格（网格有效性为零）。

依据油藏属性是否随时间而改变，将属性分为静态属性（如渗透率、孔隙度等）和动态属性（如含油饱和度、含气饱和度、含水饱和度等）。静态属性在整个模拟过程中保持一致，不随时间变化而变化；动态属性是模拟计算出来的，随时间变化而改变，每个时间点都有一组属性值。

2）油藏空间模型分析

Petrel 和 Eclipse 等工业软件的模型就是采用这样一种柱状模型（pillar 模型），或称为角点网格模型（图 8-1），其组织方式是：

数据中给出的（$nx+1$）×（$ny+1$）个顶点坐标对和（$nx+1$）×（$ny+1$）个底点坐标对，构成了（$nx+1$）×（$ny+1$）个柱状结构，共同组成了该柱状模型，对应点连成线段。每个柱状结构，所有六面体单元只给定 Z 值，其 xy 坐标均由各条顶、底对应点构成的线段上用深度内插确定。每个单元共 8 个角点，并给定 8 个 z 值，相邻单元的公共边即使其 z 值相同，也会独立地给出，这样，单元之间可以是相邻的，也可以是错开的，以表达断层错断。

根据 i、j、k 编号，可以获取当前网格单元对应的顶底点坐标序号。

$$\text{Pindex} = (j + j_{\text{pos}}) \times (i_{\text{dim}} + 1) + (i + i_{\text{pos}}) \tag{8-1}$$

其中，i_{pos}、j_{pos} 的取值为 0 或 1；i_{dim} 是 i 方向的维度值。

根据 i、j、k 编号，可以获取当前网格单元对应的 8 个 z 值坐标序号。

$$Z_{\text{index}} = (2 \times k + k_{\text{pos}}) \times (4 \times i_{\text{dim}} \times j_{\text{dim}}) + (2 \times j + j_{\text{pos}}) \times (2 \times i_{\text{dim}}) + (2 \times i + i_{\text{pos}}) \tag{8-2}$$

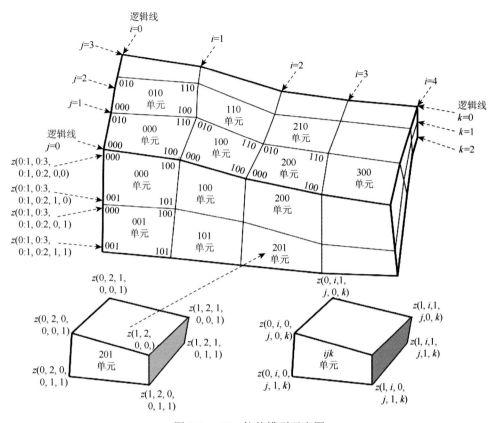

图 8-1　pillar 柱状模型示意图

其中，i_{pos}、j_{pos}、k_{pos} 的取值为 0 或 1；i_{dim}、j_{dim} 分别是网格 i、j 方向的维度值。

根据 i、j、k 编号，可以获取当前网格单元对应的有效性数据以及属性数据。

$$PR_{index} = k \times (i_{dim} \times j_{dim}) + j \times i_{dim} + i \tag{8-3}$$

其中，i_{dim}、j_{dim} 分别是网格 i、j 方向的维度值。

3）油藏多尺度展示需求

网格数据按网格类型划分，可以分为栅格网格（即结构化网格，如不规则笛卡尔网格、柱状网格、平行笛卡尔网格以及均匀笛卡尔网格等）和索引网格（即非结构化网格，如多面体网格、四面体网格、六面体网格等），对于每一类网格都有不同的建模技术和展示技术。由于在石油行业常用斯伦贝谢公司的 Petrel 建模和 Eclipse 进行数值模拟，所以重点研究针对 Petrel 和 Eclipse 常用的柱状网格类型的可视化技术。在实际应用过程中发现，胜利油田的埕岛地区，油藏工程师们构建了 196×316×180（11148480 个单元）的网格数据，加载时需要分配大量内存空间（约需要内存 900M 左右），在这种应用情况下，传统的数据组织、加载、可视化和交互都遇到了许多困难。因此，针对单尺度油藏展示的弊端，在油藏的展示中需要引入油藏多尺度建模与展示的概念。为了实现油藏多尺度展示，首先需要构建油藏的多尺度模型。油藏的多尺度模型具有如下特征：随着尺度的增大，模型的概括性越来越好；不同尺度下的模型间应该具有拓扑关系。利用不同尺度下模型间的拓扑关系可以从大尺度下的模型过渡到下一小尺度下的模型中，进而实现了随着油藏范围的缩小，展示细节程度的提高。油藏多尺度建模的关键在于如何从精细油藏结构出发，逐步构建较粗尺度下的油藏模型，并且还要构建相邻尺度模型间的拓扑关系。

4）油藏多尺度数据组织

进行油藏多尺度数据组织时，可借鉴在二维空间内组织多尺度数据的思路，在每个尺度下将整个油藏数据体分割成为大小相同的若干块体（称为油藏块体），油藏块体是多尺度建模与展示的基本单元。在每个尺度下，将整个油藏分割成若干个块体，油藏块体间相互邻接但不重叠（图 8-2（a））；油藏块体使用八叉树的结构来进行组织（图 8-2（b））；每个油藏块体内包含一定数量的油藏网格单元（图 8-2（c））；每个油藏块体是进行油藏展示与计算的基本单元（图 8-2（d））。以油藏块体为基本单元组织油藏数据，有助于高效地完成数据体抽取、展示、相关计算等复杂任务。

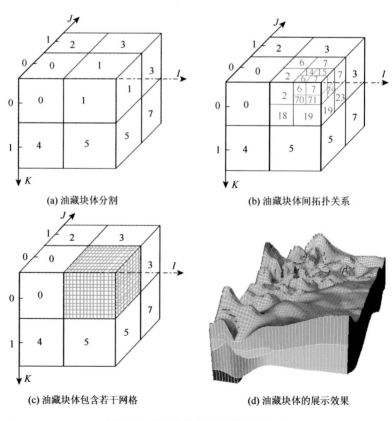

(a) 油藏块体分割　　　　　　　　　　(b) 油藏块体间拓扑关系

(c) 油藏块体包含若干网格　　　　　　(d) 油藏块体的展示效果

图 8-2　多尺度数据组织模式示意图

（1）油藏块体间的拓扑关系。对于三维地质体模型而言，拓扑结构具有极其重要的作用。油藏块体是多尺度建模与展示的基本单元，因此需要重点考虑油藏块体间拓扑关系的组织方式。

利用八叉树结构表达同一空间范围内不同尺度下各个油藏块体间的拓扑关系。以尺度 S 下的油藏块体（i, j, k）为例说明油藏块体间拓扑关系的表达方式。在 $S+1$ 尺度下，空间上包含该油藏块体的父油藏块体坐标为（$i/2$, $j/2$, $k/2$）；在 $S-1$ 尺度下，被该油藏块体包含的子油藏块体共有八个，其坐标分布范围为 $i_g \in [2 \times i, 2 \times i+1]$，$j_g \in [2 \times j, 2 \times j+1]$，$k_g \in [2 \times k, 2 \times k+1]$。

如图 8-2（a）所示，为了便查找油藏块体数据，按照先 I 再 J 最后 K 的变化顺序，从零开始递增赋予每个油藏块体一个索引值。利用油藏块体坐标（i, j, k）可以直接计算出同一尺度下与其相邻油藏块体的索引值，也可以计算出其父块体与子块体的索引值，进而找到所有与其相关的油藏块体。

（2）油藏块体内的空间数据。不被断层隔开的两个相邻网格单元共用四个角点，除油藏块体边缘和断层位置处的一些空间点外的其他点都会被重复利用 $2 \sim 8$ 次。如果分别存储每个网格单元的八个角点坐标，则会造成大量的数据冗余。

针对该问题，可利用所有网格的八个角点坐标构建互不重合的坐标数据集（坐标相同的点坐标只被存储一次），并对每个坐标顺序赋予一个索引值。以 I、J、K 三个方向的先后顺序，以网格为单元，计算每个网格的八个角点在坐标数据集中所在的位置，每个网格八个角点的坐标索引值，构成坐标索引数据集，并由此表达网格单元的空间数据结构。因此，每个网格单元只需要存储其八个角点坐标的索引值（共八个整型数据），而非八个角点坐标（24 个浮点型数据），从而形成无冗余的油藏块体数据组织模型。

（3）多尺度数据集总述信息。为了便于快速掌握油藏多尺度模型的整体信息以及各个尺度下每个油藏块体的整体信息，需要存储油藏多尺度数据集的总述信息，称为"元数据"。存储的具体内容为：①油藏多尺度模型的尺度个数；②每个尺度下在 I、J、K 三个方向包含油藏块体个数；③每个油藏块体在 I、J、K 三个方向上包含的网格个数；④每个油藏块体中心点坐标；⑤每个油藏块体对角线长度。

8.2　基于三维地质模型的数据组织技术

油气勘探开发过程中会产生大量数据，地震资料采集、处理和解释、勘探井位部署、钻井、测井、试油、分析化验、开发生产等一系列活动中会产生不同类型的海量数据。三维可视化技术可以从海量数据中构造出三维图像，使得地球物理学家和石油地质学家们在三维地下空间中漫游，发现有利圈闭和构造、描述油藏、设计井位和井下作业方案。

要实现全三维的业务分析环境，最基础的工作是建立基于三维地质模型的数据模型，不仅是基于网格的地质体和油藏模型，还包括构造格架模型，同时，建立这些模型的地震数据体和井筒数据也应该有一种统一的空间集成模式。如何建立多种勘探数据和数据体的集成模式是地质建模软件最基础的技术之一，基于这一目标，需要针对建立地质模型需要的各类勘探要素进行组织分析，形成基于三维的地质建模的数据组织。

1. 工程项目数据管理

工程项目是将一个区域的各类勘探对象进行统一管理和组织的总称。工程项目的主要内容包括井数据管理、地震数据管理、层位数据管理、断层数据管理、面状数据管理、地质模型数据管理。

与此对应的工程项目介质存储结构包含井数据目录、地质数据目录、测区目录、面状数据目录、地质模型目录结构；项目中的各类勘探对象的内存数据结构需要实现井数据集合、测区数据集合、面状数据集合、地质模型数据集合等的定义；对应各种数据集合对象，要建立其创建和删除，各种数据类型对象的查询和操作与数据动态变化的信息。

2. 测区数据管理

一个测区包括三维测区和二维测区，测区的主要作用是提供大地坐标与线道坐标的相互转换。地震数据、层位数据、断层数据的显示是在大地坐标基础上显示的，但是他们的存储结构都是基于线道坐标的，这中间的坐标转换就是测区提供的应用。

测区的介质存储结构包括测区目录里包含地震数据目录、层位数据目录、断层数据目录、断层多边形数据目录、任意线（连井线）数据目录结构。测区的内存数据结构包括测区对象，包含地震数据集合、层位数据集合、断层数据集合、断层多边形数据集合、任意线（连井线）数据集合；而测区的数据操作包括各种数据集合对象的创建和删除，各种数据类型对象的查询和操作，数据动态变化的消息，大地坐标与线道坐标之间的转换。

3. 地震数据体管理

地震数据按道集覆盖次数分为叠前、叠后数据；按空间分布分为三维体数据和二维线数据；地震数据按类型划分为振幅数据、各种属性数据、速度体数据等。地震数据信息头里包含有线道范围、值域大小、各种道头关键字的范围。地震道头数据里包含各道的道头数据；地震道数据包含各道的数据。

地震数据的介质存储结构包括地震数据，包含地震数据信息头文件、地震数据道头数据、地震数据体文件、地震数据索引文件；其内存数据结构包括地震数据对象，包含地震信息头对象、地震道头对象、地震数据体对象；其相关的数据操作包括地震数据对象的创建、加载、保存、删除，按线道号读取道头和道数据，按主测线或联络线抽取道头集合和剖面数据集合，按任意线（连井线）抽取任意线剖面道头集合和数据集合，按时间读取地震体时间切片，沿时间层位提取层位切片等操作。

4. 层位数据管理

层位数据是解释人员依据叠后地震数据进行构造解释得到的构造层位数据，按地震数据类型分为三维层位和二维层位。层位数据依据地震的线道信息来进行操作，其介质存储结构即层位数据包含层位数据文件；其内存数据结构是针对层位对象，确定其包含的层位信息头对象、层位数据体对象。层位数据对象的数据操作包括对象的创建、加载、保存、删除，按线道号读取层位点数据，按主测线或联络线抽取层位线集合，按任意线（连井线）抽取任意线层位线集合，支持层位的上移/下飘操作，层位的加减，层位的插值与光滑操作。

5. 断层数据管理

断层数据是解释人员依据叠后地震数据进行构造解释得到的断层数据，按地震数据类型分为三维断层和二维断层。断层数据依据地震的线道信息来进行操作。断层的介质存储结构是断层数据文件；其内存数据结构是指断层对象包含断层信息头对象、断层数据线集合对象。针对断层的数据操作指的是断层数据对象的创建、加载、保存、删除，断层线的命名，断层线与各种地震剖面的求交计算，断层控制点对层位插值、光滑、上移与下飘的影响，命名断层线重构成断面的计算，地震数据的属性计算受断层的约束等。

6. 面状数据管理

三维地质模型中的面状数据包括散点数据、网格数据、不规则边界、断层多边形、任意线（连井线）等。其介质存储结构是各种面状数据文件；其内存数据结构是面状对象包含散点数据对象、网格数据对象、边界对象、断层多边形对象、任意线（连井线）对象。针对面状对象的数据操作主要包括散点数据的合并与异或、散点数据插值与网格化、散点数据之间的交会；网格数据的加减乘除等运算、网格数据的等值线提取等计算、不规则边界参与散点数据的网格化和等值线抽取；

从断点中抽取断层多边形和断层命名；任意线参与地震体的抽取和地质模型的抽取等。

7. 地质（体）模型数据管理

地质模型数据可分为文本格式和二进制格式两大类，这两种格式的文件有不同的应用场景。文本格式的文件，其格式易于解析，便于软件开发、调试及数据交换；二进制格式的文件不利于阅读，但计算机读写速度比文本格式的文件快许多，也会占用更少的存储空间。目前国际上通用的静态模型有很多格式，其中最重要的文本格式文件是 Generic ECLIPS style（ASCII）grid geometry and properties（*.GRDECL）。解译关键字 SPECGRID、COORD、ZCORN、ACTNUM 以及关键字所代表的数据，然后用合适的数据结构来表示一个基于角点网格的地质模型，角点网格的数据结构表示包括结点、网格面、网格体以及它们之间的拓扑关系。

地质模型二进制格式文件也是可以在 Eclipse 软件中使用关键字进行定制输出，输出形式没有强制性的要求。显示基于角点网格的地质模型，确定角点网格的断裂结构，依据断裂结构显示角点网格模型、不同属性的地质模型之间的切换显示、不同色标下的地质模型的切换显示、判断角点网格的断裂结构以及角点网格的快捷显示。

为了将模型结果数据重新组织成适合三维可视化的数据组织格式，需要将展示的模型数据按照特定的顺序进行组织。每个网格单元有 8 个三维点坐标，全部的网格单元按照先变化 X 方向、再变化 Y 方向、最后变化 Z 方向的顺序进行组织，根据解析后的模型结果数据，得到了顶底点坐标数据、Z 值坐标数组、有效性数组以及多个属性的不同时间步的数组列表。根据需要，将顶底点坐标数组以及 Z 值坐标数组一同重新进行组织。由于模型中使用的是柱状模型，默认同一个顶底点坐标之间是直线连接，因此配合中间的 Z 值可以得到相应的中间点坐标。同理，可以得到任意一个网格单元的 8 个角点的三维坐标。

内存的占用以及系统的运行效率一直是一个矛盾的问题。如何合理存储各类数据，提高读取效率以及缩短展示所需的时间是解决大规模数据格式 I/O 时面临的问题。

1）内存使用优化

将数据一次性读入内存会大大加重内存的负担，为了减少数据冗余、节省存储空间，在显示模型数据时，需引入拓扑关系的概念。考虑到模型在显示时，相邻网格单元的 8 个角点可能被多个相邻网格单元所共用，因此在内存的存储中对相同的角点坐标只存储一次，并给存储的每个坐标赋予一个索引值。这样就为每个网格单元定义了一个拓扑关系，并使用 11 个整形数字来实现该拓扑关系。前 3 个数字为该网格单元的 IJK 索引，后 8 个数字为该网格单元 8 个顶点在坐标系列中对应的序号。根据拓扑关系和角点坐标系列就可以实现模型的网格信息显示。

2）展示需要的数据

在展示模型数据时，需要以下数据：模型三个方向的维度信息、属性个数、各网格单元的拓扑关系、网格单元有效性信息、网格单元的 8 个角点坐标、每个属性的名称以及对应的时间步个数、每类属性的属性值、各个时间步的属性值信息等。

3）系统的运行效率

为了保证存储的内容读取以后不需要再次经过计算就可以用于展示，从而提高系统的效率，在解析文件中，将所有的计算都放到解析文件过程中，然后将绘制所需的数据都存成文件，这样就可以直接读取这些内部文件来进行直接绘制操作，提高展示的效率。因此，将构建拓扑关系以及角点坐标的组织工作都放在数据解析中。

基于以上考虑，内部文件中存储的内容及各部分的顺序为：模型三个方向的维度，内存中存储的角点坐标个数（空间坐标重合的点只算一个），属性个数，每个属性名称所占字符数、名称及该属性的时间步个数，拓扑关系和无效网格标志，按顺序定义的网格单元的 8 个角点的三维坐标数据，按照顺序存储的每个属性对应的时间步信息。

4）模型的 LOD 技术

如上一节所述，大规模三维体数据的绘制要求必须对空间数据进行分割的预处理。尽管目前计算机的性能有较大的提高，但对于大规模体数据的可视化而言，机器的内存容量、计算和绘制性能仍然是非常有限的，不可能将海量的空间数据一次性从磁盘读入而进行处理，而必须分块调度；另外，人眼在观察事物时，对较远处的场景能够获得的信息相对较少，而随着距离的拉近，对细节的观察越来越详细，因此对远近不同的场景可以采用不同的“粒度”描述，这就是多层次细节（LOD）方法基于的基本原理。

而构建 LOD 的过程就是对三维体数据的分割和抽稀的过程，加载数据的初始时刻采用分辨率最低的数据，可以尽快描述物体大概的轮廓，在绘制即使是大数据量的体数据时，效率依然很高，这是因为它在最初加载进内存的是分辨率最小的数据，数据量非常小，能够在很短的时间内绘制出来。在内存等条件允许的情况下，系统后台不断地加载分辨率更高的数据，并不断地刷新绘制窗口，直至使用分辨率最高的数据完成所有的绘制，这样就可以兼顾系统的运行速度和显示的精度。

8.3 面向油气地质的三维地质建模

8.3.1 地质建模技术概述

三维地质建模是 20 世纪 80 年代中后期开始发展起来的储层表征技术,即把储层三维网格化后,对各个网格赋以各自的参数值,按三维空间分布位置存入计算机内,形成三维数据体,这样就可以进行储层的三维显示,可以显示任意切片和切剖面(不同层位、不同方向剖面)以及进行各种运算和分析。其核心是对井间储层进行多学科综合一体化、三维定量化及可视化的预测。

随着计算机技术的发展,三维地质建模技术越来越受到地学界的重视,并成为地质可视化技术的一个热点。三维地质建模之所以受到重视是因为以下优越性:①逼真的三维动态显示效果,使不熟悉地质结构和构造复杂性的人对地质空间关系有一个直观的认识。②强大的可视化功能,可提高对难以想象的复杂地质条件的理解和判别,为勘察、井位论证等工作提供验证和解释。③强有力的数据统计和空间变化交互式分析工具,使地质分析功能加强,灵活性提高,把抽象的东西具体化,把没有想到的东西凸显出来,提高研究水平。

地质建模是在将地质、测井、地球物理资料和各种解释结果或者概念模型进行综合分析的基础上,利用计算机图形技术,生成的三维定量随机模型。因此,油藏地质建模是一个涉及地质学、数据/信息分析、计算科学的交叉性的综合学科。这样建立的地质模型汇总了各种信息和解释结果。所以是否了解各种输入数据/信息的优势和不足,是合理整合这些数据的关键。储层一般都会有多尺度上的非均质性和连续性,但是由于各种原因我们不可能直接测量所有的这些细节。那么借助于地质统计技术来生成比较真实的,代表我们对储层非均质性和连续性的认识的模型是一个比较有效的研究储层的手段。同一套数据可以生成很多相似的但是又不同的模型,这些模型是随机的。

地质模型本身是一个三维网格体。这些网格建立在层面、断层和层位的基础之上,它决定了储层的构造和几何形态。网格中的每一个节点都有一系列属性,比如孔隙度、渗透率、含水饱和度等。地质模型的建立可以细分为三步:建立模型框架,建立岩相模型,建立岩石物性模型。

前面已经提到地质模型是各种信息和解释结果汇总的地方,那么地质建模的输入数据就要尽量包括已有的资料。通常这些资料有:

(1)地震资料和解释结果等,这包括地震层位、断层、地震相、岩石类型、岩石属性;

(2)测井/岩心资料和解释结果等,这包括连井剖面、岩性、岩相、岩石物性、渗透率、油气水界面，各种分布图比如直方图、散点图等。

（3）概念模型资料包括沉积相模型、沉积体叠置关系、泥岩分布特征、沉积体的大小、百分比以及属性直方图等。将储层的概念模型转换成数值模型，再把这个数值模型整合到最后的地质模型中去是非常重要的一个环节。

已建成的地质模型可以为我们提供很多信息。首先是储层地质的三维可视化。我们可以看到储层的地质三维空间的分布、变化，也可以制作二维的图片，如构造图、等厚图、岩相分布图等。其次是它为我们提供了一套有机融合在一起的数据体，因为建模过程就是各种数据的融合过程。最后是我们进行储层分析的平台。我们通过分析可以从地质模型得到粗至储层的平均砂泥比、平均孔隙度等储层平均值，也可以得到细至储层的渗透率各向异性等信息。这些定量分析可以大大提高我们对储层的认识。

油气藏地质建模技术的发展经历了 3 个阶段：

（1）1984～1990 年，地质建模方法理论研究阶段。Haldorson 在 1984 年提出了油田尺度下用于油藏模拟（simulation）的随机模拟（stoehastic simulation）建模方法。随机模拟就是用具有随机性的数学模型拟合反映地质现象或地质过程的区域化变量，从而实现储层属性（孔隙度、渗透率和饱和度等）的量化描述；构造建模方法实用化则以 Mallet 于 1989 年发表的"离散光滑插值"（discrete smooth interpolation）为标志，该方法在进行离散数据网格剖分的过程中，引入了平方离散拉普拉斯算子（squared discrete laplacian）作为剖分目标函数的判别标准，同时，对建立复杂空间曲面的拓扑关系具有较高的适应性。

（2）1991～1998 年，构造建模与属性建模方法技术应用阶段。在此期间，由于三维图形学的技术发展和三维可视化技术的发展，促进了构造建模相关技术方法的进步和实现。地质统计学在地质建模中的应用是一个重要的里程碑，基于地质统计的 Kriging 插值技术和随机模拟技术在属性建模方面得到了广泛的应用。地震、地质研究人员利用上述技术，在油气藏综合地质研究中建立油气藏的静态地质模型，对油气藏动态模拟技术的推广产生了十分重大的影响。

（3）1999 年至今，是地质建模技术成熟发展阶段。地质建模技术在油气藏开发方面取得了成功的应用，标志着该项技术已走向成熟。

三维建模一般遵循点—面—体的步骤，即首先建立各井点的一维垂向模型，其次建立储层的框架（由一系列叠置的二维层面模型构成），最后在储层框架基础上，建立储层各种属性的三维分布模型。

一般地，广义的储层三维建模（即油藏三维建模）过程包括四个主要环节，即数据准备、构造建模、储层属性建模、图形显示，通过油藏三维建模形成油藏属性的三维数据体。构造模型反映储层的空间格架和断层格局，在建立储层属性的空间分布之前，应进行构造建模。由于沉积相对储层物性的决定作用，精细油藏描述中的油藏属性建模采用相控储层建模的策略。因此，应先建立沉积微相模型，然后以此为基础进行油藏属性建模。

构造模型是油藏地质模型的基础和重要组成部分，也是储层模型和流体模型的载体，它包括层位模型和断层模型，主要反映地层的空间框架和断层格局。断层模型实际为三维空间上的断层面，主要根据地震解释和井资料校正的断层文件，建立断层在三维空间的分布；层面模型为地层界面的三维分布，叠合的层面模型即为地层格架模型。

储层属性建模，即是在构造模型基础上，建立储层属性的三维分布。储层属性包括离散的储层性质，如沉积相、储层结构、流动单元、裂缝等以及连续的储层参数，如储层孔隙度、渗透率及含油饱和度等。首先，对构造模型进行三维网格化，然后利用井数据和/或地震数据，按照一定的插值方法对每个三维网块进行赋值，建立储层属性的三维数据体，即储层数值模型。

储层建模有两种基本途径，即确定性建模和随机建模。

确定性建模是对井间未知区给出确定性的预测结果，即试图从具有确定性资料的控制点（如井点）出发，推测出点间（如井间）确定的、唯一的、真实的储层参数。确定性建模的方法主要有储层地震学方法、储层沉积学方法及地质统计学克立格方法。其中，储层地震学方法主要应用地震资料，利用地震属性参数，如层速度、波阻抗、振幅等与储层岩性和孔隙度的相关性进行横向储层预测，继而建立储层岩性和物性的三维分布模型。储层沉积学方法主要是在高分辨率等时地层对比及沉积模式基础上，通过井间砂体对比建立储层结构模型。地质统计学克立格方法则以变差函数为工具进行井间插值而建立储层参数分布模型。三者可单独使用，亦可结合使用。

所谓随机建模，是指以已知的信息为基础，以随机函数为理论，应用随机模拟方法，产生可选的、等概率的储层模型的方法，亦即对井间未知区应用随机模拟方法给出多种可能的预测结果。这种方法承认控制点以外的储层参数具有一定的不确定性，即具有一定的随机性。因此，采用随机建模方法所建立的储层模型不是一个，而是多个，即针对同一地区，应用同一资料、同一随机模拟方法可得到多个模拟实现（即所谓可选的储层模型）。通过各模型的比较，可了解由于资料限制而导致的井间储层预测的不确定性，以满足油田开发决策在一定风险范围的正确性。随机模拟方法很多，主要有标点过程、序贯高斯模拟、截断高斯模拟、序贯指示模拟、分形模拟等。

本书所论述的储层建模重点从油气勘探的角度考虑，这里所提及的建立储层三维模型就是要建立区块的构造模型并进行储层属性预测，为油气成藏过程中油气的生、排、运、聚提供一个载体。

8.3.2　角点网格建模技术概述

　　网格是油藏数值模拟的基础，网格质量的好坏直接影响着数值模拟结果的精确度。角点几何网格是由 Ponting 引入油藏数值模拟研究中，具有灵巧、不同油层网格步长可变的优点，能够更加精确地描述断层两翼的深度变化、流体分布和流体渗流特征，模拟效果更加真实。近十年来，采用角点网格系统开展数值模拟研究的理论方法日渐完善。

　　此外三维建模采用的网格类型是角点网格。之所以采用角点网格是因为它相对于正交网格有很多的优越性。正交网格是最常见的网格，也是最早用来描述油藏的网格类型，由于其计算速度快的特点，目前仍然被广泛应用，其所有单元网格的长、宽均相等，垂向连接顶底网格点的网格面为垂直的。虽然矩形网格处理规则形体比较方便，但是不太适合处理实际的地质状况，在有断层的情况下，就不可能建立精细的地质模型。三角网格虽然可以很好地描述地质体的复杂结构，但是目前没有与之配套的基于地质统计学的建模算法。

　　角点网格系统建模方法克服了正交网格地质建模方法的缺点，它首先将断层作为一种重要属性建立断层模型，再根据井资料和地震资料建立地层模型，然后将断层模型和地层模型耦合建立格架模型。在此基础上，载入储层物性，建立一个完整的地质模型。角点网格在空间上不局限于六面体，在平面上不局限于长方形，而是以四边形为主、辅以三角形和其他多边形的复杂网格结构，根据控制区域的长度和宽度灵活调整各油层的网格步长。因此，角点网格能够更好地适应油藏的边界、断层、水平井和流动形态，并且能够简便地应用到标准有限差分油藏模拟器中。目前，在国外主流商业化三维地质建模软件中，基于角点网格的三维地质建模技术已发展得比较成熟。

　　如图 8-3 所示，角点网格是目前应用较广的一种结构化网格类型，角点网格

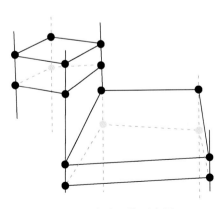

图 8-3　角点网格示意图

是基于坐标线和坐标点的概念，坐标线定义了网格每一条边的边线，坐标线总是直线，但不一定是垂直的，给出直线上分别在网格上下的两个点的 X、Y、Z 坐标就可以定义一条坐标线。然后，只要确定其各拐点在各坐标线上的位置就可以确定网格块了。这种定义网格的方式使得单元网格的长、宽大小可变，垂向连接顶底网格点的网格面可以是倾斜的，因此可以正确地表示倾斜表面、断层面、尖灭和剥蚀面，又具有矩形网格简单快速的特点，还能适用于通用的地质统计学算法。

　　我们以角点网格——Eclipse 通用规则拓扑实体来展开油气成藏过程的模拟。这是一种创新的、难度较高的方式。基于角点网格数据结构的体模型，在逻辑结构上属于 $m×n×k$ 的规则拓扑结构模型。其中，X 方向逻辑上有（$m+1$）条线，剖分成 m 个单元；在 Y 方向有（$n+1$）条线，剖分成 n 个单元；在 Z 方向上有（$k+1$）条线，剖分成 k 个单元，每个单元都是角点网格。在平面上，单元之间有独立的坐标，但都约束在地层顶底面对应结点的连线上，具体的 X、Y 坐标决定于其 Z 值。这样做能很好地表达断层及其他构造现象。这里使用的三维角点网格体模型结构如图 8-4 所示，角点网格模型中所采用的是不规则六面体模型，其与常规的规则六面体模型不同，角点网格模型中的六面体的八个角点坐标是可变的，即可以改变其八个角点坐标来适合地质体形态的变化。通过各个角点的退化，可以形成不同形状的地质体栅格单元，直至其退化为无效网格。通过退化处理，构造面可以依附在不同规则六面体的各个面上，通过面之间的拓扑关系，可以获取构造面信息。

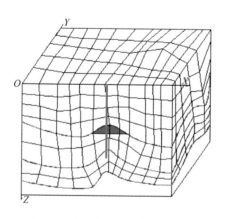

图 8-4　三维角点网格体模型结构

8.4　面向盆地模拟的三维地质建模案例

三维地质建模的目的是建造油气成藏赖以依存的物质空间。其关键是实现地质实体的可视化数字模型构建，将构造、沉积、有机质、物理、化学、成藏等诸多结构、关系、参数和演化信息集成在一起，同时提供强有力的数据统计和交互式空间分析工具。

三维地质建模的作用不仅提供了地质学家针对油气勘探目标的可视化与量化表述，同时也提供了未来应用数学模型进行油气成藏过程模拟的数据环境，可以认为：地质建模形成的静态模型，本身就是进行数学模拟的一个数据集合。

8.4.1　三维地质建模的建模流程

三维地质实体建模的步骤是：先建立各井点的一维垂向模型，然后建立由一系列叠置的二维层面模型构成的格架，然后在该格架的基础上建立各种属性的三维分布模型。整个建模过程包括四个主要环节，即数据准备、格架建模、属性建模、图形显示（图 8-5）。

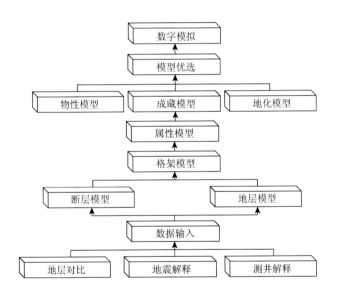

图 8-5　三维地质建模的流程示意图（吴冲龙，2013）

1）数据准备
研究编制油气成藏模拟所需的各类基础数据。
2）格架模型
格架模型是地质模型的基础和重要组成部分，也是地层属性模型和流体模型的载体，它包括断层模型和地层模型，主要反映研究区的构造-地层空间框架。断层模型由三维空间上的断层面组成，其数据文件为根据地震解释和井资料校正的断层文件；地层模型由三维空间上的地层界面组成，其数据文件为根据地震解释和井资料校正的层面文件。断层模型和地层模型的组合，或者说断层模型和层面模型的有机组合，即为断层-地层构造格架模型。

3）属性建模

在格架模型基础上，建立地层属性的三维分布。属性包括烃源岩、储集体和盖层的沉积相、物性结构（孔隙度、裂缝、渗透率）、有机地化特征、流体以及含油饱和度等。具体步骤是，基于构造模型的三维网格单位，利用井数据作为控制，通过地震数据横向和纵向外推，按照一定的插值方法对每个三维网格单元进行赋值，建立地层属性的三维数据体，即地层属性数值模型。

属性建模有确定性建模和随机性建模两种基本方式。

4）图形显示

利用剖面显示、平面显示、立体显示、动画等技术，实现建模数据的图形显示。

8.4.2　三维地质建模关键技术

面向后期的油气成藏过程模拟，需要针对成藏模拟的技术特点基于角点网格设计三维实体建模技术、多尺度建模技术和三维断层自动刻画技术等，以提高建模和数值模拟的精度。

1. 角点网格三维建模技术

目前，国际上比较流行的软件大都采用层控模型或面模型，再叠加空间结构、拓扑结构规则的六面体网格来实现模拟。因此，一般采用不规则的六面体网格——Eclipse 通用规则拓扑实体来模拟，简称角点模型。基于不规则的六面体网格数据结构的体模型，在逻辑结构上属于 $m \times n \times k$ 的规则拓扑结构模型。模拟流程中各个过程读取角点模型，处理完后保存为角点模型。

$m \times n \times k$ 的规则拓扑结构是近似于正交的三个方向，可以假定第 1、2、3个方向分别定义为 X, Y, Z 方向，但事实上，这里的 X、Y 方向不一定是真正的坐标轴上的 X、Y 轴方向，但第 3 个方向 Z 方向基本来上定义为真正的 Z 轴方向。在第 1 个方向（称为 X 方向）存在 m 个单元格，在第 2 个方向（称为 Y方向）存在 n 个单元格，在垂向深度方向 Z 方向存在 k 个单元格，网格单元数目为 $m \times n \times k$。其中，X 方向（或称为 I 方向）为了定义 m 个单元，逻辑上需要有 $m+1$ 条线，将第 1 方向的空间剖分成 m 个单元；同样，在 Y 方向（J 方向）有 $n+1$ 条线，剖分成 n 个单元；在垂向 Z 方向（K 方向）上有 $k+1$ 条线，剖分成 k 个单元，于是每个单元属于角点网格。在平面上，单元之间有独立坐标，但都约束在某套地层顶底约束面（或称为控制面）对应结点的连线上，具体的 X，Y 坐标决定于其 Z 值。实践结果表明，角点网格能够很好地表达断层及其他构造现象。

角点网格模型采用的不规则六面体模型与常规的规则六面体模型不同的是：角点网格模型中的六面体的八个角点坐标是可变的，即可以改变其八个角点坐标来适合地质体的形态变化。通过各个角点的退化改变，可以形成不同形状的地质体栅格单元，直至其退化为无效格网。通过退化处理，构造面可以依附在不规则六面体的各个面上，通过面之间的拓扑关系得到构造面信息。

2. 基于局部网格加密的多精度建模技术

多精度建模技术意指根据地下地质条件和研究任务的不同，在不同区域设置不同的网格度。在目标区采用大比例尺的小网格以提高模拟精度；在全部研究区采用小比例尺粗网格，以提高运算效率，减少计算工作量。网格单元的大小要根据精度的要求和计算机的速度及容量来确定。单元格剖分得越小，模型表达精确度就越高，模拟计算的结果就越精确。但是，单元尺寸过小，单元的数目就越多，计算时间和计算机容量需求就越大，且实际对研究区的采样也存在着信息量的不足，即使内插再精细的单元格，也无法使模拟精度大幅度提高。因此，划分单元时应综合考虑地质任务和单元尺寸对精度和计算工作量的影响。

基于多精度建模技术，是一种实现网格局部加密的方法，即根据建模对象的实际构造情况以及模拟需求，来进行网格的划分。在划分单元时，对同一实体结构的不同位置采用不同的网格密度，这就解决了精度和计算工作量之间的矛盾。

以应力场模拟为例，对于应力、应变需要重点评价的部位，对于应力、应变变化比较剧烈的部位（比如有应力集中的部位）单元需要细化；对于次要部位，应力、应变变化比较平缓的部位，单元可以粗化；当结构受到突变的分布载荷或集中载荷作用时，在载荷突变点和集中载荷作用点处附近单元细化。同样，在油藏数值模拟时，在注入和采出单元附近就需要加密，在这些区域饱和度和压力变化较剧烈，需要做局部网格加密处理。

局部网格加密的方法包含对空间形态数据和属性数据的处理。

根据角点网格模型已有的属性数据，可知加密区域的属性。这些属性包括了岩性、孔隙度、渗透率等。在加密空间单元后，小单元的属性仍需要根据实际对应的沉积相图、井资料等相关数据来确定。主要用测井解释数据，在三维网格中利用不同的随机建模技术和插值方法对每个小单元网格进行插值处理，即可得出所有小单元格的各种不同属性值。明确所有小单元的各种属性的具体属性值后，即可给所有的网格单元进行属性的赋值，这样便完成了网格的属性加密。

3. 断层刻画技术

断陷盆地的重要特征是断裂体系发育，如何精确地、高效地刻画断层，是三维地质建模和油气成藏过程模拟的关键。长期以来，人们围绕断裂系统的精确解释作出了大量的努力，提出了很多辅助解释方法，如断层切片、相干体分析和边缘增强属性分析技术等。其中，相干体技术使面向断裂的不连续边界分析技术提高到了一个新的水平。但是，各种相干技术的应用效果在不同程度上都与分析参数的选择有关。为了克服这些参数效应和人为因素，真实反映断裂系统的细节，提高研究人员的工作效率，一些学者着手开展断层的自动识别和拾取研究。如 Randen 在 1998 年提出利用地震属性进行地震相边缘检测，2000年又提出了三维地震纹理属性分析，为断层的自动识别可行性提供了理论基础；Pedersen 等（2002）首先提出了基于蚁群算法进行断层的自动跟踪等，取得了一定的成果，但总体上还没有可操作性强的商业化软件，在三维断层属性的计算方面更是空白。

胜利油田与中国地质大学（武汉）针对上述难题，研究出一套断层自动刻画的计算方法，其在断裂系统识别的基础上，采用计算机技术进行断层的智能化追踪解释，在少量人工干预下自动提取断层面，并在此基础上实现了对断层产状、断距、落差、生长指数等关键要素三维空间下的定量计算。

断层刻画的基本原理和技术流程表述如下：

第一步，开发断层图像增强处理技术，进行三维地震数据体的预处理。方法采用基于梯度矩阵的方向性自适应滤波、边界保持滤波技术等，上述方法基于的技术出发点是压制地层干扰的同时，保证断层断点干脆、空间连续。

第二步，采用高分辨率的相干分析技术进行断层的精细成像。根据不同的地震地质条件，设计了针对性的相干计算方法，如针对高信噪比资料的 C3 改进型相干算法、针对深层低信噪比的高阶累积量相干算法等。

第三步，开发蚁群追踪算法实现对断层的三维立体追踪，并进行细线化处理。本书针对断层通常与地层存在大的产状差异的情况，对传统的蚁群追踪算法提出新的改进措施，实现了对断层的自适应方向约束下的蚁群追踪。

第四步，通过密度滤波技术等实现断层的自动分离。断层追踪解释最终要实现每条断层对应唯一的断层命名而输出，在这一技术研究中，胜利油田与中国地质大学（武汉）团队提出利用密度投影的方法，所谓密度投影就是对断层三维追踪的结果计算瞬时距离、倾向和倾角，根据同一条断层具有相似产状的原理而实现断层的分离。断层分离后采用三维趋势面拟合技术进行断层的平滑处理。

第五步，选择预评价的断层，计算出每条断层的断层产状、断距、落差、生长指数等关键要素，为三维输导体系建模提供依据。其中，断层的真倾角、倾向、曲率和走向等为几何属性，断层的断距、滑距、生长指数等为断层的动力学属性。

8.4.3　三维实体建模实现案例

本案例模拟试验区域为东营凹陷牛庄—王家岗洼陷，面积约 480km^2。东营凹陷牛庄洼陷沙四上以深灰色泥岩、灰褐色钙质页岩为主，夹薄层白云岩、泥质白云岩等，靠近顶部夹有薄层褐灰色油页岩，在下部发育有条带状膏盐等蒸发岩沉积，总体上是浅湖—半深湖的咸水—盐湖相沉积。沙三下烃源岩主要由深灰色泥岩、钙质泥岩、褐灰色油页岩组成，属于深湖咸水—半咸水环境沉积。沙三中～沙三上主要发育灰色泥岩和粉砂质泥岩。

目前，国内外应用比较广泛的三维地质建模软件为斯伦贝谢公司的 Petrel 软件。利用 Petrel 可以在三维构造模型基础上建立储层物性模型，为数值模拟及流体流动模拟提供三维网格数据，也可以在三维储层模型上进行井眼轨迹数值化拾取，大大提高设计井位速度及钻井命中率。因此，Petrel 能真正实现油藏地质建模和数模一体化，在油藏地质特征认识、地球物理参数分析、开发钻井、开发方案编制和后期开发调整上都具有重要作用。

三维地质实体建模的流程如图 8-6 所示，首先，准备地震解释、测井解释和地层对比数据，通过层面模型和断层模型的建立形成构造模型；其次，使用多口井的基础数据来描述砂体，如果区域中缺少井数据或井间距较远，可能需要依靠地震反演体建立更高确定性的岩相模型；最后，针对孔隙度和渗透率，采用相控储层物性模型构建技术，定量描述储层岩石物性空间分布，在此基础上通过模型优选，形成可用于数值模拟的属性体。针对案例工区的建模过程如下所示：

1. 数据准备

如图 8-7 所示，试验工区分布在牛庄—王家岗地区，工区面积约 480km^2，建模层位从上到下依次为 Nm、Ng、Ed、Es$_1$、Es$_2$、Ss$_3$s、Es$_3$z、Es$_3$x、Es$_4$cs 共 9 套地层，另外，根据盆地模拟的要求，需将模型建立到地表，深度范围从 0m

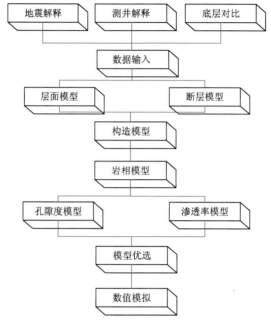

图 8-6　三维地质体建模流程示意图

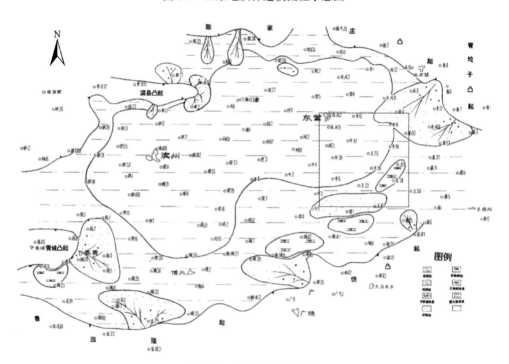

图 8-7　试验工区位置图

到–4000m 左右。工区资料显示井数 58 口，在全区近似均匀分布，东部较西部密度大。

该工区建模基础数据主要有 9 个砂层组、58 口井的三类基础数据，其中包括基础地质数据、地震解释数据和反演数据体。

1）基础地质数据

基础地质数据包括井基础数据和测井曲线。

本区域的井基础数据包括 58 口井的大地坐标、完钻井深、地层分层数据和 12 口井的储层分层数据。测井曲线包括 58 口井的自然电位测井（SP）曲线和 17 口井的孔隙度、渗透率测井二次解释曲线，而且具有孔、渗测井曲线的这 17 口井大部分集中在工区的东部。

2）地震解释数据

地震解释数据包括 9 个砂层组的地震解释层面散点数据、9 个层面的断层多边形数据和 14 条断层的地震解释断面散点数据。

3）地震反演数据

地震反演数据包括地震反演波阻抗体（图 8-8）和 9 个砂层组刻画砂体的门槛值。

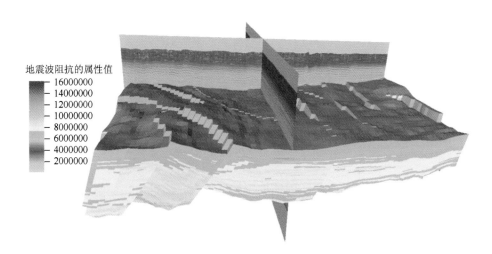

图 8-8　波阻抗反演体

对基础数据进行质量检查是储层建模的十分重要的环节。为了提高储层建模精度，必须尽量保证用于建模的原始数据特别是硬数据的准确可靠性，而应用错误的原始数据进行建模不可能得到符合地质实际的储层模型，因此，我们对试验工区的以上各类数据进行了全面的质量检查，对于错误的或相互矛盾的基础数据进行了反馈和修正。

2. 构造模型的搭建

构造模型是建立三维储层地质模型的基础，包括层位模型和断层模型。

其建模过程是：首先利用地震资料断层解释的结果建立断层模型，在断层模型的约束下应用地震资料层位解释结果建立层面模型，并依靠钻井资料来校正；然后在这一构造格架下，进行地质小层层面插值；最后在开展空间网格剖分后，最终建立储层构造模型。在地震资料的约束下建立的储层构造模型在储层属性建模的插值与模拟计算中将起到储层结构空间形态的控制作用。

1）地层层面模型的搭建

由于工区面积大，资料井数稀少，因此，在层面模型构建的过程中，遇到了一系列的问题，通过不断地探索和尝试得到了问题解决的办法。

（1）地震趋势约束地层构造面构建技术。地震解释的构造面控制范围广，变化趋势比较合理，但是在井点附近与井点值并不是完全吻合。井点插值构造面在井点处能够完全与井点吻合，但是由于资料井数少所得构造比较平滑，存在整体构造趋势不合理、无井区域趋势无法控制、断层上下盘及断距与地震解释不符等问题。采用井点插值、地震控制的方式来综合利用地震与地质的优点，使井点处与地质分层数据吻合，在井间变化趋势与地震一致，构建地震与地质统一的地层构造面。

（2）多层面空间匹配校正技术。由于井震数据不统一，构造趋势与地震解释趋势不完全一致，且工区面积大、资料井数少，导致利用井点校正后的层面出现层面穿层现象。该试验工区穿层现象严重、相互穿层的层面较多，Ed、Es_1 和 Es_2 三个层面出现了小面积穿层现象，Es_3z、Es_3x 和 Es_4cs 三个层面出现大面积穿层的现象。

对于穿层面积较小的层位，以地层厚度为控制，通过增加控制点或控制线的方式，使各层面的变化趋势和相互的空间关系变得合理，并通过切模型剖面的方式检查层面修正是否合理。

对于 Es_3z、Es_3x 和 Es_4cs 三个层面，不但穿层面积较大而且穿层位置多，通过增加控制点或控制线的方式来调整穿层工作量大且效果差，因此，这里采用厚度面控制穿层的方法。具体做法就是在建立层位模型时不建立 Es_3x 和 Es_4cs 两个层面，然后在建立层位（make zone）时应用厚度面对下面两个层位进行累加。

（3）砂层组厚度面构建技术。为解决以上三个层位的大范围穿层问题需要建立砂层组厚度面。如果采用地质分层井点厚度值插值的方式构建厚度面，工区大，井数少，无井控制区厚度分布不合理；如果采用两个地震解释层面相减得到厚度面的方式来构建，由于地震解释层面与地质对比分层点不匹配，使得厚度面在井点处不吻合；如果以地质分层厚度为控制点，以地震解释厚度为趋势进行插值，由于地震解释层面与地质对比分层点不匹配，使得厚度面的取值范围增大，无井控制区的取值虽在控制范围内，但仍和地震解释厚度值相差较大。为此，该工区砂层组厚度面的构建采用将地质分层厚度点嵌入地震解释厚度面进行插值的方法，用该方法插值得到的厚度面，在井点处能满足地质分层的厚度，而无井控制区的厚度即为地震解释层面之差，综合了地质与地震的优点。

如图 8-9 所示，通过以上技术应用对地层构造面进行修改后，得到工区 7 个层面的地层构造图和 2 个砂体厚度图，以此作为建立地层框架模型的基础。

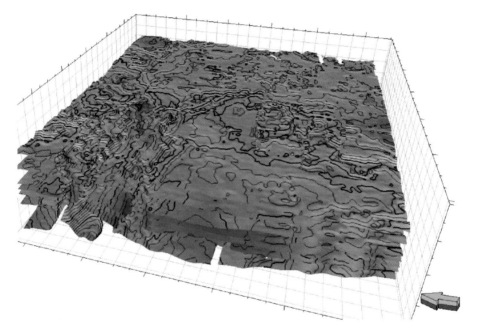

图 8-9　Nm-Es$_3$z 层面构造叠图

2）断层模型的搭建

断层模型是三维地质模型的基础，只有建立高质量的断层模型，才能建立较好的网格模型，在此基础上建立的相模型和属性模型才是可靠的。如表 8-1 所示，该工区共解释了规模较大的断层 14 条，断层数量少，接触关系相对简单，但这些断层具有深度范围广、断层的形态变化剧烈、断层的起止位置在不同层位各不相同等特点，并包含一些层内断层，这些都使得断层模型变得复杂。

表 8-1　试验工区断层数据表

断层名称	断开层位	断层名称	断开层位
F1	Nm-Es$_4$cs	F7	Ng-Es$_4$cs
F2	Nm-Es$_4$cs	F8	Nm-Es$_4$cs
F3	Nm-Es$_4$cs	F9	Ed-Es$_4$cs
F4	Nm-Es$_4$cs	F10	Nm-Es$_4$cs
F5	Nm-Es$_4$cs	F11	Nm-Es$_3$s
f5_2	Ed-Es$_4$cs	F12	Es$_1$-Es$_4$cs
F6	Nm-Es$_4$cs	F13	Nm-Es$_4$cs

断层模型的构建分为两步：首先构建符合地震解释及地质认识的单条独立断层，然后对断层之间的复杂接触关系进行定义，并在此过程中不断根据地震和地质资料进行调整，构建出高精度的断层模型。

软件自动创建的断层模型精确度不高，如果简单运用没有处理的原始状态断层进行网格化（pillar gridding），这样生成的网格就会混乱，无法应用。因此，在进行网格化之前还需要进行大量的调整工作。

（1）断层劈分技术。工区中某些断层的起止位置在各个层面变化较大，用一条整体断层来进行描述难度很大，在多数情况下也无法描述准确，需要采用断层劈分的方式解决。以断层 F4 为例，从 Nm 到 Es$_4$cs 变化很大，可劈分为 3 条断层进行模拟。

通过对该工区所有需要进行劈分的断层进行断层劈分后（表 8-2），断层数量由原来的 14 条增加到 31 条，层内断层也由 4 条增加到了 20 条。

表 8-2　断层劈分结果表

断层名称	断开层位	断层名称	断开层位
F1	Nm-Es$_4$cs	F4	Nm-Es$_4$cs
f1-1	Ed-Es$_4$cs	f4-1	Ng-Es$_4$cs
F2	Nm-Es$_4$cs	f4-2	Es$_1$-Es$_4$cs
f2-2	Es$_3$z-Es$_4$cs	F5	Nm-Es$_4$cs
F3	Nm-Es$_4$cs	f5-1	Es$_3$z-Es$_4$cs
f3-1	Ng-Es$_3$s	f5-2	Ed-Es$_4$cs
f3-2	Es$_1$-Es$_4$cs	f5-2-1	Es$_3$s-Es$_4$cs

断层名称	断开层位	断层名称	断开层位
F6	Nm-Es$_4$cs	f10-2	Es$_3$s-Es$_4$cs
f6-1	Ng-Es$_4$cs	F11	Nm-Ed
F7	Ng-Es$_4$cs	f11-1	Es$_1$-Es$_3$s
F8	Nm-Es$_4$cs	F12	Es$_1$-Es$_4$cs
f8-1	Ng-Es$_4$cs	f12-1	Es$_3$s-Es$_4$cs
F9	Ed-Es$_4$cs	f12-2	Es$_3$s-Es$_4$cs
f9-1	Es$_1$-Es$_4$cs	F13	Nm-Es$_4$cs
F10	Nm-Es$_4$cs	f13-1	Es$_3$z-Es$_4$cs
f10-1	Nm-Es$_4$cs		

（2）层内断层处理技术。将断层进行劈分后，层内断层大幅增多，必须进行相应处理。其处理原则是，首先，将这些小断层进行空间延拓至模型的顶底面，并调整其与邻近断层不相交；其次，在生成层面模型时，将层内断层未切穿的层位做出相应处理，使其在该层位不激活。

（3）断面与构造面匹配技术。将断点绑定的断层与地震约束井点插值的构造面匹配，检查是否存在断层与面相切的矛盾点，有则需要调整断层控制线。难点在于一条断层要与 9 个层面相吻合，由于断层与地层切割关系复杂，通常要经过反复调整，最终建立起层面吻合、符合地震解释和地质认识的高精度断层。

（4）削截断层处理技术。应用地震解释断面数据直接建立的断层模型中，如 F11 与 F9 和 F10 出现交叉现象。若将这 3 条断层的接触关系处理为削截断层，则会出现网格质量问题。为了保证网格质量，将交叉断层处理成两条近似平行的断层，其中一条断层断开 Nm-Ed 三个砂层组，另外一条断层断开 Es$_1$-Es$_3$s 三个砂层组。

通过以上技术的应用对断层的精细处理和组合，建立的断面相对光滑，且基本达到井震统一的断层模型（图 8-10）。

3）三维构造模型的搭建

以调整好的层面模型和断层模型为基础，对模型进行网格化，平面上建立 300m×300m 网格，纵向上分为 9 套地层、87 个小层，网格规模为 456750 个（图 8-11）。

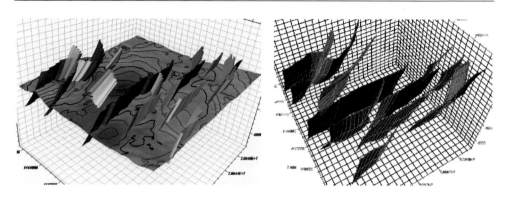

图 8-10　牛庄—王家岗地区断层模型

4）构造模型质量控制

构造模型质量控制主要包括构造模型网格质量控制和地层框架模型质量控制。

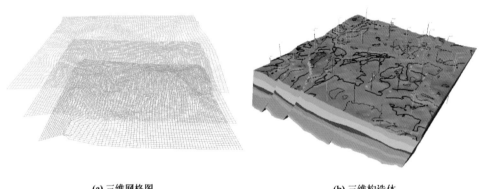

(a) 三维网格图　　　　　　　　　　　**(b) 三维构造体**

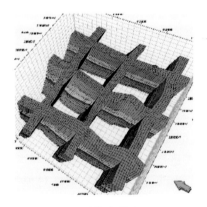

(c) 三维构造删状图

图 8-11　牛庄—王家岗断块三维构造体模型

（1）构造模型网格质量控制。构造模型通过定义 2D、3D 网格系统来描述构造，通过对网格赋值来描述非均质性，因此，网格的质量决定构造模型的质量。2D 网格骨架可以直观地观测平面上网格的不规则性；3D 网格可以找出隐藏较深的矛盾，通过负体积等的分布来寻找模型不合理的地方，有针对性地调整模型，最终得到高质量的 3D 网格体。该模型最终要进行流动模拟，对网格质量要求较高，网格质量最终达到的质量标准是：从平面上看网格不能出现奇异点，从网格属性上不能出现负的网格体积和网格高度，网格扭曲属性不能出现非零值。

初始模型存在的网格质量问题很多，如在两条断层附近会出现网格交叠现象，在此经过断层调整，网格变得合理；另外，负体积网格和扭曲网格也不少，且多存在于断层附近，因此，由不规则处可以发现断层模型建立过程中不合理的地方，通过调整断层模型，保证网格质量。网格质量控制是网格化与断层模型循环调整的过程。

（2）地层框架模型质量控制。地层框架模型反映了地层的展布形态，是建立高精度三维油藏地质模型的基础。通过在地层模型中切剖面的方式检查模型内部矛盾。该区块共切了 4 条剖面来检查地层框架模型的质量，这 4 条剖面贯穿 11 条断层，25 口井。

该模型内部存在的主要矛盾为由于厚度面的影响，造成地层框架模型局部异常，通过修改厚度面消除了这些矛盾，使得构造模型更加合理。

通过对剖面中暴露问题的分析，修正，使构造模型达到构造模型剖面井分层数据点与井数据完全匹配，各断层倾向正确、层面合理，断距与地震地质吻合的要求。

通过应用以上构造模型的构建技术及质量控制技术，建立了层位、断层合理，符合地震、地质认识的高网格质量的三维构造模型（图 8-12）。

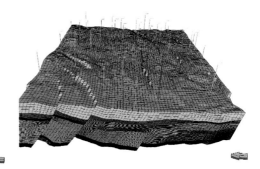

(a) 水平面到 Es$_4$cs 的构造模型　　　　　　　(b) Ng-Es$_4$cs 的构造模型

图 8-12　不同层段的三维构造模型

3. 储层模型的搭建

1）砂岩相模型的建立

试验工区的岩相数据包括 12 口井的储层分层数据、工区波阻抗反演体及反演体在各地层中砂泥岩分界的门槛值。工区面积约 480km²，而仅有 12 口井的砂体数据，每口井平均控制面积达 40km²，并且，无约束序贯指示模拟得到的不同实现之间，砂体展布的空间形态和范围变化很大，尽管每一个模型的实现都能满足井数据的地质统计特征，但在井间和离井较远的部位具有很大的随机性。因此，仅用这 12 口井的砂体数据来模拟工区的砂体分布显然不合适，在该试验区的砂岩相建模过程中对地震反演体的依赖程度增大。

为了分析利用地震反演属性体约束建模方法在该工区的适用性，需要对井震数据的相似性进行分析。如图 8-13 所示，为反演体与地质解释砂体连井剖面图。第一列数据为地质解释砂体数据（黄色代表砂岩，灰色代表泥岩或无解释数据），第三列为反演体井旁道数据，第二列为根据反演体在各地层中砂泥岩分界的门槛值处理后的反演体井旁道数据（红色为砂岩，蓝色为泥岩）。从连井剖面上看，地质解释砂体分层数据为单砂体数据，砂体厚度小，大段为泥岩或没有解释数据，而从反演数据看，砂体大段连续发育，反演砂体与测井解释砂体相似性较差，以此为基础进行井震匹配建模意义不大。

鉴于以上情况，采用了主要依靠反演体确定砂泥分布的确定性建模方法，建立了试验工区的砂体骨架模型。从图 8-14 可以看出，用该方法建立的岩相模型砂体比较连续，连通性较好。

2）储层物性模型的建立

储层三维建模的最终目的是建立能够反映地下储层物性（孔、渗、饱等）空间分布的参数模型。该试验工区的储层物性数据有 17 口井的孔隙度、渗透率测井二次解释曲线，而且具有孔、渗测井曲线的这 17 口井大部分集中在工区的东部。

由于地下储层物性分布的非均质性与各向异性，用常规的由少数观测点进行插值的确定性建模不能够反映物性的空间变化。这是因为，一方面，储层物性参数空间分布具有随机性，另一方面，储层物性参数的分布又受到储层砂体成因单元的控制，表现为具有区域化变量的特征。因此，采用相控储层物性模型构建技术是定量描述储层岩石物性空间分布的最佳选择。

如图 8-15 所示，该试验区块采用相控储层物性模型构建技术建立了孔隙度和渗透率模型，孔隙度和渗透率的分布与微相的分布相匹配，符合已建立的地质概念模型。

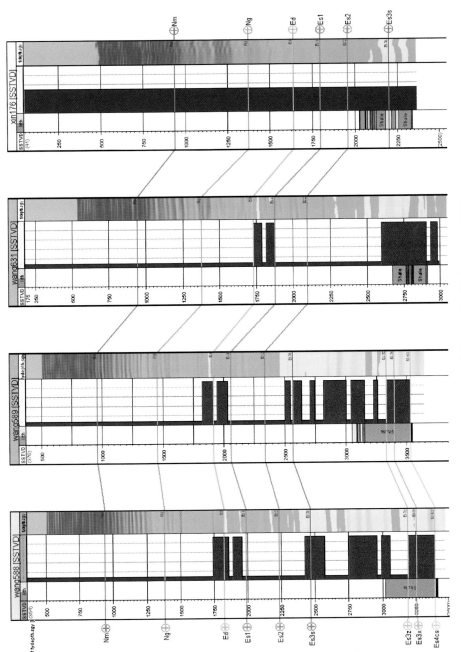

图 8-13 反演体与地质解释砂体连井剖面图

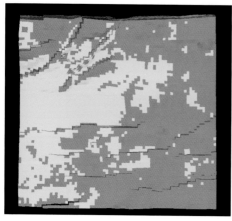

(a) Es₃s 砂体分布平面图

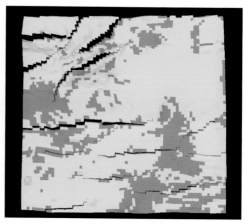

(b) Es₃x 砂体分布平面图

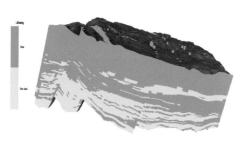

(c) 牛庄—王家岗断块砂岩相模型

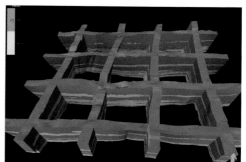

(d) 砂岩相模型删状图

图 8-14　牛庄—王家岗断块砂岩相模型

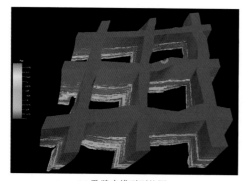

(a) 孔隙度模型删状图

(b) 渗透率模型删状图

图 8-15　牛庄—王家岗断块储层物性模型

8.5　本章小结

本章针对数字盆地的地质建模技术展开论述和实践，探索石油地质建模的相关数据组织、处理和模型表征技术。

本章首先分析了多尺度地质建模的基础关键技术和数据组织技术两类重要的技术体系，明确了地质建模的各类数据及其格式，在此基础上进一步阐述了面向油气地质勘探分析的三维地质建模的主要技术流程及作为建模成果的角点网格地质体。

针对后期含油气系统与油气成藏过程的模拟，即传统的盆地模拟技术，本章重点探讨了地质模型的静态建模，即构造、网格和属性建模，用以表述油气地质相关的层位、断层等构造要素，表述了与勘探目标有关的烃源岩与储集层等模型及其地质参数等属性。

针对地质模型的静态建模，首先需建立基于地质建模所需的各类数据组织，通过工区和测区的概念将井筒、地震和地质研究概念成果等信息集成于统一的数据体系，然后分为三步建立地质模型：建立模型框架，建立岩相模型，建立岩石物性模型。岩石的物性模型是通过角点网格来完成，并通过实验区的建模案例阐述了建立模型的全部过程。

地质建模本身不仅仅是空间构造和地质属性的可视化，更为后期基于地质理论的模拟与分析提供了一个量化基础。因此，如何通过多种资料融合、对比和约束建立更具可信度的构造与属性体，是数字盆地地质建模的关键所在。

第9章 盆地油气成藏模拟与评价

数字盆地的建设是一个从基础数据到地质模型，从静态模型到动态模拟，从地质概念到量化表述的一个不断演进的过程。

在含油气盆地中，油气成藏过程的定量模拟是实现量化分析的重要手段。作为数字盆地中的最核心技术，油气成藏定量模拟是指基于含油气盆地的动态构造恢复、生烃、排烃、运移与聚集等全过程的动态数学模拟，逐步向含油气系统模拟与评价方向演进，其技术重点是基于地质模型和地质理论建立模拟评价的数学模型。

在完成相关数据的模型化管理和组织索引，经过地质建模建立静态地质模型后，就可以应用数字化的地质模型展开分析和研究工作了。依据地质专家长期在盆地模拟（石广仁，2004）与含油气系统模拟（庞雄奇，2003）相关理论、技术的研究成果，我们在前期网格化地质模型的基础上，应用从构造演化、生、排烃到油气成藏聚集过程的数学模型，展开盆地油气成藏的模拟与评价，这是本章研究的重点。

9.1 盆地模拟技术概述

9.1.1 盆地模拟技术发展背景

油气成藏过程的模拟技术作为一项高新技术，是对盆地模拟和油气资源定量评价技术的继承和发展，在当前油气资源评价工作中，油气成藏过程定量模拟技术在继承盆地模拟的基础上不断发展完善，发挥了越来越重要的作用，对深化地质认识、降低油气勘探风险、提高勘探效益有重大意义，受到世界各国的广泛重视。自 1978 年第一个盆地模拟系统建立以来已经 30 余年，进入 21 世纪，盆地模拟已经成为一种系统的定量化资源评价技术。国际上形成了 PetroMod（德国有机地化研究所 IES）、BasinModel（美国 Platte River 公司）、Temispack（法国石油研究院 IFP）三大盆地模拟软件，这些软件内容全面、技术先进、商品化程度高。目前，国外盆地模拟软件称为含油气系统软件，把软件研制的重点放到增强"油气运聚"功能上。

在油气成藏定量评价研究中，国内也出现了 SL3DBS（胜利油田）、BASIMS

（中国石油天然气集团公司勘探院）等为代表的盆地模拟软件系统，在前面构造史、地热、生烃史、排烃史四个部分模拟中基本与国外处于同一水平，但油气运移与成藏一直是目前国内石油地质研究中较为薄弱的一环，虽然近几年围绕成藏发展出相势控藏、TS 运聚、网毯理论等，但由于成藏过程中控制因素多，地质演化复杂，基本上处于模式试验阶段，难以实现较可靠的定量评价，更难对不同历史时期的成藏分析作出有效地表述，影响了油气勘探的理论和技术深入。主要表现在：

（1）油气成藏的研究大都局限在现今的、静态的、定性的层面上，而需要实现油气成藏过程历史的、动态的、定量的恢复，并最终实现系统化、可视化和目标评价的标准化。

（2）油气成藏关键要素的研究（输导要素刻画及能力评价、圈闭有效性评价、成藏期的确定及其能量平衡控藏过程、超压作用、油气水三相混移作用等），目前仅从石油地质的角度进行过探讨，但地质作用的数学表达不充分，需要将上述问题作为技术关键进行攻关。

（3）以前的研究大都较为独立（储层、输导、动力、圈闭等），并没有真正将油气成藏过程作为一个系统来研究，而油气成藏恰恰是一个缺一不可的完整的系统，这是作者研究的根本出发点。

（4）现有的技术方法无法适用于勘探成熟探区。由于建模方式简单（层控建模），模拟精度低，模拟效率差，目前的软件系统多停留在勘探新区的盆地评价、区带评价和油气资源远景评价方面，无法适应成熟探区对勘探精度的要求，也不能更加有效地直接指导勘探部署。

因此，针对勘探成熟探区需求，以精细地质建模、动态过程恢复、定量评价为主要研究内容，将不断发展的地质理论、方法与计算机模拟技术结合起来，开发一套"以地史、热史、生排烃史和运聚史为核心、以凹陷资源量-区带资源量-圈闭资源量分级评价为目标"的定量模拟软件，对指导石油勘探具有重要意义。

9.1.2 油气成藏过程模拟技术

作为石油地质定量化研究的手段，油气成藏过程定量模拟是揭示油气生、排、运、聚过程，认识油气成藏过程及其动力学机理的有效工具。通过模拟计算，可以预测最终可聚集成藏的油气资源量及其分布，指导油气勘探部署。这项技术对于降低勘探风险、推动石油地质学向定量化发展具有重要的意义。胜利油区东营凹陷经过五十年的勘探和开发，油气勘探难度和风险性越来越大。将盆地分析、含油气系统分析的理论、方法与计算机综合模拟技术结合起来，研制开发油气成藏过程定量模拟软件，并综合地利用丰富的地质资料进行资源评价和预测，其实践价值是不言而喻的。为此，胜利油田基于多年来对东营凹陷勘探成熟区精细评价方法的攻关与研究成果以及勘探信息化建设取得的丰硕成果，依托"十一五"承担的国家重大科学技术研究专项《大型油气田及煤层气开发——渤海湾盆地东营凹陷勘探成熟区精细评价示范工程（2008ZX05051）》，在对大量前人研究成果和实际地质资料综合分析的基础上，将盆地分析中的演化模拟理论、方法与计算机综合模拟技术结合起来，开展了"油气成藏过程定量模拟评价软件系统"研发工作。

　　该系统是一套以含油气系统和系统动力学理论为指导，以埋藏史、地热史、生烃史和运聚史为核心，以盆地资源量-区带资源量-圈闭资源量分级评价为目标的大型专业软件系统。软件系统内容包括油气成藏项目库与数据服务平台建设、地质体三维建模技术、盆地演化史（含地史、热史、生烃史、排烃史）和油气运聚成藏过程定量模拟。

9.2　动态三维油气成藏全过程模拟的方法

　　油气成藏过程模拟系统，是以系统工程理论为指导，以含油气系统为主线，以烃源岩体、输导体、聚集体格架建立为基础，以流体动力学和运动学模型的建立为核心，以系统力学为总控，把动力学模拟和智能模拟、系统动力学模拟结合，在构造体、输导体、聚集体发育的历史格架下，利用现代数学和计算机技术在空间上再现地质单元体内油气生、排、运、聚、散的演化过程。本节主要阐述该系统的定量评价原理方法。关键技术包括地史模拟技术、热史模拟技术、三维油气生排烃技术、三维油气运聚散智能模拟技术、三维油气生排运聚的系统动力学一体化模拟技术、油气聚集单元评价技术等。

9.2.1　油气成藏过程的系统处理流程

　　根据系统工程原理以及系统全局概念模型，设定了油气成藏过程定量模拟系统的处理流程。该流程的着眼点是系统整体性能和可用性，在方法层面上，它完整地体现了油气成藏过程模拟的思路、方法与执行过程；在技术层面上，它着重解决了系统完整性、容错性的问题以及面向对象分析如何与进程相配合——即在哪个控制线程上对象的操作被实际执行。所谓的进程划分为可执行单元任务的分组，据此可以区别主要任务和次要任务。主要任务是可以唯一处理的结构元素；次要任务是由于实施原因而引入的局部附加任务。油气成藏过程定量模拟系统的处理流程如图 9-1 所示。

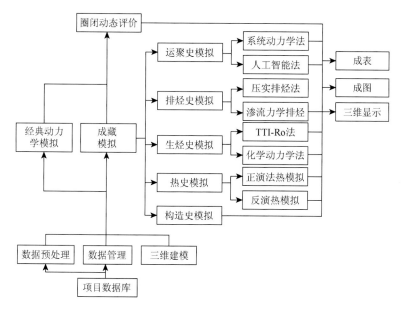

图 9-1　油气成藏过程定量模拟系统的处理流程

9.2.2　三维地史模拟技术

地史模拟是重建沉积盆地的构造演化史和沉积充填史，其作用在于将现今的盆地构造和地层三维模型（包含地层、构造、岩性等信息）恢复到指定的地质年代。一方面可以确定盆地演化的力学机制，阐明盆地的形成机制和发育过程，定量建立盆地的充填过程；另一方面为后续的热史、生烃史、排烃史以及运移聚集史的模拟恢复提供一个赖以依存的时空平台。

地史模拟通常采用回剥反演法与超压法结合的技术方法，恢复各个地质时期的盆地构造三维模型。模型涉及断块构造的实体模型和模拟模型。主要研究内容包括构造演化史再造、地层压实校正（全区的孔隙度-深度模拟、渗透率模拟和超压模型模拟等）、剥蚀厚度恢复、古水深校正以及古孔隙压力系统计算等。在这些研究内容中，构造演化史再造需要着重解决如何根据三维地质模型自动判断断裂活动期次，如何实现三维空间的盆地断块构造恢复以及如何恢复多期次、多地层的剥蚀过程，建立构造-地层的物理平衡技术；地层压实校正需要着重解决如何在三维空间进行孔隙度-深度曲线的连续模拟，如何建立因断层发育致使地层变形的物理变形机制与几何模型并进行地层界面校正的问题。

在构造演化模拟中，主要包括复杂断块构造恢复、复杂构造变形校正、压实校正、剥蚀厚度恢复、构造-地层的物理平衡技术、超压方程等关键技术。

1. 复杂断块构造恢复技术

在断陷盆地中进行构造恢复，首先需要考虑断层及断块恢复，它是构造恢复的关键过程之一。在常规的二维平衡剖面模拟技术中，通常采用地层线对应的方法进行断距恢复，而在三维空间中由于构造变形，使得断层两盘的地层不但在垂向上发生错动，在断层走向上也存在一定的断距，需要考虑断层两盘地层面的对接关系，从而使得三维空间的断距恢复难度较大。目前比较流行的地质模型的表达是采用角点网格模型，其中包括构造格架及各单元属性，断层等信息也在其中。在角点网格模型中，断距在断点上表现为上下两盘的对应节点的空间矢量，故在断距恢复时可采用移动空间矢量方式进行。

在角点网格模型中，断层表达在格网的各个侧面上，故断层描述与表达方式采用记录格网侧面连接的方式。通过描述断层在格网上的位置，可将整个模型分割为多个断块，每个断块由多条断层的多个断点包围。在断块构造恢复中，需要获取断块之间的拓扑结构和模型的主控断层走向以确定断裂方向，按照垂直于断层的方向进行断点追踪，实现断点的断距恢复，从而实现断块构造恢复。由于断层在各地层面上表现的起止位置不同，即断层所穿越地层数目不同，因此在断距恢复过程中需要充分考虑断层断裂深度变化问题，在断点追踪过程中以最深断裂地层为判断依据，实时调整断裂地层深度。

2. 复杂构造变形校正技术

在盆地构造运动中，由于构造运动作用使得地层界面发生变形，也同样需要将它恢复到变形前的状态。通过研究其发生变形的机制，使地层界面恢复到变形前的状态，是进行构造演化史模拟的重要部分。在盆地断块构造中，最为常见的三类构造现象是褶皱、逆冲断层和拉张型正断层。按照褶皱的形变机理可分为弯曲褶皱、剪切褶皱和流动褶皱。一般情况下，在较浅的地壳表面多以弯曲褶皱为主，而随着温度和压力的增加，逐渐过渡为剪切褶皱和流动褶皱。

在平衡剖面模拟中，通常采用运动学与非运动学的方法进行地层界面校正恢复。其中，非运动学恢复主要有：弯滑去褶皱，采用褶皱中的钉线或者钉面对由弯滑机制生成的褶皱进行地层界面恢复；剪切机制，通过垂直或斜向剪切的方式去除地层形变，在顶面恢复后需要按照该剪切方向和大小恢复下伏地层界面。运动学恢复是在对断层进行恢复时，假设断层下盘不受断裂构造影响，而上盘因断裂构造运动发生一定的形变，在恢复过程中，设定下盘不动，在断面上移动断层上盘地层。

主要恢复方法有：斜剪切，通过保持剪切矢量棒的长度（剪切矢量方向上断面与上标志层之间的距离）不变，从而保持形变前后上盘的体积不变，体现三维构造体平衡的思想。断层平行流（主要针对逆断层），通过断层平行的流线对形变机制的控制进行恢复，使形变前后上盘的体积不变，并经变形校正后形成新的地层界面。同样，下伏地层面也需随之调整，以便表达在该地质时期的地质构造状况。

3. 压实校正

由今至古的构造恢复中，需要将现今的压实状态去除，才能进行恢复，这个过程就是压实校正。该校正主要考虑地层孔隙度的变化，一般呈指数变化。地层随埋藏深度的增加、上覆岩层压力增大、温度升高以及成岩作用等因素的影响，孔隙度变化并不一定会按照一定的曲线模型变化，孔隙度-深度曲线模型只是一种统计结果，并不能够真正的反映沉积物的孔隙度变化。因此，将沉积物孔隙度变化分为三段来实现压实校正，即正常压实阶段、成岩作用阶段和压缩阶段，并分别建立分段线性与非线性结合的孔隙度深度曲线，才有可能在回剥反演的压实校正中合理地表达孔隙度随埋藏深度的变化（图 9-2）。

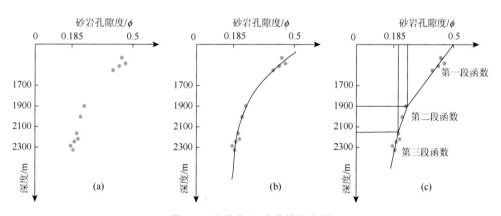

图 9-2　孔隙度-深度曲线拟合图

在三维空间中进行压实校正，需要在压实过程中保证压实前后地层的骨架物质体积不变。在利用角点网格模型的 $I/J/K$ 号获取任意单元格块体的体积与孔隙度参数时，由于单元格块体在三维空间中是按照角点网格模型纵向线方向排列的不规则六面体，如果单纯按照计算单元格骨架厚度的方式进行压实校正，将会使单元格格网纵向上四条边与相邻格网纵向边调整位置不同，由此产生一定的拉开距离，形成断裂存在的假象。为了避免这一问题的出现，需要首先搜索出由断层分割的独立断块，形成多个在区间上相对独立的断块片段，然后在断块内的单元格纵向线方向进行压实校正，并采用迭代计算方式调整网格体积，保持压实校正前后骨架物质体积保持不变，同时记录断块内的每一单元格骨架体积及断块总骨架体积。

4. 剥蚀厚度恢复

剥蚀现象也是沉积盆地经常发现的事件，在恢复构造演化史过程中，也需要考虑剥蚀地层的影响。这一过程分两步：①剥蚀量的计算；②将剥蚀量加到构造模型中。

剥蚀厚度的获取方法有许多种，其中最常用的是地层对比法、沉积速率法、测井曲线计算法、R^o（镜质体反射率）突变计算法和地层密度差法。每一种剥蚀厚度计算方法都能够在一定的数据完整性条件下较为准确地恢复剥蚀厚度，剥蚀厚度的计算方法非常成熟，不再作为本次研究的重点，而将研究重点放在如何解决在已有剥蚀厚度散点图的条件下，进行构造演化模拟中的剥蚀厚度恢复，使地层恢复到被剥蚀前的状态，其中需要攻克的难关是如何统一解决多期次、多套地层的剥蚀厚度恢复问题。

考虑到同一地质时期内可能出现多次剥蚀的情况，或者一期剥蚀中存在对多套地层剥蚀的情况，其解决方法为：以剥蚀期次为第一循环变量，以剥蚀地层为第二循环变量，以剥蚀期次为顺序进行剥蚀厚度恢复。

将获取的剥蚀量应用到构造史恢复中，需根据角点网格模型的特性，对剥蚀地层新增一层或多层格网，格网纵向上的高度表示剥蚀厚度，其岩性按照邻近格网层的岩性代码进行赋值，根据该格网所处深度，按照孔隙度-深度曲线进行插值计算并赋值，对于恢复剥蚀厚度后的下层所有格网不进行压实校正，其原因在于当地表抬升后，原地层的孔隙度不会因地层抬升而改变，只有当上覆地层厚度小于剥蚀厚度时，需要对所有格网的孔隙度数据进行重新计算。

在具体处理时，需按照剥蚀年代、剥蚀地层，将剥蚀厚度数据通过插值处理，获得格网化的剥蚀厚度图，再按照发生剥蚀的地质时期从古至今的先后次序，并将剥蚀厚度图以 BLOB 形式存入数据库中。通过读取数据库中预存的剥蚀厚度数据，计算角点网格模型中各点位处的剥蚀厚度，进行剥蚀厚度恢复，并构建研究区域的剥蚀厚度图。

5. 构造-地层的物理平衡技术

毛小平等（1999）为了实现三维构造史模拟，在二维平衡剖面技术的基础上，提出了适用于三维构造模拟的方法——体平衡技术。由于已有的三维体平衡技术大多属于拟（假）三维性质，这种拟（假）三维体平衡软件在构造简单的盆地或区域能起到很好的作用，但在发育多个断裂系统且由于复杂变形而体积不能简单平衡的盆地地区，就显得无能为力了。真三维的构造-地层的物理平衡技术包含两个方面：①在断距恢复与构造变形校正过程中，不能改变地层体积，即体积不变，相当于平衡剖面中的面积不变原则；②压实校正过程中，保持骨架物质体积不变，相当于一维单井模拟中的骨架厚度不变（毛小平等，1999）。

采用真三维的构造-地层的物理平衡技术进行断距恢复，其中的矢量平移方式不改变地层面格网的面积和格网高度，并保持其体积不变。同样，采用这项技术进行构造变形校正，其中的平行断层方法和平行矢量棒方法也使地层单元体保持不变。

6. 超压方程

前述压实校正是一种简化的方法，要提高精度，需要使用超压方程来解决去压实校正问题。已有的超压方程解决存在着如下问题（石广仁，2004）：①研究和应用多以单一的压实理念为理论基础，理论依据不够完善；②决定地震预测地层压力精度的速度参数需要进一步提高；③没有预测流体膨胀等因素所引起的地层压力异常。为了解决这些问题，应采用欠压实开始出现的深度作为超压顶界面的埋藏深度，这样更符合超压原理，同时，综合考虑了产生异常压力的多种因素，把欠压实作用与生烃作用结合起来进行压力预测。

因为要基于三维角点网格模型展开后续研发，因此，所使用的方法是在分析了东营凹陷案例工区的地质特点的前提下，综合考虑了造成东营凹陷地层异常压力产生的欠压实作用和生烃作用之后得出的。该超压模型可概括为 3 种成因类型：地层不均衡压实、构造挤压和流体作用。其形成机理可分为：欠压实作用、蒙脱石脱水作用、生烃作用、流体热增压作用、渗析作用、液态烃类的热裂解作用和构造作用。

综上所述，常规的盆地模拟技术仅适应于正常压实盆地，若采用孔隙度-深度曲线三维内插模型、超压计算模型等，能适用于成岩作用复杂的超压盆地类型。当沉积物处于成岩过程中，出现石英加大等成岩现象以及在弱碱性、弱酸性环境中出现次生孔隙发育，形成次生孔隙带，使得单纯性的使用指数模型或者分段线性模型不能够表达其变化细节。采用分段线性与指数模型相结合的方式，通过将孔隙变化在纵向上进行分段，划分为正常压实阶段、成岩作用阶段、压缩作用阶段，能够较好地反映孔隙度变化。此外，由于本方法采用弯滑机制和剪切机制相结合的复杂构造变形校正、复杂构造恢复和构造-地层平衡等块体平衡技术，比其他系统更能适用于断裂系统发育地区，但对于断层一盘存在深度与层位有多值对应的情况，目前算法还不能有效处理，因而对存在逆掩褶皱的地区不适用。

9.2.3　热史模拟技术

要动态地描述有机质的成熟过程，首先要动态地描述盆地古地温特征，因此，盆地古地热场模拟既是有机质成熟史模拟的基础，也是实现盆地整体模拟的基础。

盆地古地热场的影响因素众多且变化多端，建造合理的模拟方法涉及古地温、古地温梯度、古热传递方式等复杂问题，更涉及盆地古地热场的动态变化及古地热源的多期次叠加问题（杨起等，1996）。当前的盆地地热场模拟对象多限于由地幔热流引起的正常地热场，相关的模拟技术主要用于描述盆地正常地热场中的热传导问题，较少涉及热对流和热辐射等问题。特别是对诸如岩浆侵入、泥底辟和热流体上涌等热事件所造成的附加地热场，未能很好地加以描述；对有机质演化的耦合模拟以及利用有限单元法求解地热演化过程的可变边界动态自动剖面问题，目前也还没有见到满意的成果。

盆地的热演化史模拟有两种较成熟的方法：①镜质体反射率反演法；②返揭法。

1. 镜质体反射率反演法

反演法是根据实测深度-R^o散点数据，拟合出深度-R^o曲线，然后利用R^o-TTI的关系曲线以及温度-TTI的关系，最后计算出热流值和温度。

在常规状况下，某一深度的地层中镜质体反射率的大小主要受镜质体所在地层的埋藏史和地温的影响，当地层的埋藏史确定之后，R^o就唯一受地温的影响。如果仅考虑盆地内热传导这一最主要的传热方式，地温只取决于盆地热流密度及其沉积物的热导率；当已知沉积物热导率，则盆地热流密度即热流的变化唯一确定了盆地地温的变化。因此，可以根据古热流模型、古地温模型和R^o模型，利用实测的R^o数据反演求取盆地大地热流密度的变化；然后根据盆地热流密度的变化，求得盆地所经历的地温史。

2. 返揭法

返揭法的基本流程是，首先分析大地构造背景，估计地幔热流，再根据经验公式求出盆地底面埋藏深度，然后由返揭法计算盆地基底热流以及盆地内部温度。盆地正常地热场的演化，实际上就是正常地热流在盆地中的传递和再分配。Blackwell（1971）提出了热结构一词来表征大陆区壳幔热流的构成；汪集暘（1986）进一步认为，热结构还应包括壳内不同层的热流构成，同时还必须考虑地壳深部温度等重要参数。本次模拟采用的计算公式（李星，2009）为

$$T_i^\top = T_i^\perp + q_i^\perp \cdot D_i/k_i - \frac{1}{2}A_iD_i^2/k_i \text{ 或 } T_i^\top = T_i^\perp + q_i^\top \cdot D_i/k_i + \frac{1}{2}A_iD_i^2/k_i \quad (9\text{-}1)$$

其中，$T_i^\top$和$T_i^\perp$分别为第i层下、上界面的温度；$q_i^\perp$为第i层上界面的热流值，

表层取地表热流值；D_i 为第 i 层的厚度；k_i 为第 i 层的热导率；A_i 为第 i 层的放射性生热率。此公式所依据的基本原理是能量守恒定律。

利用这一原理可知，盆地基地热流 q_b 为

$$q_b = q_m + A_下 H_下 + A_中 H_中 + A_底 H_底 \qquad (9\text{-}2)$$

其中，$A_下$、$A_中$、$A_底$ 分别为下地壳、中地壳以及盆地变质基底的放射性生热率；$H_下$、$H_中$、$H_底$ 分别为下地壳、中地壳以及盆地变质基底的厚度；q_m 为地幔热流值。

借鉴松辽盆地 98 个莫霍面深度（H_M）资料，得到如下经验公式（Wu 等，1991）

$$H_M = \frac{55.19146 - H_b}{1.63092} \qquad (9\text{-}3)$$

其中，H_M 为莫霍面埋藏深度；H_b 为盆地底面埋藏深度，相当于沉积盖层总厚度。利用这个经验公式，代入该盆地各处各阶段的沉积盖层总厚度（需经压实矫正和剥蚀量恢复），便可以估算出各演化阶段的莫霍面埋深，并恢复其空间形态。

综上可知

$$
\begin{aligned}
q_b &= q_m + A_下 H_下 + A_中 H_中 + A_底 H_底 \\
&= q_m + A_下 [H_M - (H_中 + H_底 + H_b)] + A_中 H_中 + A_底 H_底 \\
&= q_m + A_下 (H_M - H_b) + (A_中 - A_下) H_中 + (A_底 - A_下) H_底
\end{aligned} \qquad (9\text{-}4)
$$

这样，通过盆地基地热流 q_b、盆地的物性参数及大地构造参数，利用一维稳态热传导方程，即可以确定盆地内各地层的热流及地下温度场。

各种方法的适应条件如下：

"镜质体反射率反演法"是根据实测深度-R^o 曲线，再借助一个中间量（如 TTI），回归拟合出 R^o 与温度（或 R^o 与基底热流值）的关系，从而计算出各个时期的古温度场和古基底热流值。该方法的优点是以实测数据 R^o 为基础展开模拟计算，可靠性高，计算量也相对较小，但其中间量的物理、化学意义以及严格准确性还需进一步检验。

"返揭法"是根据构造演化史模拟结果，结合沉积盆地的基底热流、物性参数及大地构造参数来获得不同历史时期的古地温演化史的一种方法。该方法的优点是原理简单、计算量相对较小。输入参数包括岩石物理属性、地表温度、地幔热流等。该方法的不足之处是不能用于对附加地热场的处理。尽管如此，该方法的使用范围也十分广泛。

本节关于热史演化的叙述，综合了上述两种方法，研究人员可根据实际地质

条件的不同选择适用的方法。

9.2.4　油气生烃模拟技术

生排烃史的模拟是在构造史、热演化史模拟的基础上，应用数值模拟技术，恢复研究区域的生排烃历史，以深化含油气系统的研究。

生烃模拟目前有多种方法，其中 TTI-R^o 法、化学动力学和氢指数法三种方法比较成熟（石广仁，2004）。TTI-R^o 生烃模拟方法采用了较成熟的生烃模拟方法，由于国内在化学动力学实验方面起步较晚，主要还采用通过成熟度史的模拟来获得油气的生烃史，因而该方法在国内的应用较广，而在国外主要侧重组分化学动力学生烃模拟。此外，我们创造性地应用了氢指数模拟，因为在复杂的地质过程中氢指数的变化不受压力和催化剂条件的影响，是具有普适性的参数，得到的模拟结果能够准确地反映盆地的生烃量史，在国内外的模拟方法中尚无有效的氢指数模拟方法。

1. TTI-R^o 法生烃史模型

TTI-R^o 生烃模拟方法也称为烃产率曲线法，TTI-R^o 生烃模拟是根据地史模型所得的埋藏史以及热史模型所得的古地温史，计算出各个地层单元格的时间温度指数（TTI）史；根据现今实测的 R^o 值以及最大埋深时的 TTI 值，制作 TTI-R^o 回归曲线；根据 TTI 史以及 TTI-R^o 回归曲线，计算出 R^o 史，即烃类成熟度史。利用各个烃源岩层的有机碳含量、有机质类型，依据 R^o-烃产率关系曲线即可计算出各个时期的生烃数据。

镜质体反射率与地热演化密切相关，并且具有显著的稳定性和不可逆性，采集方法简单而准确、价格低廉。由于在沉积岩的有机质中也普遍存在镜质体，该方法所以被引入到石油地质的研究中，作为有机质成熟度的鉴定标志。R^o 的变化除受热作用程度（即温度）的控制外，还受热作用的时间长短的控制。

2. 化学动力学生烃史模型

化学动力学法是利用化学动力学参数（生烃潜量、活化能和频率因子），结合地温史和埋藏史，通过求解化学动力学方程组来计算各烃源层生烃潜量随时间的变化，从而反映生烃演化程度，得到降解率史，即成熟度史。最后，利用各个烃源岩层的有机碳含量、干酪根类型等地化资料计算得到各个时期的生烃量。

Tissot 认为，干酪根在温度和时间的作用下向烃类转化的过程可分为两个阶段，即干酪根（A）→降解的中间产物（B）→中间产物（C）。其中，中间产物被认为是液态烃（油），而最终产物就是天然气。这样，干酪根的热降解生油过

程就可划分为成油、成气两大阶段。干酪根由 6 类不同键合的物质构成，6 类键
合的物质降解为石油，进一步降解为气是 6 个平行的一级反应。干酪根的降解
过程为

$$
\begin{cases}
-\mathrm{d}X_i/\mathrm{d}t = K_{1i}X_i \\
\mathrm{d}u_j/\mathrm{d}t = K_{2j}Y \\
Y = \sum_{i=1}^{6} Y_i(i=1,2,\cdots,6; \quad j=1,2,\cdots,n) \\
\sum_{i=1}^{6} X_{i0} + \sum_{i=1}^{6} Y_{i0} + \sum_{j=1}^{n} u_{j0} = \sum_{i=1}^{6} X_i + \sum_{i=1}^{6} Y_i + \sum_{j=1}^{n} u_j \\
X_0 + Y_0 + U_0 = X + Y + U
\end{cases}
\tag{9-5}
$$

其中反应速率 K_{1i} 和 K_{2i} 可由阿伦尼乌斯方程计算得到

$$
K_{1i} = A_{1i} \exp\left(-\frac{E_{1i}}{RT}\right)
\tag{9-6}
$$

$$
K_{2j} = A_{2j} \exp\left(-\frac{E_{2j}}{RT}\right)
\tag{9-7}
$$

式（9-5）中第 1 个方程体现了干酪根降解随时间变化的函数关系，第 2 个方
程用于求解由干酪根降解产物 Y（液态烃）生成气的数量（生气率），第 3 个方程
表示液态烃总量，第 4 个方程为物质平衡方程，由该方程可以计算干酪根的产烃
率（产油率+产气率）。其中，i 为第 i 类键合（$i=1, 2,\cdots,6$）；j 为由 Y 生成气体的
类别（若认为仅生成 CH_4，取 $j=1$）；t 为时间，Ma；A_{1i}、A_{2i} 为频率因子，Ma^{-1}；
E_{1i}、E_{2i} 为活化能，kcal/mol；R 为气体常数，1.986cal/mol；T 为绝对温度，C+273；
K_{1i} 为第 i 类键合物质裂解由 X_i 生成 Y_i 的反应速率，Ma^{-1}；K_{2j} 为液态烃（Y）进一
步裂解产生 C_j 的反应速率，Ma^{-1}；X_{i0} 为时间 0 时，干酪根第 i 类键合物质的初量，
g/g（TOC）；Y_{i0} 为时间 0 时，干酪根中第 i 类键合物质产生的液态烃初量，取 0，
g/g（TOC）；u_{j0} 为时间 0 时，j 型气的初量，取 0，g/g（TOC）；X_i 为 t 时刻干酪
根第 i 类键合物质数量，g/g（TOC）；Y_i 为 t 时刻干酪根中第 i 类键合物质裂解产
生液态烃数量，即生油量（生油率），g/g（TOC）；u_j 为液态烃（Y）进一步裂解
产生 j 型气 C_j 的数量（若认为仅生成甲烷，则 $j=1$），g/g（TOC）；

生烃量史的模拟计算

生油量：$\mathrm{Oil} = H \cdot S \cdot \mathrm{TOC} \cdot \rho \cdot U_0$ (9-8)

生气量：$\mathrm{Gas} = H \cdot S \cdot \mathrm{TOC} \cdot \rho \cdot U_g$ (9-9)

其中，H 为烃源岩厚度，m；S 为烃源岩面积，m^2；TOC 为烃源岩中有机碳含量，

%；ρ 为烃源岩密度，t/m^3；U_0 为单位生油量，g/g（TOC）；U_g 为单位生气量，g/g（TOC）。

3. 氢指数法生烃史模型

干酪根热降解规律：同类型干酪根的氢指数具有从地表向下由浅而深逐渐降低的特征，尤其是在进入生油门限之后，降低速率明显加快，当达到一定深度后在一个很小的数值上趋于稳定。

TTPCI-IH 法正是根据各干酪根类型氢指数随深度的变化关系曲线，由埋藏史得到各期次烃源层的氢指数，从而可以得到各期次的反应速率，再根据阿雷尼厄斯方程并结合地温史拟合各期次的表现频率因子和表现活化能，从而得到各期次的 TTPCI 史，即成熟度史。再用现今期次的 TTPCI 拟合现今氢指数，得到各干酪根类型氢指数与 TTPCI 的关系，从而恢复各期次氢指数史。利用各个烃源岩层的有机碳含量、干酪根类型等地化资料计算得到各个时期的生烃量。

4. 生烃过程中的增压抑制作用

前述方法是单向的，即根据烃源岩温压条件可以直接计算获得产烃率，而事实上，在相对封闭的环境下，生烃过程在一定程度会使烃源岩局部温压条件改变，也会反过来影响生烃的速率。干酪根热解成烃作用是烃源岩中异常高压的重要成因之一。由于生烃增压作用主要是伴随生、排烃作用而发生的，因此，生烃增压作用包括两个方面，一是干酪根向烃类的转化导致地层压力增大；二是液态烃裂解成气态烃的增压作用。通过生烃作用的物理化学机理分析所建立生烃增压机制的数学模型表明，生烃越多、干酪根与烃类流体的密度差越大、烃源岩越致密，则生烃增压强度就越大。天然气的生成比石油的生成具有更显著的增压效应。应用该数学模型可模拟研究烃源岩演化的生烃增压过程，并为再现由此导致的微裂缝幕式排烃的地质过程提供定量依据。

生烃而致超压的前提条件是厚层泥岩中含有大量有机质，并且有机质演化达到了大量生油气阶段，即高—过成熟阶段。生烃作用形成的剩余压力大小，决定于岩石孔隙体积的变化以及孔隙空间中的含烃流体和各种有机质体积的变化。当该压力增大到足以使源岩产生微裂缝时，孔隙流体通过微裂缝排出。排液后压力释放，受围压影响微裂缝又将闭合。这说明烃源岩生烃作用不但具有明显的增压效应，而且这种增压已构成微裂缝排烃的重要动力。值得一提的是，生烃增压作用和微裂缝排烃作用都是发生在特定地史阶段的，而现今地层中的异常压力并不一定来源于生烃作用。因此，生烃增压效应很难直接测量和计算，需要借助于数值模拟的方法来研究。

超压对生烃作用的抑制表明，过高的沉降速率和异常高压阻止了液态烃裂解

为气态烃。其原理可用下式来表达

$$\frac{\mathrm{d}X}{\mathrm{d}t} = -kX, \quad k = A\exp\left(\frac{-10^3}{R(T+273)}\right), \quad A = 10^3 \cdot \mathrm{e}^{(-p/c)} \qquad (9\text{-}10)$$

其中，X 为生烃潜量，g/g（TOC）；t 为时间，Ma；K 为反应速率，Ma^{-1}；A 为频率因子，Ma^{-1}；E 为活化能，kcal/mol；T 为温度，℃；R 为气体常数，1.986cal/（mol·K）；P 为过剩压力，MPa；C 为常数系数。

显然，压力 P 增大，频率因子 A 减小，化学反应速率 K 减小，生烃过程减弱，反之增强。遗憾的是，这些研究成果并没有给出超压抑制生烃作用的定量表达式。在此情况下，为了避免超压的干扰并获得正确的模拟结果，可采用氢指数（TTRI法）来代替 TTI 法。

生烃作用遵循三个原则，①质量守恒原则：在干酪根热解生烃的反应中源岩的总质量守恒，即已裂解的干酪根转化成同等质量的烃类与非烃类产物；②体积守恒原则：在排烃之前，所生成的产物全部充填在因干酪根热解而腾出的空间；③压力平衡原则：油、气、水共存于源岩孔隙中，具有统一的压力系统，即多相流体压力平衡。徐思煌等（1998）基于这三个原则，对生烃增压量（ΔP）的函数关系作了推导，所得的数学模型为

$$\Delta P = \frac{M_\mathrm{g}/P_\mathrm{g} + M_\mathrm{o}/P_\mathrm{o} - M_\mathrm{k}/P_\mathrm{k}}{C_\mathrm{g} \cdot M_\mathrm{g}/\rho_\mathrm{g} + C_\mathrm{o}M_\mathrm{o}/\rho_\mathrm{o} + C_\mathrm{w}\varphi} \qquad (9\text{-}11)$$

其中，M_g、M_o 分别为新生成的油、气质量；M_k 为热解的固态干酪根质量；P_g、P_o、P_k 分别为油、气、水的增压值；φ 为孔隙水的体积；ρ_o、ρ_g 分别为石油、天然气的密度；C_g、C_o、C_w 分别为地下天然气、石油和地层水的压缩系数。

9.2.5　排烃模拟关键技术及应用

排烃是油气从烃源岩中初次运移到输导层的过程。排烃量在受到烃源岩生烃作用、黏土脱水、微裂隙等内部因素控制的同时，也会有区域构造、岩相变化、断层等外部条件的影响。排烃的三维模拟过程需要综合考虑内外因的影响，在基于角点网格建立的排烃模型上，通过压实排烃模型和多组分法排烃模型得到排烃量，然后通过流体势、岩性和断层判断油气的方向、流体势的比值分配油气的比例，使排烃量分配到相邻运载层。

1. 改进的压实排烃模型

压实排烃是比较经典的排烃算法。烃源岩中烃类的排烃过程可分为两个阶段。第一阶段为压实排烃阶段，此阶段油气排出及时，在短时间内即达到压力平衡（在整个孔隙系统中）。第二阶段为超压排烃阶段（或称微裂缝幕式排烃阶段），此阶

段因烃源岩埋藏较深，孔隙度和渗透率很小，流体排出明显受阻，油气无法到达并越过烃源岩的边界，成为一个封闭或半封闭体系。由于流体增量增温所引起压力差异长时间不能平衡而出现超压现象。当异常高压达到一定界限，便引起烃源岩破裂而产生微裂缝，导致含烃流体沿着微裂缝突发性排出。随着含烃流体的排出，孔隙压力释放，微裂缝便又闭合了。如此反复，微裂缝不断开启和闭合，使烃类呈幕式不断排出烃源岩，直至生烃结束。

两个排烃阶段的划分，以烃源岩出现超压为界，在本案例中，以是否超过烃源岩的破裂压力为判断依据，若超压大于烃源岩的破裂压力，则视为可以发生幕式排烃。若研究区烃源岩在埋藏过程中并未出现超压，则只存在压实排烃阶段。

改进的压实排烃算法是在普通的压实排烃方法的基础上的一种优化改进，其优点在于计算排油量的同时还可以计算出排气量。实际模拟时需要做如下假设：①岩石骨架是不可压缩的，压实中流体的排出量（体积）等于压实期间孔隙中流体增量体积与压实后孔隙体积的减量之和（守恒律：排出量+存量=原存量+生成量）；②烃源岩处于正常压实阶段，孔隙系统流体压力等于静水压力：亦即假定排烃无大阻碍，能"及时"排出，可以不考虑超压问题；③孔隙系统内的流体至多呈油、气、水三相存在，各相流体的排出体积与各相的可动部分的饱和度成正比。

2. 多组分法排烃模型

压实排烃方法一般只是将油气简单地分成油、气、水三种状态。事实上，油、气会因其碳原子数，分成多种组分，在孔隙介质中，其行为或流动性是不同的。同样是天然气的气相，就分为甲烷、乙烷、丙烷等，每一种物质，其在孔隙度的穿透能力差异较大，简单地将它们归为气相，则过于粗糙，因此，需要进行多组分排烃模拟，才能更精确地计算排烃强度。多组分法排烃模型是用热力学方法描述孔隙流体、气体的多种相态、多种组分及其在烃源岩演化过程中的变化，采用组分模型描述孔隙流体的组成。烃源岩的孔隙流体被分为多个组分，它们是甲烷、乙烷、丙烷、丁烷、戊烷、油、二氧化碳和水，或者可以分为多个混合组分，这些组分至多呈三个相态出现，即水相、油相和气相。因为重烃在水中的溶解度很小，同时，为了简化排烃数学模型，系统中将以上各组分在水中含量以溶解度简单计算完成（在此假设，上述各组分中，只有甲烷和二氧化碳可以溶解于水，而水组分只存在于水相中）。在孔隙体系内，不同相态的存在应符合流体的相态平衡特征。各组分在水中的溶解度可根据其溶解度确定，系统中存在的主要相态平衡为气态物质和油的相态平衡。如下为 SRK 状态方程和相平衡准则

$$p = \frac{RT}{V-b} - \frac{a}{V(V+b)} \tag{9-12}$$

$$P_i^{V} = P_i^{L}$$

$$T_i^{\text{V}} = T_i^{\text{L}}$$
$$f_i^{\text{V}} = f_i^{\text{L}}$$

其中，P，T 为孔隙流体的压力、温度；V 为油相或气相的体积；a、b 为不同组分的常数；P_i^{V}、P_i^{L} 为组分在气相和液相中的压力；T_i^{V}、T_i^{L} 为组分气相中和液相中的温度；f_i^{V}、f_i^{L} 为分别为第 i 个组分在气相和液相中的逸度。逸度根据下式求得

$$RT \ln \frac{f_i}{y_i p} = \int_v^\infty \left[\left(\frac{\partial p}{\partial n_i} \right)_{T,V,n_i} - \frac{RT}{V} \right] \mathrm{d}V - RT \ln Z \qquad (9\text{-}13)$$

其中，f_i 为第 i 个组分的逸度，MPa；y_i 为第 i 个组分的摩尔分数；Z 为组分 i 的压缩因子；T、P、V 为体系温压下的气相或液相和温度、压力及体积；$V_i = ZnRT$；R 为理想气体常数。

3. 排烃方向模型

排烃方向受多种因素的控制，其中最重要的是区域构造背景，即凹陷区与凸起区的相对位置及其发育历史；同时，还受储集层的岩性岩相变化、地层不整合、断层分布及其性质、水动力条件等因素的影响。因此，排烃方向的三维模拟是综合考虑以上各种条件得出的。

为了简化模型，在排烃方向模拟时假定石油主要以游离态从源岩中排出，而天然气以溶解态运移，并且油气水在正常压实产生的剩余压力、欠压实产生的异常高压力、毛细管力和浮力等合力作用下，驱使油气水从烃源岩向运载层运移。同时，根据流体势等于该点的压能与相对于某基准面的位能以及动能之和，反映了地下温度、重力、应力等因素对地下流体综合作用的原理，设定流体势是排烃方向的主控因素，令流体从高势区向低势区方向运移。

综上所述，TTI-R^o 法主要是对于成熟勘探区，依据勘探区详细的地质勘查资料可以对成熟度史和生烃量史得到准确的模拟。化学动力学模拟适应于地质勘探程度中等、干酪根成熟演化尚不十分明确的地方，可以用来初步得到降解率史和生烃量史，对于勘探程度较高，地化资料较全，特别是有做干酪根热解实验并能够得到实地化学动力学参数的地区可以用组分化学动力学进行模拟；或者进行实地 TTI-R^o 法进行模拟。氢指数模拟方法对于构造模拟的精度和现今体数据的建模精度要求较高，因为首先是根据各型干酪根的氢指数随深度变化规律获取氢指数，如果现今体数据的模拟精度不高那么将造成较大误差；另外，对于实际勘探的钻井的深度要够，能够准确地获取各井的生烃起始和终止点深度，同时也依赖于热史的模拟结果。

由于目前所采用的生烃模拟方法都是在烃层面上的模拟，最多细分到油和气，对具体更细致的石油组成成分，如轻质油、重质油、轻烃、气态烃的生成

演化的研究不够，因此，多组分的生烃模拟将是发展趋势，能够提供油气生成过程中各组分的演化情况，为排烃和运移提供更多的数据支持，从而更准确地进行资源评价。

这里的排烃模拟主要为改进的压实排烃模型和多组分排烃模型，两种方法都包含压实排烃模型和幕式排烃模型。改进的压实排烃模型主要是对三相流体进行处理，最终获得排烃，这是一种常规的排烃模拟算法；而多组分排烃模型不仅可以应用于只考虑油、气、水三相排烃，而且可以将三相流体分解为多种组分，最终计算出三相流体的排烃量，且可以计算出各个组分的排出量。

9.2.6　基于流体势三维迷宫式运聚模拟技术

运聚史的模拟是整个五史的最后一步，也是最不成熟的和最受关注的。不成熟的方面主要体现在不同的地质学家对于运移有不同的认识，有多种机理；最受关注则是因为在指导勘探实践中，运移聚集是地质家最关心的——"油去哪儿了？"

油气运聚模拟方法虽然复杂，但作者团队依照目前比较公认的一些机理，去掉了一些不太重要的细节，简化了运移过程，研制了相应的算法，提出了基于流体势三维迷宫式运聚模拟算法，主要包括根据达西渗流定律，采用多相渗流力学＋流线法模拟方法实现对优势运移通道的模拟，模拟输出包括不同时期油气运移矢量路径、油气藏饱和度、油气藏聚集量、流体势等。在低渗透层和局部区域采用渗流力学模拟方法，保证模拟精度，在粗略区域和高渗透层采用流线法提高模拟效率（刘志锋，2010）。

1. 断层封堵性处理

断层封堵性处理是利用断层的对接关系、涂抹系数计算断层填充物的排替压力，再根据断层实际承受的地层压力或者流体压力，确定断层的封堵性。

断层泥质含量的求取用下面公式进行计算（宋国琦，2013）

$$SGR = \sum_{i=1}^{n} h_i \cdot H^{-1} \tag{9-14}$$

其中，SGR 为断层泥质含量，%；h 为第 i 层泥岩层厚度，m；i 为泥岩层序号；n 为滑过研究点的泥岩层数；H 为断层的垂直断距，m。

在计算出泥质含量后，根据不同泥质含量岩石排替压力与埋深的关系确定该研究点的排替压力，再根据与实际地层或者流体压力进行对比确定断层的封堵性。其中，图 2-2-12 中的排替压力与埋深关系可以根据不同盆地进行拟合生成。

2. 油黏度的动态计算

油气运移速率涉及的黏度参数计算，依据数据建立黏度与压力的函数关系：油黏度 $\mu_o = f(P_o)$，气黏度 $\mu_g = f(P_g)$。

3. 油密度的动态计算

采用石广仁主编的《油气盆地数值模拟方法》教材，油气密度的计算公式为

$$\rho_o = (R_s \rho_{R_0} + \rho_{O_0})/B_o \tag{9-15}$$

其中，ρ_o 为油密度；R_s 为溶解气油比；ρ_{R_0} 为地表气密度；ρ_{O_0} 为地表油密度；B_o 为油的地层体积因子。依据图 9-3 中的数据建立溶解气油比、油地层体积因子与压力的函数关系

$$B_o = f(P_o), \quad R_s = f(P_o)$$

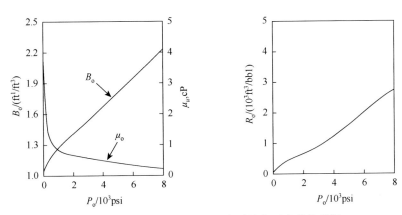

图 9-3　地层体积因子及油溶解气油比与压力的关系图

4. 油运移速度的动态计算

采用达西定律动态计算没有超压（地层潜部）的油气运移速度

$$q = -KA\Delta P/(\mu L)$$
$$\Delta P = P + \rho gh \tag{9-16}$$
$$v = q/A = -(K/\mu)(\Delta P/L)$$

其中，q 为流体的流量；K 为孔隙介质渗透率；A 为孔隙介质截面积；ΔP 为孔隙介质两端的压力差；μ 为流体黏度；L 为孔隙介质长度；P 为液体压力；ρ 为液体密度；h 为相对基准高度的高度差；v 为油气运移速度。

综上所述，该技术结合高勘探成熟区的实际，将传统的盆地模拟与油气成藏油气运移模拟融为一体，充分利用构造、沉积模拟成果来建立盆地构造格架、地层格架和生运储盖组合的三维拓扑结构实体模型，进而在烃源岩和运聚研究成果基础上归纳出

盆地热史演化、有机质演化和油气生成、排放、运移、聚集和逸散的三维实体模型。综合地运用了确定性数学、随机数学、模糊数学、分形几何学等数学算法，描述所建立的各种实体模型和概念模型，实现了盆地构造格架、地层格架及生运储盖组合的拓扑结构模型与盆地地热演化及油气生成、排放、运移、聚集、散失模拟的耦合。

9.3 基于聚集单元的圈闭评价技术

本系统的聚集单元评价则是在前期油气运聚模拟成果的基础上进行的，在油气运聚单元的思路上，融合常规圈闭评价的各类方法，突出油气成藏模拟聚集单元的特色。因此，以定量运聚模拟的思路，针对油气聚集单元的圈闭条件、油源条件、储层条件、保存条件及时空配置关系进行聚集单元评价。这样，通过常规地质研究和定量模拟技术的结合，实现了全新的聚集单元评价模式。

聚集单元评价主要是解决在油气成藏模拟基础上的圈闭有效性评价问题，为勘探目标优选提供对比分析工具和决策支持。

聚集单元有效性评价涉及多项关键技术，可大致归纳为聚集单元搜索、聚集单元风险评价、经济评价和聚集单元综合评价选优四项。

1. 聚集单元搜索

聚集单元搜索是指在油气运聚模拟的基础上，以递归的方式搜索出含油、气单元格并把它们作为有效单元网格，同时判断每一个单元网格是否与其他单元网格相邻，然后将所有相邻有效单元网格合并成一个整体的油气聚集单元。该聚集单元即视为搜索出来的聚集单元，代表圈闭。被搜索出来的聚集单元将按照其资源量的计算结果，由大到小以列表形式排队输出。

在搜索出聚集单元的基础上，将运聚模拟所得的评价参数值赋予相关聚集单元。相关的评价参数值统称为聚集单元信息，其中包括圈闭条件（高点埋深、圈闭面积、闭合度、圈闭类型）、油源条件（运聚资源量）、保存条件（盖层厚度、盖层岩性、断裂性质、断距）、储层条件（包括聚油单元厚度、储集类型、储层孔隙度、储层渗透率、储层岩性）。

2. 聚集单元风险评价

聚集单元风险评价主要是聚集单元地质风险评价，是回答聚集单元中油气藏存在可能性的大小。聚集单元风险评价数值越大，表明聚集单元地质条件越好，油或气存在的可能性就越大；反之，油或气存在的可能性就越小。针对聚集单元风险评价需要，聚集单元有效性评价子系统提供条件概率法、加权平均法、模糊数学综合评判法和人工神经网络法四种方法供用户选择。

（1）条件概率法。要使聚集单元富含油气，圈闭、油源、储层、保存、配套史五大要素缺一不可。条件概率法就是根据概率论中"相互独立条件同时发生的概率等于它们各自发生概率的乘积"原则，把这五项条件看成是相互独立的事件，而把五项条件的概率乘积作为聚集单元含油的概率。由于各项地质条件的概率均为[0，1]之间的数值，其乘积将很小，不利于评价。为了提高地质评价精度，采用五项系数相乘后再开五次方的方法，从而使偏小的数值变大。具体公式为

$$P = \sqrt[5]{\prod_{i=1} P_i} \tag{9-17}$$

其中，P 为聚集单元地质评价结果；P_i 为各项地质条件的地质评价值。

单项地质条件 P_i 的评分值取决于其子项地质因素的好坏，如保存条件由盖层厚度、盖层岩性、断裂性质、断距等决定。对于这些子项因素，可以建立一套评价标准，依据其大小、发育程度或相对优劣划分不同等级，并赋予一个定量的评价值来表示不同等级的优劣。最后，用各子项地质因素评价系数的加权和来表示其母项地质条件的评价值。

（2）加权平均法。加权平均法的单项地质条件概率的计算方法与地质风险概率法一致，只是在计算聚集单元地质评价值时，考虑到各地质条件对聚集单元成藏的重要性不同，而将各地质条件赋予不同的权值加权平均的一种计算方法。

（3）模糊数学法。模糊综合评判通过对因素集合和评语集合建立模糊映射关系实现对聚集单元的评价。

（4）人工神经网络法。聚集单元地质评价属于半结构化和非结构化问题，用上述结构化方法来处理这种问题，始终摆脱不了评价过程中的随机性和评价者主观上的不确定性。人工神经网络是由若干处理单元相联结而形成的复杂网络系统，它能在一定范围内模拟人的思维，具有学习、记忆、联想、容错并行处理等能力，恰恰是处理这种非结构化问题的有效方法。它既能体现专家的经验，发挥他们的直观思维，又能尽可能地降低评价过程中人为的不确定性因素。

利用人工神经网络进行聚集单元风险评价的基本原理是，通过若干已知聚集单元的含油气性和地质条件参数值（样本模式）进行学习训练，使网络获得评价专家的经验、知识以及对评价指标倾向性的认识。当需要对未知聚集单元（新样本）进行综合评价时，网络将再现专家的经验、知识库和直觉思维，实现定性与定量的有效结合，保证评价的客观性和一致性。鉴于 BP 神经网络的适用性，本系统采用三层 BP 神经网络进行聚集单元地质评价。

3. 经济评价

广义的聚集单元经济评价是对聚集单元的勘探、开发和生产等过程中发生的

投资、成本和收益进行全面的计算和评价，最后得到聚集单元可能的内部收益率、净现值和净现值率等。通过采用简化的经济模型，可建立战略型和概要型的经济评价体系。其计算公式如下

$$M = Q_o P_o R_o P_{om} + Q_g P_g R_g P_{gm} - NHP_p \tag{9-18}$$

其中，M 为聚集单元经济评价值；Q_o 为油资源量；P_o 为聚集单元含油概率；R_o 为预探最终油探明率；P_{om} 为油价；Q_g 为气资源量；P_g 为聚集单元含气概率；R_g 为预探最终气探明率；P_{gm} 为气价；N 为探井数；H 为平均井深；P_p 为每米探井费用。

4. 聚集单元综合评价

聚集单元综合评价是对进行了地质评价、经济评价的聚集单元进行综合排队，划分聚集单元类别，优选出可供预探的有利聚集单元。在这一研究中，采用二因素排队法进行综合评价。公式如下

$$R = 1 - \sqrt{gw(1-\alpha)^2 + ew(1-\beta)^2} \tag{9-19}$$

其中，R 为聚集单元综合评价系数，R 越大，聚集单元越好；α 为聚集单元地质评价值，α 值越大，含油气性越好；gw 为地质评价的权重；β 为聚集单元经济评价值，β 值越大，经济价值越大；ew 为经济评价的权重；gw+ew=1。

综上，在具体实现中，我们通过基于能量守恒和动力平衡准则的聚集单元评价部分，用于描述圈闭内油气充注过程和结果。现有的盆地模拟和成藏模拟系统一般只是给出了油气的运移路线和油气聚集区域，还没有达到圈闭评价的地步。

在聚集单元评价部分，运用包括人工神经网络在内的多种算法，在油气聚集区域进行单个圈闭的识别、分析和参数提取，同时实现对圈闭演化史的动态模拟，让用户易于通过圈闭变化找到油气聚集与散失的原因。此外，本模拟系统还能够对圈闭基本类型进行判断和区分。由于圈闭的结构信息、关系信息、参数信息和演化信息不全，有许多数据不能获取，建模难度较大，对其精细的类型判断和分析还有待进一步完善，但相信随着系统的进一步改进和勘探程度的逐步提高，所获得的参数和信息量将不断增加，将能够对圈闭类型和几何形态进行更为精准的判断。

聚集单元评价对整个模拟过程的约束和修正意义，在于确保模拟结果的合理性。使用聚集单元评价的中间成果和最终成果，对油气藏存在的可能性、类型及质量进行分析、判断，还可以帮助判断油气成藏模拟结果的合理性，纠正成藏模拟过程中的偏差。

随着各种地下数据的完善和各种先进算法的出现，未来的油气成藏模拟系统必将更加精细地给出油气聚集的方向和区域，聚集单元评价部分也必将更加接近

实际。未来的圈闭定量评价软件应该能够更加准确地区分出圈闭位置，准确地计算出油气储量，准确地给出圈闭类型及其细节，并且能够给予用户动态观察圈闭变化的机会，使之能够方便地进行圈闭的形成原因和过程分析、圈闭聚集散失油气的过程和原因分析以及进行圈闭的破坏和消失过程分析。未来的油气成藏模拟的圈闭评价部分，将会加大对模拟过程的限制和约束，从而提高模拟结果的可靠性。有理由相信，圈闭定量评价的作用将会越来越大，圈闭定量评价的可靠性将会越来越高，圈闭定量评价必将为降低油气勘探风险带来较大的益处。

9.4　油气成藏过程定量模拟软件系统

油气成藏过程定量模拟软件系统是通过软件系统来实现"五史"的模拟。软件系统需要进行信息集成，因为它涉及油气勘探实践中的多项、多类、多源资料。信息集成技术在项目研发过程中起到了重要的作用，其直接影响着后期软件系统的各个功能模块的实现情况，能够使各个功能模块的实现效率提高，同时对各个模块之间的联系也能提供很好的联系。

油气成藏过程定量模拟贯穿了地质构造、三维建模到最终的圈闭评价等多项内容，期间运用了不同的理论和方法，因此，对项目所需各类信息进行详细的分析和规划，从而避免出现因信息收集不全而造成对整个项目的进度的影响。在对项目库业务数据进行梳理的过程中，重点要对业务信息进行全面的分析，包括井信息、地层信息、断层信息及圈闭信息等；各类信息以不同形式存在于各个油田部门中，存储形式有纸质文字存储、数据库存储、图纸形式存储及大数据体存储，应用部门有地质院、物探院及测井部门等，不同的信息其应用和项目库存储要求也不同。结合数据库标准和油田实际勘探情况，按以下的标准划分：业务信息分类、数据结构标准分类、信息来源类型分类及业务信息应用分类。通过全面的业务梳理，明确了项目库建设的数据要求，避免了建库过程中出现的遗漏和偏差，为下一步数据模型建设打下了良好的基础。

9.4.1　油气成藏数据模型标准与项目库设计

油气成藏过程模拟所面对的数据具有多源、多量、多类、多维、多尺度、多时态和多主题特征。数据来源除专业地球物理和地球化学勘探外，主要有岩心描述、测井曲线、地震剖面、地学测试、采样化验、日常生产记录、综合研究与制图以及已有的勘察和研究成果。这些数据不仅表达空间实体的位置和几何形态，同时也记录了空间实体对应的属性。因此，系统的数据描述对象包含图形数据和属性数据两部分。在进行数据集成时，首先是选择适合的数据集成方法；其次要处理好系统数据标准化和系统数据管理方面的工作。

勘探数据库中的数据包括地震数据、测井数据、构造解释数据、测录试数据、化验分析数据及相关成果数据等，对这些数据进行采集、标准化、管理和处理，是形成项目库的基础。

通过对项目库业务数据进行梳理，可制定以下信息分类和数据结构标准规范。

（1）单井信息：包括单井基础信息、井分层信息、孔隙度-深度信息、深度-R^o 信息、孔隙度参数模型、残余有机碳含量、烃源岩厚度、今地温等。

（2）断层信息：包括断层基础信息、断层空间走向信息、断层角点网格模型信息等。

（3）地层信息：包括地层基础信息、地层边界信息、地层岩性信息、剥蚀厚度信息、地质时期古水深信息等。

（4）烃源层信息：烃源层基础信息、干酪根类型信息、烃源层厚度信息、氢指数信息、残余有机碳含量信息等。

（5）参数信息：生油率-R^o 曲线、生气率-R^o 曲线、干酪根百分比、有机碳恢复系数、压力与校正系数、排烃临界参数、体积因子-压力参数、溶解气油比、黏度-压力参数、油水系统毛细管压力及相对渗透率、油气系统毛细管压力与饱和渗透率、各时期分阶段生烃量、各时期分阶段排烃量、各时期古热流等。

（6）运聚单元信息：运聚单元基础信息、运聚单元空间信息等。

（7）圈闭信息：圈闭基础信息、圈闭几何要素信息、圈闭评价信息等。

（8）知识库信息：断层评价知识库、油单元关系知识库、气单元关系知识库、岩层评价知识库、裂隙带评价知识库、不整合面评价知识库、圈闭评价知识库等。

（9）数据字典信息：岩性参数、颜色索引、热导率、地壳模型构造参数、烃源岩类型、异常热对照表、化学动力学参数、地层力学参数、时深量板、干酪根类型等。

9.4.2 软件功能与总体框架

油气成藏过程模拟软件系统目标是建立油气成藏过程定量分析方法，研制涵盖油气运聚与聚集单元评价全过程的模拟软件系统，其中包括数据管理、处理、建模、模拟、三维可视化等子系统。系统能够基于现有勘探资料，充分利用现有的地质认识进行模拟，并且在模拟结果基础上，协助地质家对盆地或凹陷进行可视化、定量的地质研究与勘探目标评价。

油气成藏过程定量评价系统研究思路可概括为：动力学模拟与非动力学模拟相结合，用非动力学模拟再造油气生、排、运、聚、散的物质空间；将经典动力学模拟与系统动力学模拟相结合，用系统动力学反映子系统之间的反馈控制关系和整体的非线性过程；数值模拟与人工智能模拟结合，用人工智能模拟体现地质学家的思想、知识与经验，解决局部过程的非线性问题。系统逻辑结构模型如图 9-4 所示。

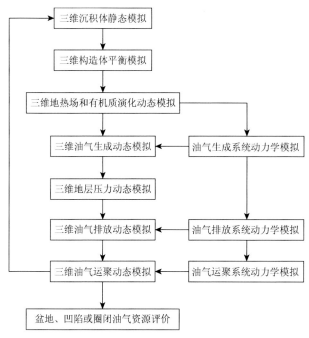

图 9-4　油气成藏过程定量评价系统逻辑结构模型

　　系统底层数据以项目库为基础，通过 Web service 访问该数据库，主要模拟模块使用 IDL 开发语言，直接通过 ODBC 访问数据库，模拟得到的构造演化史仍以与原实体模型相似的结构——空间信息+属性信息的文件存储方式存储，并在数据库中建立索引，而其他模拟中间成果，如热史、生烃史、排烃史及运移史，则作为体数据的补充属性，但存储形式则采用分离的文件形式作为数据文件存放。由于油气生成、排放及运移过程的复杂性，为了便于对比和印证，设计了多种方法同时开展模拟，如生烃包括 TTI-R^o 法及化学动力学方法，运移包含了人工智能油气运移模拟和油气系统动力学模拟等。

　　各类成藏过程动态模拟都可以基于三维角点网格模型进行。受计算机内存容量限制，实施时可采用全区以较稀的角点网格建模，并采用前述的局部细化加密的处理方式，既满足了大范围模拟的要求，又能在局部目标区达到要求的模拟精度。

　　软件系统的总体架构分为四个层次共十个模块，即信息集成、三维地质建模、油气成藏模拟评价、成果展示输入四个层次以及项目库数据服务、数据预处理、构造演化史模拟、热史模拟、生烃史模拟、排烃史模拟、系统动力学模拟、人工智能运聚模拟、聚集单元动态评价和三维可视化输入输出十大模块。其结构组成如图 9-5 所示。

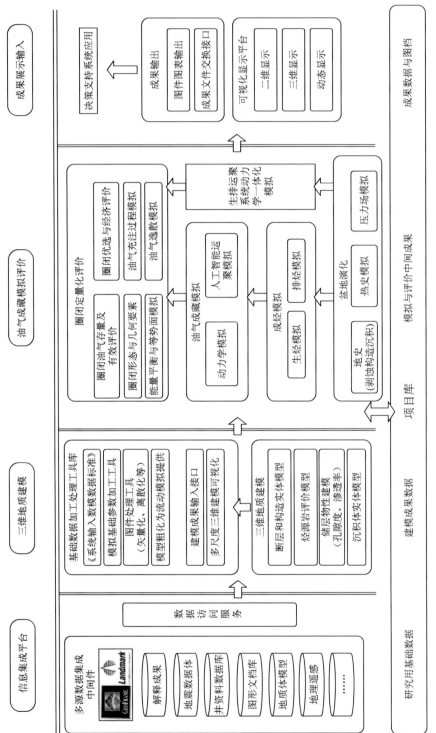

图 9-5 油气成藏过程定量评价系统的结构组成

　　在建立先进的软件系统框架基础上，通过信息与应用集成技术，实现对功能模块和工具模块的集成；实现油气成藏全过程模拟的可视化分析、设计和表达，建立针对不同研究和决策用户的综合应用软件平台。

9.5　本 章 小 结

　　本章重点针对油气勘探最核心的地质研究环节，以数据模型、数据服务和软件一体化平台为基础，以石油地质理论为基础，建立油气成藏模拟与评价功能，实现数字盆地从基础数据到地质模型，从静态模型到动态模拟，从地质概念到量化表述的层次演进。

　　本章在含油气系统模拟与评价这一核心技术方面，主要阐述定量评价的原理方法。关键技术包括地史模拟技术、热史模拟技术、油气生排烃技术、三维油气运聚散智能模拟技术、三维油气生排运聚的系统动力学一体化模拟技术、油气聚集单元评价技术等。

　　在实践应用方面，根据盆地油气成藏模拟的相关理论，探讨了包含基础数据组织模型、项目库设计、基础软件架构和业务功能整合等信息化技术，通过模拟软件系统的设计研发提供了全过程的业务实践案例。

　　总体而言，本章围绕油气成藏过程模拟系统的建立，通过系统工程理论为指导，以含油气系统为主线，以烃源岩体、输导体、聚集体格架建立为基础，以流体动力学和运动学模型的建立为核心，在构造体、输导体、聚集体发育的历史格架下，利用现代数学和计算机技术在空间上再现地质单元体内沉积剥蚀、构造演化、生烃、排烃、运移、聚集和散失的演化过程。这种针对地质机理量化的表达，实现了从传统的定性研究到定量研究的重要一步，为油气勘探的地质研究支持建立了量化环境与决策平台，使后期数字盆地智能化技术与专家智慧的应用成为可能。

第10章　基于数字盆地的理论与实践

通过上述章节中关于数字盆地技术体系的表述，基本形成了对数字盆地各技术要素和关联关系的定义。综合来说，数字盆地的建设，本身是通过综合信息化技术，提供一种多维度、多学科的信息集成，为地质专家认识剖析地质目标提供一种认知模式的载体。这种载体作为地质专家认识地质目标的重要手段和方法，其本身也是随着技术的发展而不断扩展的。目前，随着国际范围内数字盆地技术的发展与丰富，数字盆地形成的数据模型和地质模型已经成为一项必要的基础工作，这为地质研究的模拟分析和决策评价的发展与变革提供了有力支撑。

基于数字盆地的数据、软件和模型体系，数字盆地成为油气勘探实践活动的支撑平台，在这一平台上，通过基于数字盆地的功能体系扩展，为油气地质研究、生产管理与决策、工作方法改进提供了更加易于扩展的智能化体系建设。

下述的三个应用实践，是在前期数字盆地的理论体系建设基础上，针对地质研究、决策支持和工作模式三个重要方向的业务实践，也是将数字盆地的技术体系落实到业务活动之中的应用案例。

10.1　基于数字盆地的业务应用

10.1.1　面向地质研究智能化的功能扩展

在前述的业务分析内容中我们了解到，地质研究工作是油气勘探的核心，是地质调查技术、井筒探测技术和实验分析技术三大重要勘探方法最终集中和汇聚的中心，也是综合利用上述方法与技术成果展开综合分析的关键环节，在这一关键环节通过自动化和智能化的模拟分析技术提升量化水平是当前提升地质研究科学水平最重要的技术方向。

数学模型本身就是一种"机器智能"，其实现方法可以是数学算法，可以是人工智能算法，或者是基于大数据的数据挖掘算法。在此，我们将以"基于有限地质模型的成藏过程模拟"这一案例来探讨，如何依托数学模型的设计将地质理论和地质认识从定性向定量方向落实，实现数据化和工具化。

成藏过程模拟的数学模型是建立在地质模型的建模基础之上，基于构造格架或者地质体模型展开油气成藏过程的模拟计算，从而为评价和分析油气藏提供量化指标。油气成藏过程模拟技术作为一项高新技术，是对盆地模拟和油气资源定量评价技术的继承和发展。随着计算机技术与地质理论的发展，国内外油气成藏定量模拟研究进入了普及、完善和高层次发展的阶段。其模拟内容从仅限于地史、热史、生排烃史延伸到了油气的运移和聚集成藏过程；其模拟方式从一维、二维，扩展到三维和动态模拟（石广仁，2004），而模拟技术则从单一的确定性数学模拟，拓展到多种方法和模型综合应用（吴冲龙等，2014）。

　　作为油气勘探"生、储、盖、圈、运、保"六要素的核心，厘清油气的运移聚集方向对油气勘探具有重要意义。前人针对油气藏形成的基础条件、动力介质、形成机制和演化历程做了大量探索，形成了系统化的理论成果。但长期以来，油气成藏过程中的油气运移机理及其定量化表述，一直是上述石油地质研究中最为薄弱的一环（田宜平等，2012），如三大类输导体系（储集层、断裂和不整合）的时空配置，是陆相断陷盆地油气藏形成的重要决定因素（张卫海和查明，2003），而如何将与之相关的地质认识转变成数学模型，是目前实现定量化模拟的主要难点所在。

　　近年来，国内外针对油气成藏过程初步研发出了一批基于复杂的体网格的模拟软件，如斯伦贝谢公司的成藏模拟 PetroMod 软件、胜利油田的陆相断陷盆地成藏过程模拟软件 PetroVIZ 等（孙旭东等，2012）。本书在第九章中针对这种成藏过程模拟技术进行了较为详细的描述，从整体应用效果上看，这种以地质体网格为基础的运移模拟方法存在运移机理和模型结构复杂的问题，以此建立的软件系统除了存在数据准备复杂、模拟工作量大和模拟周期长等缺陷之外，更主要的是存在着数学模型单一、输导体系分析缺失等问题。为了解决这些问题并弥补所存在的各种缺陷，需要加强各部分软件功能的优化和升级，同时，着重加强建模研究并开发输导体系分析工具。这就要求合理地简化地质模型，并通过量化输导层岩性、断层、裂隙带和不整合面的输导性，兼顾流体势（以浮力为主）的驱动作用，形成全面表述油气运移的数学模型，进而建立一种基于油气输导体系分析的油气运聚过程多要素快速模拟方法和软件工具，并选择典型探区进行实验。

　　这一实践案例就是在此出发点上设计的一种基于层面构造格架的流体模拟算法，这种算法与前期的地质体网格模拟虽然存在适用性和模拟技术的不同，但同为数字盆地的数学模型部分的一种典型实现。长远来看，以"盆地模拟"和"含油气系统模拟"两种思路为主的，基于地质模型的模拟计算与分析，将是数字盆地技术发展最为核心的部分，也是国际上油气地质研究的专业化软件发展的重要方向。

10.1.2　面向勘探工作新模式的表述方法

　　长期以来，地质学家针对依托现有技术手段有效提升研究方法和研究理论方面展开了长期的探索，勘探程序、勘探系统等概念便是针对工作模式一系列有效的理论性探索。从技术特点上看，油气勘探业务是一个具有多学科、多技术融合和实践性的科学，因此，在研究过程中如何针对业务特色细化剖析，从而实现其业务的信息化表达；在此基础上进一步通过具体工具方法来体现出这些业务特点，形成对理论方法和思维模式的沉淀，为后续专业研究提供一个系统的工作模式，这也是数字盆地技术服务的重要方向。

地质综合研究作为油气勘探的核心，多年来产生了大量针对其研究方法的技术与理论体系。其中，翟光明（2007）等在大庆油田、胜利油田与冀东油田的勘探实践基础上总结形成的"油气勘探综合工作法"是一个针对油气地质研究方法上的理论化总结，该理论认为，"油气勘探过程就是一个采用多学科综合研究、多技术手段协同作战及其交互渗透分析研究的探索进程"，并在此认识基础上形成了多学科综合研究、多技术协同和交互渗透为主要因素的勘探研究综合工作法（"CSI 综合工作法"），对当前的地质综合研究工作提供了系统化的概念阐述和方法指导。

翟光明等（2007）认为，油气勘探过程就是一个采用多学科综合研究、多技术手段协同作战及其交互渗透分析研究的探索进程，"CSI 综合工作法"就是在此特点上形成的理论与方法体系。油气勘探综合工作法从三个要素来表述勘探地质研究本质（图 10-1）：①一方面需要重视对勘探对象从基础开始反复深入持久地开展地质方面的多学科综合研究；②另一方面又强调建立和实施综合的勘探项目，使地球物理、地球化学、钻井、测井、录井、油井完井、酸化压裂成为一整套的

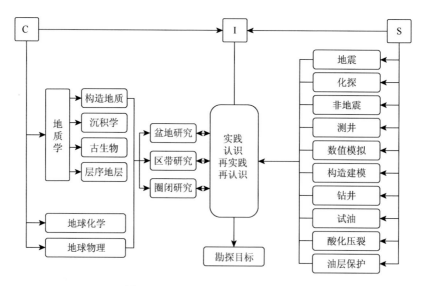

图 10-1　"CSI 综合工作法"体系

系统工程，采用多种不断改进的高新技术手段（物探、钻井、录井、测井、预测、试油等）来强化勘探实践；③在工程实施过程中，根据进展，不断深入地质多学科的研究，并反过来指导工程的进展，实现研究与工程的互动。

目前，作为当前多数地质理论与方法研究的共同问题，信息支撑技术的不足使得大量石油勘探地质研究的方法停留在理论层面。"CSI 综合工作法"的研究理论与软件工具之间，也同样缺失一个地质综合研究过程与方法的量化表述问题，这阻碍了该方法从定性的理论认识到定量的工作实践的转变。因此，我们通过在"CSI 综合工作法"的思维方法基础上，应用当前知识管理技术的研究成果，针对多学科综合研究、多技术手段协同及交互渗透技术三个要素展开量化表述并形成知识模型，从而为后期油气勘探研究理论的流程化、系统化和工具化奠定技术基础，这也是数字盆地在协同研究方面需要提供支持的地方。

在后面的小节中，我们将通过"面向'CSI 综合工作法'的知识模型"这一实践案例，探讨数字盆地技术体系在如何匹配先进的勘探工作模式以及如何通过知识表述技术的扩展，形成有针对性的业务模式的量化表述。

10.1.3　面向群体智慧的决策功能扩展

在 20 世纪 70 年代末，钱学森院士提到系统论是整体论与还原论的辩证统一；20 世纪 80 年代末，钱学森院士首次提出"定性与定量相结合的系统工程方法"；1988 年 11 月，钱学森院士在系统学讨论班上首次提出"定性定量相结合的综合集成法"，主要是针对复杂巨系统问题提出的方法论；1990 年 5 月，钱学森院士又提出了"从定性到定量的综合集成方法"，即首先形成综合集成的定性认识，最后形成定量认识，"法"狭义上就是技术工程，广义上理解成综合集成工程；1990年，钱学森院士发表了一篇"一个科学新领域——开放的复杂巨系统及其方法论"的文章，总结并且提出了开放的复杂巨系统的理论，在解决复杂巨系统的问题过程中，又给出来处理这类系统的方法论，即从定性到定量的综合集成法；1992 年，钱学森院士真正地提出了从定性到定量的综合集成研讨厅这个体系；1996 年，完成了包括 11 个科学技术部门的现代科学技术体系，形成系统的、完整的、具有深远影响的"大成智慧"学术思想。综合集成研讨厅体系的形成过程概括起来主要经历了三个演进阶段，即从"定性定量相结合的综合集成法"到"从定性到定量的综合集成法"，再到"人机结合、从定性到定量的综合集成研讨厅体系"，对综合集成研讨厅体系的研究也日趋成熟起来。

基于上述理论的提出，戴汝为等（1995）认为综合集成研讨厅的重要意义是：通过研讨厅的工作，可以将各方面有关专家的全体智慧、数据和各种信息与计算机、人工智能技术有机结合起来，也把各种学科的科学理论、知识与难以言表的经验、直觉、灵感结合起来。因此，这种方法可以充分发挥人的主观能动性、充分发挥现代科学技术体系及外围经验知识库的综合互补的整体优势，使人的智能大大提高。综合集成研讨厅实际上是贯彻了钱学森的"集大成的智慧"的"大成智慧学"的精髓。

戴汝为等（1995）剖析了综合集成法与综合集成研讨厅的发展技术路线，认为钱学森教授提出的综合集成法主要是基于整体论的思想，即面对复杂巨系统，人们首先利用现有的理论和人的经验从整体上把握，并得出一些表面上的、感性上的认识和经验上的判断；再对这些定性认识进行综合集成、建模，并进行仿真试验；最后上升为理性知识。由于人的认识能力有限，这个过程必须反复迭代进行，最后得出的是逼近真理的结论。综合集成研讨厅是实现这一思想的一种切实可行的解决方案。它利用现代信息技术、计算机网络和人工智能等最新科技完成综合集成的可视化过程，它的技术核心是人机结合和从定性到定量的综合集成。综合集成研讨厅体系中主要包括三个部分：专家体系、知识体系和机器体系，其中机器体系主要是指计算机（戴汝为等，1995）。

周德群（2005）在《系统工程概论》中对钱学森的综合集成法的实质做了剖析和叙述，即综合集成法实质是把专家体系、信息和知识体系以及计算机体系有机结合起来，构成一个高度智能化的人机结合与融合体系，这个体系具有综合优势、整体优势和智能优势，它能把人的思维、思维成果、人的经验、知识、智慧以及各种情报、资料和信息统统集成起来，从多方面的定性认识上升到定量认识。具体体现在以下几个方面：将专家群体、数据和多种信息与计算机技术有机结合起来；把各种学科的理论与人的经验知识结合起来，发挥他们的整体优势和综合优势，定性分析与定量分析结合，最后上升到定量认识；自然科学与社会科学相结合；科学理论与经验知识相结合；宏观与微观相结合；各类人员相结合；人与计算机相结合。

从上面的系统工程角度论述可以看到："钱学森综合集成法的运用，本质上是专家体系的合作以及专家体系与机器体系合作的研究方式与工作方式"（周德群，2005）。具体地说，是通过定性综合集成到定性定量相结合的综合集成，再到从定性到定量综合集成这样三个步骤来实现的。这个过程不是截然分开的，而是循环往复、逐次逼近的。复杂系统与复杂巨系统的问题，通常是非结构化的问题。通过上述综合集成过程可以看出，在逐渐逼近的过程中，综合集成方法实际上是用结构化序列去逼近非结构化问题。

面对石油地质条件的复杂性和不确定性，油气勘探工作本身就是地质专家们面对的一个复杂巨系统，因此，如何使用应用综合集成法及其相关理论研究成果，针对油气地质研究展开理论深化和应用实践，是数字盆地这一概念继续延伸和提升的重要发展方向。

郭小哲（2001）应用油气科技创新思维提出了智慧研讨理论，它是从钱学森的"智慧综合集成研讨厅"借鉴而来的。智慧研讨理论是前人智慧（知识体系）、机器智慧（机器体系）、专家智慧（专家体系）的综合集成，体现了现代智力创新的时代特点和基本出发点。通过剖析这一理论的设计思路，可以看到其核心是建立包括知识体系、机器体系和专家体系三部分内容的网络虚拟研讨厅，对专题进行异地即时研讨，并进行专家群体意见的一致性检验和综合集成，达到智慧集成的目的。他提出的智慧研讨理论包括四个方面的内容："智慧研讨厅的体系构成、智慧涌现理论、智慧聚度场理论、智慧综合集成理论"（郭小哲，2011），这是目前针对钱学森的综合集成研讨厅技术体系较为系统的理论探索。

在后续的小节中，我们根据钱学森"综合集成研讨厅"的原理，借鉴戴汝为的工作方式表述和郭小哲的智慧研讨理论，通过"'地质综合研讨厅'的理念与实现"这一案例，探讨如何通过数字盆地技术来将专家团队的智慧与机器智慧以及基于前人智慧的知识体系融为一体，形成一个具有多种智能因素系统整合的群体研究与决策模式。

10.2　基于陆相断陷盆地的油气运聚模拟

10.2.1　油气运聚快速模拟机理

陆相断陷盆地是我国最主要的含油气盆地类型。在这类盆地中，沉积环境和同沉积期的构造活动强烈，甚至有过多次的构造反转，有的后期构造作用也很强烈，造成沉积层的岩性复杂多变，且断层、裂隙和不整合面极为发育，这使得油气的运移通道具有很强的非均质性特征。不仅如此，地层温度、压力和油气相态、流体势也是复杂多变的。由此而造成油气运移方向、运移速率和运移量的变化，充满了非线性特征，难以采用确定性方法求解。传统的定量化方法难以有效描述油气相态、介质、驱动力以及油气运移方向、运移速率和运移量以及物质空间的定量化描述问题。虽然近几年围绕成藏研究提出了相势控藏、TS 运聚、网毯理论（张善文，2006）以及"近源-优相-低势"控藏模式的陆相断陷盆地隐蔽油气藏分布预测技术（庞雄奇等，2007）等认识，但由于成藏过程中控制因素多、地质演化复杂，这些认识基本上处于概念模型探讨阶段，难以转化为定量化的数学模型和模拟模型，因而难以实现对油气成藏过程分析结果的定量化描述。本书提出了一种改进的油气流线模拟方法，即多地质因素联合作用下的油气快速运移模拟方法，所涉及的地质因素包括陆相断陷盆地的各类介质参数和动力学参数，前者如断裂、不整合面和输导层非均质性等，后者如流体势和地质作用。

该方法的实现思路是：基于主干通道分析结果建立油气输导体系，遵照能量守恒和最小位能原理并利用流体势和势平衡面的分析结果，跟踪油气运移的主通道——储集层（孔隙介质）、断层、构造脊或不整合面以及由它们组成的复合通道，然后确立各类型圈闭的油气充注模型，进而模拟油气运移和聚集过程并评价其成藏效率和保存状况。

其算法实现的技术路线是：在三维层面网格的地质构造格架约束下，以地层层面为线索，以现今或某个时期的构造作为基础，展开油气运移计算。首先确定断层运移通道、孔隙运移通道及不整合运移通道等几种重要的二次运移通道；在不影响系统复杂度的条件下，引入综合输导系数概念，对由输导层非均质性、流体势、含砂率等多因素构成的油气输导能力进行量化处理；以浮力为主要驱动力，通过流线法设定流线和流量分配，在层面单元格模拟油气从低处至高处直到储集层的运移和在圈闭中的充注过程，获得油气在输导层内的运移轨迹、运移强度和运移量。如此自底向上，逐层计算，循环往复，最终形成整个研究区的油气运移量、聚集量和聚集形态及其空间分布（图 10-2）。

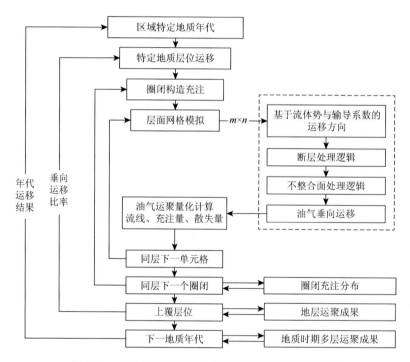

图 10-2 多地质要素油气快速运聚算法模型及其流程

10.2.2 地质要素模拟算法

依据勘探实践经验，设计了油气在地层内沿不同运移方向（横向和垂向）、不同通道类型（岩石孔隙、裂隙、断层、不整合面）的运移模式以及在不同圈闭中的充注模式的算法，形成了陆相断陷盆地油气运聚的地质概念模型向数学模型的转化方法。

1. 油气沿储集层横向运移算法

在非均质地层和超压情况下，流体的运移主要受流体势控制（England et al.，1987）。以油气流体势等值线的法线方向为油气运移方向，便可以追踪油气运移流线，得到一系列运移径迹。因此，需要首先计算流体势及其空间分布。为简化计算实现快速模拟，我们使用综合储层输导系数 P 描述油气输导能力，其为构造和物性参数，如含砂率、孔隙度等的函数，采取加权平均法表示各因素按不同贡献共同控制油气运移的状况。其公式如下

$$P = W_1(g\Delta h) + W_2 F_2 + \cdots + W_n F_n$$
$$(W_1 + W_2 + \cdots + W_n = 1)$$

（10-1）

其中，P 为流体输导系数；F_n 为影响油气输导能力的各参数；W_n 为参数对应的权重，可根据地质分析来确定。

计算地层中输导系数 P 的等值线求取地层分界面上各对应点的 P 值法线，再将法线投影至平面上即获得代表流体的运移的反方向，取负值后即获得该点从深层指向浅层的流向，由此便获得油气沿非均质储集层横向运移的方向与轨迹。

2. 油气沿断层运移的算法

孔凡群等（2000）从陆相断陷盆地油气运移的角度出发，探讨了断层控油作用及机理。设计沿断层运移的算法，需要有断层活动性质、时序和运移比率参数，然而断层信息自动提取问题迄今为止一直没有解决好。为此，提出一种经验赋值法，即根据前期地质研究成果，由地质人员直接针对盆地中各断层在不同时期的表现，采用人机交互方式输入其活动起止时期、活动或静止时期沿断层运移比率以及储层分流比率。

在运移路径追踪过程中，遇到断层单元，取出已输入的断层属性信息，如果断层闭合则起遮挡作用，否则起输导作用；如果断层完全封堵，则油气将横向运移至断层处形成圈闭，而不会顺断层向上运移，圈闭与其覆盖层位无关；如果断层是开启的，则需要取出相应的沿断层运移比率，并按此比率将当前的"源"沿断层向上分配，余下的作为新的"源"，继续按流体势的等值线法线方向向前追踪油气运移轨迹。

油气沿断层垂向运移的判断规则：上覆地层如果有此断层，即在上覆地层中找到同号断层所在的最近单元，则在确认后将"源"按规定的比率分配到此单元中，作为新的"源"继续分配。

3. 油气沿不整合面运移的算法

不整合面是油气二次运移的主要通道之一，但不是所有的不整合面都可以作

为油气二次运移的通道。宋国奇等（2010）根据对济阳拗陷不整合基本结构及其油气输导能力的分析，认为陆相断陷盆地不整合结构层主要由空间上交互频繁的砂、泥岩组成，不整合渗滤层及其顶部非渗滤层在横向上连续性差，虽可出现油气横向、垂向两种输导方式，但很难作为油气长距离运移的主干通道。因此，不整合面作为运移通道的作用是局部而有限的，我们将不整合面类比于储集层的孔隙介质，采用相同的模拟算法。

4. 油气充注体积系数算法

由于油和气的储量在地表常温常压下与在地下较高温压下不同，需要考虑体积系数或压缩系数。特别是气的储量对温度、压力等因素更为敏感。按照一般的油气充注模式，当油与气一起进入圈闭后，气析出占据上部孔隙空间，而油占据余下的下部孔隙空间。下文采用了油气体积系数法，即把油气充注分为两个过程，再分别计算其充注过程和充注量。其原理和算法简介如下。

原油的体积系数（B_o）可以采用经验公式，Standing 的饱和压力公式（Standing，1947）、Glaso 公式（Glaso，1980）与 Vazquez 和 Beggs 公式（Vazquez and Beggs，1980）来计算；气的体积系数可以采用通过油藏模拟研究得到的一个气的压缩比经验公式来计算。设气的体积系数为 B_g，则

$$B_g = 3.447 - 4 \times Z_{fact} \times T/p \tag{10-2}$$

其中，Z_{fact} 为天然气的 Z 因子，平均 0.9；T 为温度；P 为压力，MPa。

体积系数对于油气储量比例起了关键性的作用。油气体积系数越大，则在充注模拟中，同样的储集层空间的油与气储量将会越多。

5. 油气垂向运移模拟的算法

当油气横向运移一段距离后，将会有一部分油气因上覆地层封堵不严而进入上覆地层中，其余的继续横向运移。油气进入上覆地层的比例，称为垂向运移的比率。若该比率为零，表示上覆地层为特优盖层；若比率为 1，表示上覆地层为特优输导层。垂向运移比率的大小，取决于地层的含砂率。研究区的资料表明，油气垂向运移比率与含砂率之间有一定的对应关系（表 10-1）。

表 10-1　××地区沙三段油气垂向运移比率与含砂率对应关系

层位	上覆地层含砂率/%	垂向运移比率
S_3	10～20	0
S_3	21～30	0.1
S_3	31～40	0.3

续表

层位	上覆地层含砂率/%	垂向运移比率
S₃	41~50	0.4
S₃	51~60	0.5
S₃	61~80	0.8
S₃	81~100	1.0

10.2.3　数学模型设计与实现

根据上述分析，我们提出的数学模型建立方法及实现准则如下。

（1）建立层面网格并获取各单元的排烃量。先将工区的地层划分为 $m \times n$ 个拓扑单元，即将地层分界面网格化，取得各单元的排烃强度。再设 X、Y 方向的间隔为 D_x、D_y，从每个单元中心出发，并生成一条流线的起点，然后，按照气先油后的顺序计算油气运移。

（2）取得流体的运移方向。根据前文所述"油气沿储集层横向运移算法"，即通过输导系数计算可以求取分界面各点的法线，在地层面投影后取负值获得油气运移方向。

（3）计算油气运移轨迹。取得中心点的运移方向，设定一个步长 D，按此步长和运移方向生成一个线段作为此流线的第一段，得到一个新的点，计算新点的运移方向，以新的运移方向按步长 D 再向上运移一段，依此类推，则流线就严格按法线方向运移。

（4）计算垂向运移。在运移流线跟踪过程中，如果用户设定了垂向运移参数，则流线每走一步需要查询上覆地层在当前点处的含砂率，如果含砂率大，则流线在此时所携带的油气量会垂向渗透到上覆地层，当前层位的流线所携带的量将会变小。如果含砂率小于某个阈值（如 15%），则认为是岩性圈闭，便让油气在此聚集，此时流线轨迹计算终止。

（5）计算沿断层与不整合面运移。油气在同一层位的运移总量是不变的，如果运移路径上存在半开启的断层，部分量将会跨过断层进行同层的横向运移，流线所携带的量将会变少；如果遇到削蚀面或不整合面，在厚度上表现为上覆地层在某一段厚度为零，这时油气运移流线将在此消失，所携带的量整个移至上覆地层，并在不整合面内运移。

（6）计算圈闭充注量。在流线追踪过程中，每走一个步长 D，系统将会自动判断当前单元是否是地形高点。如果是，则流线会将所携带的烃量充注于该单元体积中的孔隙空间（有效体积空间 U）。此空间中的烃充填量是总体积 V 与总

孔隙度 ϕ 的乘积。

$$U = (Z_m - Z_n) \times D_x \times D_y \times \phi \qquad (10\text{-}3)$$

若源不够，则运移流线终结，把此聚烃量累加到该单元的聚集量上，计算流线此时携带的烃体积所占有的烃柱高度。若空间不够，则填充完后 m 号单元的高度将下降至与 n 号单元一样，即 $Z_m=Z_n$，多余的源将继续分配。油气在运移过程中会遍历所剖分的各个单元，这时，从源到汇，各单元通过烃量不同。将每个单元曾经通过的油气数量综合起来，表征每个单元的油气运移通量，便间接地表达了油气运移强度的概念。

基于上述数学模型，完成了软件系统设计（图 10-3）。

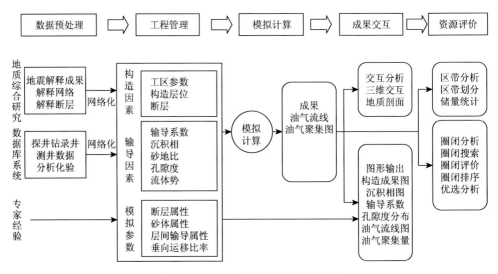

图 10-3　油气运聚模拟软件运行流程

10.2.4　应用与效果分析

车西洼陷位于车镇凹陷的西部，面积约 1100km²。该地区沙三、沙四段断层发育，断裂复杂，圈闭类型和数量都很多。模拟针对该洼陷的 Qp、Nm、Ng、Ed、Es₁、Es₂、Ss₃s、Es₃z、Es₃x、Es₄s 共 10 套地层。通过加载构造图并内插生成构造面，再导入断层界面和排烃强度，进而计算出油气运移路径及运移量大小，完整地实现了从地质综合研究、成果处理到油气运聚模拟的全部业务流程，最后生成了相应的定量分析图件。

考虑到介质的非均质性是控制油气运移的关键因素，在本次模拟中，着重进行了输导层非均质性对油气运移和聚集影响的实验研究。以沙三中下段为例，其油气运移及聚集的模拟结果如图 10-4 所示。其中，图 10-4（a）为将输导层视为均质体,而取消输导系数约束的模拟结果;图 10-4(b)为将输导层视为非均质体,而加入实际输导系数约束的模拟结果。显然,在加入地质非均质性信息(输导系数)后,油气的流向显得更加不规则,有效地揭示了地质非均质属性的显著影响。与勘探成果相比,后一种模拟结果更符合实际。

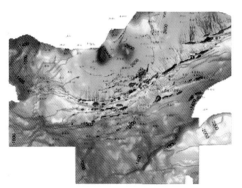 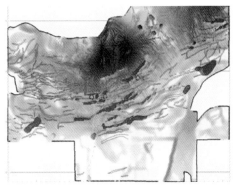

(a) 车西地区沙三中下段油气运移成果(无输导系数约束)　(b) 车西地区沙三中下段油气运移成果(有输导系数约束)

图 10-4　车西地区沙三中下段油气运移及聚集的模拟结果

模拟结果的准确性还与所取参数的可靠性、地质模型的正确性和盆地的复杂性有关。当然,模拟获得的资源量与聚集量的准确程度是难以评判的。这些模拟结果,仅仅是当前地质认识的一个量化和可视化结果,可用于大致地确定区带的油气通量和通道的运移量,从而以定量方式揭示各地质要素间的时空配置关系(图 10-5)。

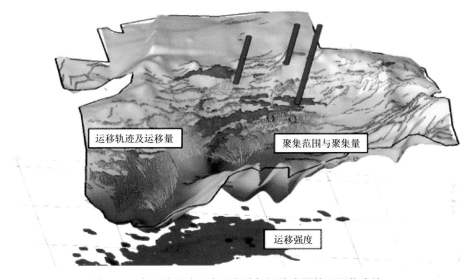

图 10-5　车西地区沙三中下段油气运移成果的可视化表达

通过运聚模拟结果（运移量或通过量）的可视化表达（图 10-4），能清晰地了解凹陷中的有利含油气区带。如果所提供的构造足够精细，则可计算出具有一定资源潜力的圈闭，并可对该圈闭进行进一步评价，所得到的油气藏参数包括圈闭幅度、溢出点、面积、油柱高度等。通过建模分析和模拟，还为后续地质分析和精细评价提供了有效的数学模型。

综上所述，针对陆相断陷盆地输导体系特点，厘清了油气运聚快速模拟机理，综合考虑了输导层非均质性、断层、不整合面及其岩性、孔隙度等介质要素和流体势等动力要素的约束，设计了多因素控制下的流体运聚算法，通过定性与定量相结合、模型与经验相结合的量化方法，实现了复杂地质条件下的油气输导过程的数学表达。

姜振学等（2005）针对"油气主要通过优势通道运移，而且总是沿着阻力最小的方向和通道运移的特点"，提出了数学建模方法，基于流体势法线的运移路线追踪算法，清晰地再现了油气汇聚和运移的主通道，同时，通过油气运移通量概念实现油气运移输导能力的量化表述。

研发形成了基于输导体系的油气运移量化分析工具。通过车西地区的实际应用表明，在资料不足或地质机制不清晰的情况下，利用该模拟分析工具，通过构造与参数调整，可有效地实现油气运移的快速模拟反馈，进而可概要地了解区域内油气的运移特点和规律，深化对油气成藏过程的认知。

10.3 面向"CSI 综合工作法"的知识模型

10.3.1 面向"CSI 综合工作法"的知识模型

翟光明等（2007）提出的多学科综合研究、多技术协同和交互渗透为主要因素的勘探研究综合工作法（"CSI 综合工作法"），针对当前的地质综合研究工作提供了系统化的工作模式与工作方法。如前文所述，该理论认为油气勘探过程就是一个采用多学科综合研究、多技术手段协同作战及其交互渗透分析研究的探索过程，油气勘探综合工作法从这三个要素来表述勘探地质研究本质：一方面需要重视对勘探对象从基础开始反复深入持久地开展地质方面的多学科综合研究；另一方面又强调建立和实施综合的勘探项目，使地球物理、地球化学、钻井、测井、录井、油井完井、酸化压裂成为一整套的系统工程，采用多种不断改进的高新技术手段（物探、钻井、录井、测井、预测、试油等）来强化勘探实践；最后，是在工程实施过程中，根据进展，不断深入地质多学科的研究，并反过来指导工程的进展，实现研究与工程的互动。

该理论是针对油气勘探和地质研究工作的一个重要的方法论，针对这一方法如何通过数字盆地技术形成方法的流程化、工具化、平台化，这是当前数字盆地技术研究的一个重要问题。"CSI 综合工作法"的研究理论与软件工具之间，也同样缺失一个地质综合研究过程与方法的量化表述问题，这阻碍了该方法从定性的理论认识到定量的工作实践。因此，有必要在"CSI 综合工作法"等思维方法基础上，应用当前知识管理技术的研究成果，针对多学科综合研究、多技术手段协同及交互渗透技术三个要素展开量化表述并形成知识模型，从而为后期油气勘探研究理论的流程化、系统化和工具化奠定技术基础，这也是数字盆地在协同研究方面需要提供支持的地方。

对知识的表达和整理是一个系统的知识工程过程。由于目前人工智能技术的研究不能满足计算机系统独立完成较复杂的知识处理任务的需求（于鑫刚和李万龙，2008），因此，本书采用知识工程概念中的本体知识表述技术（袁磊等，2006）来表达"CSI 综合工作法"中的勘探对象与思维过程，从而建立勘探地质综合研究的知识模型。本体是对概念和关系的抽象描述，是相关信息资源的组织框架，其建立有助于消除交换信息、共享信息、消除概念和术语上的分歧（袁满等，2010）。国内石油行业应用本体技术设计和发布系列基于 XML 的用于数据交换的数据元标准，在中国石油也开展数据元标准和数据字典标准化方面的研究，如文必龙等（2012）提出的"石油勘探开发数据元管理技术"，形成了较为全面的石油元数据标准及建立方法。

"在具有创造性思维的勘探者中，数据是动态的相互关联的，他们将这些数据和信息结合经验与知识，将表面上不相关的事物联系起来，通过想象在脑海中组合成油气藏的图景"（Edward A.Beaumont，1999）。国内相关领域展开了研究地质综合研究的知识表述技术研究，如文必龙等（2004）提出的"基于 XML 的数据交换模型"，初步实现了将研究过程对应的勘探对象、研究流程与思维方法形成一个知识模型。

"CSI 知识模型"是针对"CSI 综合工作法"的理论体系进行知识体系表述的数据模型，是应用知识表述技术。针对"CSI 综合工作法"所表述的业务概念和方法的表达，其内容包括勘探研究的全局性、阶段性、多学科综合性、多技术综合性和创新性与整体性等方面，通过工作内容、流程和方法的知识管理，实现将个人认识形成团队认识，单专业认识形成多学科全方位认识，从而无限接近油气藏的现实存在。

如前文所述，作为勘探研究思维的理论总结，"CSI 综合工作法"中的三个关键因素的表述重点不同，多学科综合研究（comprehensive study based multi-disciplinary）部分重点在于"勘探研究的全局性与阶段性"与"勘探研究的多学科综合性"表述；多技术协同（synergistic action of multi-technique）部分重点在于"勘探研究的多技术综合性"表述；交互渗透（interaction）部分重点在于"勘探研究的创新性"和"完整性"表述，因此，通过勘探研究的全局性与阶段性、勘探研究的学科综合性、勘探研究的创新性、勘探研究的局部整体性、勘探研究的多技术综合五个方面的知识表述，就可以针对研究的地质背景、根据油气勘探地质综合研究及其协同研讨的需要，有效建立起"CSI 综合工作法"的知识模型。因此，我们基于上述理论，提出从 CSI 的三个方向展开油气勘探研究的知识管理，建立五种类型的知识表述方式，即"CSI 知识模型"（表 10-2）：基于业务知识地图的全流程业务体系描述；基于模型库和方法库的数学模型、图版、经验公式管理；基于主题知识的特定业务主题的信息与功能组织；基于关联知识的业务应用及其成果关联；基于案例知识的典型案例信息系统化收集。

表 10-2 勘探知识管理的"CSI 知识模型"

CSI 方向	知识名称	知识特点	应用目标	表述内容
多学科综合（C）	知识地图	勘探研究的全局性与阶段性	勘探全流程业务体系描述	描述业务体系及其流程组成
多技术协同（S）	模型方法	勘探研究的多技术综合	数学模型/图版/经验公式等管理	解决具体问题的思路和方法的量化表达，是最具实践性的知识
交互渗透（I）	主题知识	勘探研究的综合性	业务主题的信息与功能组织	针对勘探生产研究的关键主题建立的信息支持体系
	关联知识	勘探研究的创新性	业务对象关联	以业务对象为关联要素，以空间关系作为基本关联主线，辅助业务主题、地质目标、管理主线和自定义映射等关联维度建立业务对象及其属性的关联关系
	案例知识	勘探研究的整体性	典型案例的系统化组织	针对特定决策点的经典案例，实现特定业务的来源、过程、成果、结论等主题化组织

10.3.2 "多学科综合"（C）知识表述

"多学科综合"（comprehensive study based multi-disciplinary）是指综合地质与物探化探业务，反复深入地开展从盆地、区带到圈闭的地质研究，最终实现勘探部署决策。因此，勘探研究具有全局性与阶段性特点，即油气勘探需坚持从全局着眼，整体研究、整体评价。在取全取准第一性资料的基础上，经过认真的综合分析研究，查明其地质结构和构造发展史、沉积史和烃类热演化史，才能选准勘探方向。而在阶段研究中，油气勘探程序分为区域勘探、圈闭勘探和评价勘探 3 个阶段，前一阶段是后一阶段的准备，后一阶段是前一阶段的继续和发展，"阶段不可超越，节奏可以加快"。

基于"CSI 综合工作法"的"多学科综合"是针对业务体系及其流程描述的理论，勘探研究业务的知识地图是描述业务框架及各类知识相互关系的导航。其重点描述油气勘探的总体框架体系，即油气勘探的总体过程与主要勘探阶段的划分，它是以视觉化的手段表示组织的整体知识及其相互关系的一个导向。通过该阶段划分，明确勘探研究各个阶段的依赖关系和衔接关系，从而实现对各个学科以不同阶段进行综合应用，从而一步步达到勘探目标的系统性过程。

基于多学科综合研究的上述特点，我们提出了基于"知识地图"的多学科综合研究表述。知识地图是一个组织知识的视觉呈现，它并不描述知识的具体内容，而是描述知识的载体信息。知识地图简单来说就是组织中的知识及其相互关系的图示，是一种组织知识（既包括显性知识，也包括隐性知识）的导航系统，能显示不同知识存储之间的重要动态联系。通过知识地图可以实现勘探研究的多学科的综合性与阶段性。

油气勘探地质研究的知识地图是针对多学科研究的系统性描述（图 10-6）。在总体流程上，将勘探地质研究划分为：盆地区带分析、含油气系统分析、圈闭系统研究和井位部署四个环节，这四个环节是油气勘探研究的四个重要阶段，也是"多学科综合"中重要的学科组织阶段，针对每个阶段的研究特点，则通过基于多学科综合应用的流程分支来表述其各个研究环节的业务内容。如：

（1）针对盆地区带的研究与分析，以地质露头分析为起点，从地质构造演化、地层的沉积剥蚀、地层压力与地应力和地热场分析等阶段形成研究的子学科分类。

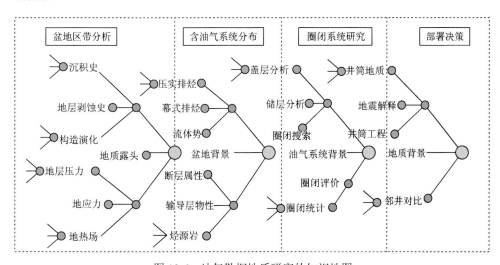

图 10-6　油气勘探地质研究的知识地图

（2）针对含油气系统的研究，则是从盆地区带构造演变、地压与地应力基础上（盆地背景）展开生烃（烃源岩）、排烃、流体势分析、油气二次运移等环节研究，形成一个含油气系统中的油气聚集。其中如排烃环节，则分为压实排烃和幕式排烃等不同的分析方法，

（3）针对圈闭系统研究，是通过含油气系统中的生排烃与运移分析（含油气系统背景），加上圈闭本身的储盖条件与运移保存条件等阶段的剖析，最终形成圈闭系统研究结论。

（4）针对部署决策，则是根据前期地质研究的成果（地质背景），结合当前地震与探井钻井与工程施工的成果以及临井成果的对比，形成针对当前探井的钻探目标和部署方案。

综合而言，通过将勘探综合地质研究划分为四个阶段以及在每一种研究阶段继续细分为更为具体的研究过程的层次设计，可以实现不同层次的各类业务内容组合成一个油气勘探地质研究的总体流程，这就是面向"多学科综合"的"知识地图"技术，该技术为各环节的协同研究、交互渗透提供了总体框架和基本业务内容。

10.3.3　"多技术协同"（S）知识表述

"多技术协同"（synergistic actionof multi-technique）是指将多种技术手段协同起来，建立和实施综合的勘探项目，使地球物理、地球化学、钻井、测井、录井、油井完井、酸化压裂等技术成为一整套的系统工程。简而言之，采用多种先进技术强化勘探实践。目前，可以勘探地质研究中采用的先进技术手段有：高精度高分辨率地震技术、非地震勘探技术、精细地震处理技术、储层预测技术、油藏描述技术、化探技术、测井技术、数值模拟技术、油层保护技术、石油工程技术等。上述技术的进步对石油工业发展的影响是巨大的。

基于"CSI 综合工作法"中的多技术协同的特点，基于勘探研究的技术密集特征，必须把地质研究和综合运用新技术以及两者的紧密结合放在重要地位。多学科的综合研究与各种先进技术手段强化勘探实践，相互参照，相互印证，进而发现油气田。因此，我们在此基础上提出了针对各类新技术的"模型方法知识表述技术"，用以记录与整理各技术环节的算法模型。

为了实现勘探研究过程中众多技术的综合应用，引入模型方法知识表述技术，其是解决具体问题方法的量化表达，是最具实践性的知识。该技术描述内容包括勘探地质研究过程中的各类新技术的具体实现方式，包括基础数学算法、专业数学算法、地质数学模型、图形图版方法、决策统计分析等量化模型。

模型方法知识表述技术将上述业务技术体系中的技术设计为不同的解决问题

方法，每种方法包含一种或多种业务逻辑，用来实现对不同层次的业务解决方法的量化。在具体描述上，该方法将算法模型的知识内容分为输入、计算和输出三个部分，通过模板知识表述技术对三部分分别通过本体描述，从而实现各类分析决策的图版、算法与数学模型实现统一定义。

基于流线法的三维盆地模拟技术实现中，通过基于三维数字盆地的地质格架和输入参数的设置，由流线法数学模型来实现地质模型的油气地质过程的动态模拟，通过基于地质模型的油气运移和聚集成果的量化表达，来有效辅助地质研究的可视化与模型化分析工作（表 10-3）。

表 10-3　油气运移模拟算法

模型知识	输入信息	模型算法	输出成果
业务内容	地质构造模型 储层物性参数 区域地质参数	流线法模拟 渗流力学法 系统动力学模拟法	油气运移路径 油气运移量 圈闭属性与储量
表述技术	基于 OWL 本体描述	类+方法	基于 OWL 本体描述

10.3.4　"交互渗透"（I）知识表述

油气勘探"CSI 综合工作法"重点强调的就是对含油气盆地进行多学科综合的整体研究，采用多技术手段及时发现各种圈闭，及时发现油气层。在整个勘探过程中，自始至终做好以地质为中心的多学科综合分析与各种勘探手段取得的资料进行对比结合，实践、认识、再实践、再认识。

油气勘探"CSI 综合工作法"的精髓是：加强"两个综合"，做好多工种协同作战。具体地说：一是信息与成果的综合，把地质、地球物理、钻井、录井、测井、测试等方面所获得的各种信息进行综合分析研究，才能有一个正确判断；二是各种勘探手段的综合运用，将地质、地球物理、钻井、录井、测井、测试等一系列工作进行密切配合；三是工程取得的进展与科研人员及时沟通，交互渗透，通过发现的蛛丝马迹，将勘探逐渐引向深入。尤其当前，针对当前油气勘探的地质条件复杂、油气藏深度增大和勘探成本增加等问题，必须把科研和综合运用新技术以及两者的紧密结合放在重要地位。因此，在"CSI 知识模型"设计中，如何解决勘探研究中的综合性、创新性和整体性，是交互渗透技术研究和表述的重点，也由于这些特点在勘探研究中的重要性，使交互渗透技术在"CSI 知识模型"中具有核心地位。

针对上述提到的勘探研究的综合性、创新性和整体性的特点，我们提出三种针对"交互渗透"的知识表述方法。

1. 主题知识表述技术

勘探研究的多学科综合性是指多学科的综合研究重视对勘探对象反复、深入、持久地开展多学科的综合地质研究，从地质学、地球物理、地球化学出发，在构造地质、板块、沉积学、生烃、古生物、层序地层等几个方面综合对盆地整体进行区域性、区带和勘探目标三个层次的研究。因此，针对特定的研究主题建立系统化的信息组织是该部分实现的重点。

主题知识库是针对勘探生产研究的关键环节建立的信息组织方法，将某一环节决策需要的信息，以系统的组织模式集中。主题知识重点针对勘探研究的多学科综合特点，提供多种研究成果的集中，实现针对特定研究主题的信息汇总。

如在"探井井位部署分析"的研究主题中（图 10-7），需要将地震工区、地震体、关联井、关联井集、各类关联成果图件、文档，以集成化的模块和数据体系集成在一个空间中，通过知识表述，系统按照关联规则定义该主题的相关内容，形成针对主题的知识表述方法。

(a) "探井井位部署"主题知识模型　　　　(b) 主题知识表征OWL表述

图 10-7　"××探井井位部署分析"主题知识表述

2. 关联知识表述技术

勘探研究的创新性是指勘探研究注重提出地质认识上的新思路,即创新思想。这需要充分摆脱先验论的束缚,需要有打破思维定式、创新勘探思路的意识。需要建立勘探目标之间的关联思维,通过综合的勘探项目,使地球物理、地球化学、钻井、测井、录井、油井完井、酸化压裂成为一整套的系统工程。针对勘探思维的创新,其技术基础是建立各类的勘探对象与方法之间的信息关联,在此方向上产生的关联知识,就是依据不同的维度,建立业务对象及其属性的关联关系,为后期信息的关联对比、智能搜索、挖掘分析奠定基础。

勘探业务对象具有独特的关联方法(图 10-8)。关联知识是以空间关系作为基本关联主线,以业务对象为主要关联要素,辅助业务主题、地质目标、管理主线和自定义映射等关联方式建立起信息关联模型。通过多源异构数据的组织,实现明确数据本身以及数据之间的关联关系。通过空间元数据对于数据的空间地质意义实现清楚表达,使得以更清晰的流程、更具效率的方法从海量数据中提取某一勘探区带或开发单元相关信息,为信息对比、智能搜索、挖掘分析奠定基础。

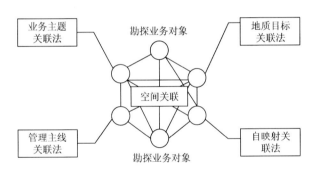

图 10-8 勘探业务对象的关联模式

3. 案例知识表述技术

勘探研究的整体性是指在整体研究的基础上,通过参数井、预探井等工作搞清目的层后,通过三维地震资料分析布评价井,从而根据钻井进展不断修正地质模型。这种全过程的信息完整性是剖析和完善特定勘探目标的重要方法。

案例库就是针对特定业务环节的经典案例,开展的系统化的信息组织。针对"CSI 综合工作法"中关于勘探研究的局部整体性特点,勘探研究是通过物探与探井等技术的纵横结合,实现对勘探目标和地质模型的不断修正,因此,其每一个解决问题的过程都是一个典型的系统工程案例。由此,案例知识表述技术,一方面在于针对特定主体的经典案例,实现其来源、过程、成果、结论等信息的主题化组织；另一方面实现了针对特定主体的系统化记录，通过案例整理工作，将业务主题形成一个前后串联、因果关联、认识全面的整体。

10.3.5　"CSI 综合工作法"的实现分析

综上所述，"CSI 综合工作法"作为勘探研究方法的重要总结，是在长期勘探地质研究过程中形成的针对油气勘探过程中多学科综合研究、多技术手段协同作战及其交互渗透分析为主要特点的研究思维方法。该方法通过建立研究团队正确认识客观对象的地质特征，可以有效获取和利用信息，以达到有效提升勘探目标客观评价能力、减少决策失误并提高勘探效益。我们结合"CSI 综合工作法"，针对勘探研究的全局性与阶段性、勘探研究的学科综合性、勘探研究的创新性、勘探研究的局部整体性、勘探研究的多技术综合五个方面展开了五类知识的本体表述技术研究，实现了勘探地质综合研究中勘探目标、过程和方法的量化表述，为CSI 的量化应用形成理论基础。本小节内容，以"CSI 综合工作法"为出发点的知识模型设计技术，通过对知识本体技术的应用实现了方法量化的技术探索，为该理论的应用提供了技术路线和技术手段，也为地质研究与辅助决策软件的建设提供了方法和工具，从而有效地提升了应对勘探风险的能力。

从技术角度看，地质综合研究的知识模型技术具有开放性特点，针对勘探思维模式与工作方法的创新性与风险性，"CSI 知识模型"可以保证在地质研究的应用过程中，动态扩展知识表述体系，随着地质理论研究发展变化而不断更新，从而随着地质研究的深入而不断扩展。

10.4　地质综合研讨厅理念与实现

10.4.1　地质综合研讨厅的设计思想

从系统工程角度论述可以看到："钱学森综合集成法的运用，本质上是专家体系的合作以及专家体系与机器体系合作的研究方式与工作方式"（周德群等，2005）。具体地说，是通过定性综合集成到定性定量相结合的综合集成，再到从定性到定量综合集成这样三个步骤来实现的。这个过程不是截然分开的，而是循环往复、逐次逼近的。复杂系统与复杂巨系统的问题，通常是非结构化的问题。通过上述综合集成过程可以看出，在逐渐逼近的过程中，综合集成方法实际上是用结构化序列去逼近非结构化问题。

郭小哲等（2011）应用油气科技创新思维提出了智慧研讨理论，它是从钱学森的"智慧综合集成研讨厅"借鉴而来的。智慧研讨理论包括三个体系，①专家系统：体现专家的智慧及由专家群体互相交流学习而涌现的群体智慧；②机器体系：利用计算机逻辑分析优势，进行专家智慧的定性到定量转换；③知识体系：用来集成专家及前人的经验知识、相关领域知识、问题求解知识等，还可以由这些知识经过提炼和演化形成新的知识，使得研讨厅成为知识的生产和服务体系。

面对石油地质条件的复杂性和不确定性，油气勘探工作本身就是地质专家们面对的一个复杂巨系统，因此，如何使用应用综合集成法及其相关理论研究成果，针对油气地质研究展开理论深化和应用实践，是数字盆地这一概念继续延伸和提升的重要发展方向。

10.4.2 基于综合集成研讨厅理论的地质综合研讨厅理论

根据石油地质研究的特点与综合集成研讨厅理论的指导，针对油气地质研究的讨论与决策的特点，我们提出了地质综合研讨厅的概念和技术体系。我们将地质综合研讨厅分为专家、勘探系统、综合研讨厅技术三个部分，而关键环节是通过综合研讨厅的技术体系研究，实现人、业务和技术的一体化集成，从而实现从定性到定量的描述，最终形成提供理论认识过程反复迭代的研究环境解决方案。本节基于这种出发点逐步展开地质综合研讨厅技术体系的设计。

地质综合研究的过程也就是各类成果不断产生和富集的过程。对国内各油田的老区而言，随着勘探程度不断加深及难度不断增大，动用的技术手段不断翻新，对各类成果的多维分析和综合利用需求日益迫切：①如何精雕细刻每一种成果图件，使其发挥在不同认识、不同维度乃至不同属性上的最大价值；②如何通过一种便捷直观的工具，对这些图件加以定量化、精细化的综合叠加与分析，甚至对比同一地区、不同研究单位的各类成果图件等；③如何建立和利用一种数字化的勘探工作场景，高效开展地质综合研究、勘探决策、井位部署以及油气资源评价工作等是勘探工作者迫切需要利用信息技术解决的问题。

对新区来说，除存在和老区同样的上述问题之外，还要面对更为恶劣的地面条件以及人员异地办公的现实状况等问题，如何建立地质综合研讨厅应用场景，通过通信网络将不同地域、不同领域的专家组织起来，方便他们针对某一问题开展群策群力的协同研究，解决油气勘探在综合研究、井位部署、生产管理和目标评价中的突发情况和棘手问题，也迫切需要数字研究成果的技术支撑。

综上所述，无论是勘探成熟度较高的老区，还是勘探成熟度较低的新区，加强对油气勘探过程的科学化、信息化和网络化的研究与管理，搭建自然高效的地质综合研讨厅工作场景，依据不同学科、不同专业的研究成果，利用信息技术发展优势加以改造提升，提高对综合分析和综合研究的支持力度，对全面提升油气勘探综合研究和决策水平，提高勘探效益具有的重要意义。

因此，地质综合研讨厅关键技术研究，旨在建立面向地质研究，以地质综合研讨与决策场景为应用目标，融合地震地质综合研究和勘探决策讨论功能于一体，以多项高新技术突破与应用为标志的现代化平台，为智能勘探做出贡献，因此，地质综合研究与决策环节的问题分析如下：

（1）实时的信息获取技术需要提升。石油地质综合研究环节需要基础数据、实时数据与成果图件，需要一个统一的平台来提供，从而解决手工获取和连接带来的工作量问题，实现综合研讨厅的信息层通畅。

（2）基于特定主题的信息与功能集成。在地质研究过程中，研究人员脑海中经常有很多自己的独到想法，常常碍于技术手段或支持工具的缺乏，而不能够快速地将海量的数据信息进行有效提取和分析，只好凭个人经验和知识在脑子里进行抽象的加工和处理，这种粗放方式大大降低了地质综合研究的水平。同样，在勘探部署、井位论证、目标评价以及勘探决策的过程中，各单位也都从自身的业务优势出发，提出了很多有价值的建议方向，常常因为没有图件叠合这一技术平台，让管理者们难以做出科学合理的决策。

（3）图形融合的方式需要提升。每种属性的成果图件，都是从特定业务角度对地下目标的规律性认识和描述。由于缺乏对不同尺度、不同类型或不同格式的成果图件的统一解析和叠合的技术平台，研究人员往往只能凭经验和在大脑中储存的信息对各种成果图件进行"隐性"综合，或者仅靠"目视法"进行简单综合，无法开展准确、精细和定量的综合叠加与分析，造成对勘探目标的描述评价不够充分（图10-9）。图件比例、图件格式及图件范围的不同是用户无法对研究成果加以综合应用的主要难点。

图 10-9　综合研究过程中基于平面图件的分析模式

（4）交互技术需要改进。尤其需要掌握基于多点触摸的油气勘探专业软件研发技术。近几年，无论是手机、平板电脑等显示设备都已用上了触摸技术。所谓多点触控技术就是允许用户同时通过多个手指来控制图形界面的一门技术。它能在不通过鼠标、键盘等传统输入设备的情况下完成各种人机交互操作，让人们充分体验到触摸带来的快乐体验和自然便捷。经过分析，多点触控技术非常适合油气勘探过程中的群策群议和地质综合研究。

建立地质综合研讨与决策中心，可以为地质工作者开展综合研究提供现代化的办公场所和支持手段，充分利用网络、大屏幕等计算机设备和资源，实时提取数据中心的勘探资料，综合多种展示手段和分析工具，独立或协同开展讨论分析等综合研究及生产管理工作。在提高工作效率的同时，有望极大提高综合研究和分析决策的科学水平。

（5）整合上述技术，改进现有综合研究和勘探决策的工作模式。无论是在油气勘探的综合研究还是勘探决策过程中，经常需要不同单位、不同领域的专家一起讨论同一主题，由于没有可供思想碰撞的有效平台，不仅使讨论问题的效率降低，而且讨论结果也常常难以做到非常系统、合理和科学。地质综合研讨厅建设的目的之一是便于解决成果的便捷调取、图件叠合、图件标注以及勘探目标的快速决策和快速定量评价，进而提高综合研究、勘探决策的工作水平和工作效率。

综上所述，油气地质综合研究的协同技术体系的设计采用如下思路：基于油气勘探地质综合研究的目标任务、工作内容、讨论方式和资料需求以及现今勘探形势下的决策需求，借鉴钱学森综合集成研讨厅的思想与方法，对空间与属性数据管理、图形叠合、视屏触摸、大屏幕交互等技术进行整合集成，形成勘探地质综合研究的一体化支撑平台；继而基于该平台建立规范的地质研究流程体系，形成一套完整的面向地质综合研究的协同工作模式，同时为各层次的油气资源评价、勘探部署和决策提供各种分析模型和方法模型。

基于上述的勘探地质综合研究的业务特点与信息支持模式分析，这里提出以信息化新技术集成创新的理念重新设计地质综合研讨模式，即通过对数据、知识、软件、交互模式的全新设计，形成地质综合研讨厅的理论体系和技术框架，有效提升勘探地质综合研究的科学性和系统性，促进地质研究效率，降低油气勘探风险。

总体框架如图 10-10 所示，地质综合研讨模式是以地质综合研究的智能研讨与决策支持作为业务需求，在实时检索、知识管理、信息叠加和触摸交互四项关键技术基础上，通过创新集成实现多学科联动的地质研讨模式。本书提出通过数据获取实现研究成果与生产动态信息的实时存取；通过知识管理技术实现研究成果与工具方法的系统化组织；通过图形融合实现成果图叠合分析与多学科协同；

通过触摸交互实现对等沟通与过程记录的学术研讨模式；最终基于上述技术的集成创新，形成勘探地质研究的综合研讨决策新模式。

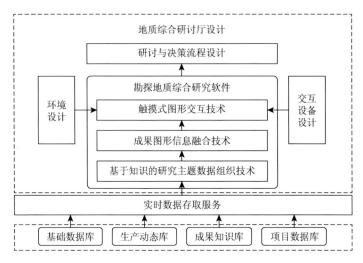

图 10-10　地质综合研讨模式总体框架与技术路线示意图

10.4.3　地质综合研讨厅的关键技术

地质综合研讨模式是以地质综合研究的智能研讨与决策支持作为业务需求，在实时检索、知识管理、信息叠加和触摸交互四项关键技术基础上，通过创新集成实现多学科联动的地质研讨模式。本书提出通过实时感知实现研究成果与生产动态信息的实时存取；通过知识管理技术实现研究成果与工具方法的系统化组织；通过信息融合实现成果图叠合分析与多学科协同；通过触摸交互实现对等沟通与过程记录的学术研讨模式；最终基于上述技术的集成创新，形成勘探地质研究的综合研讨决策新模式。

1. 实时检索：研究成果与生产动态信息的实时获取

勘探地质综合研究的信息来源包括四个方面：以勘探历史生产科研动态为主体的勘探数据库，以地质综合研究各环节成果图件与文档为主体的研究成果库，以钻录井实时数据为基础的生产实时库，以 Geoframe 和 OpenWorks 等大型企业版软件为载体的地质研究项目成果库。实时检索就是根据当前在地质综合研讨厅进行协同研讨时对数据的需求，通过实时 SOA 服务平台技术和地质研究项目成果库的访问技术，对四类数据库（勘探基础库、生产实时库、研究成果库、项目成果库）进行实时关联查询和检索，实现对生产、科研和管理动态的全面、实时、准确地掌握，保证协同式综合研讨过程、勘探决策过程与日常生产科研过程的数据获取和处理的同步性和时效性，有利于协同分析和伴随决策的开展。

2. 知识管理：研究成果与方法工具的系统化组织

知识管理是指在组织内持续创造新知识、广泛传播知识并迅速体现在新产品服务技术和系统上的过程（安小米，2012）。油气勘探地质研究的知识管理，是针对研究的地质背景、规则标准、流程方法、案例模型以及针对当前业务主题的信息组织方式。根据油气勘探地质综合研究及其协同研讨的需要，我们提出从五个方面展开面向决策的知识管理，即地质知识管理的五要素，即 K5 模型（表 10-4）：基于业务知识谱系图的全流程业务体系描述；基于主题知识的特定业务主题的信息与功能组织；基于关联知识的业务应用及其成果关联；基于案例知识的典型案例信息系统化收集；基于模型库和方法库的数学模型、图版、经验公式管理。

表 10-4　地质知识管理的五要素（K5 模型）

知识类型	管理目标	功能设计	描述方式
知识谱系	全流程业务体系描述	描述业务体系及其流程组成的技术，业务知识谱系图是描述业务框架及各类知识相互关系的导航	本体描述 XML 技术
主题知识	业务主题的信息与功能组织	针对勘探生产研究的关键环节建立的信息支持体系，将某一环节决策需要的信息，以系统的组织模式集中	本体描述 XML 技术
关联知识	业务对象关联	以业务对象为关联要素，以空间关系作为基本关联主线，辅助业务主题、地质目标、管理主线和自定义映射等关联维度建立业务对象及其属性的关联关系，为信息对比、智能搜索、挖掘分析奠定基础	本体的数据库技术
案例知识	典型案例的系统化组织	针对特定决策点的经典案例，实现特定业务的来源、过程、成果、结论等主题化组织	本体的数据库技术
模型方法	数学模型\图版\经验公式组织等管理	解决具体问题的思路和方法的量化表达是最具实践性的知识，对系统的自动化与智能化提升具有重大意义，包括基础数学算法、专业数学算法、地质数学模型、图形图版方法、决策统计分析等	文档与软件代码

3. 数据融合：成果图件叠加分析与多学科协同

基于多学科、多专业的多图件、多属性等多源异构异质数据，进行空间信息叠合油气资源综合评价和有利勘探目标筛选，是现今油气勘探地质综合研究的一个重要方法。这里的"数据融合"是通过研究成果图件的叠合来实现的，或者说是通过空间数据的叠加分析来实现的。空间数据叠加分析的最直接方式，就是把各类研究成果图件，按照统一的地理坐标系进行叠加处理，实现多图件多属性信息的叠合。这是一种行之有效的空间信息技术，其要领是将不同比例、不同格式的各种成果图件，如沉积相图、砂岩厚度图、地层构造图、地震属性图、油气资源分布图等不同学科和业务领域的研究成果，依据地质学理论进行解析，实现各类成果信息的"交集"式组织和叠合，以满足研究人员分析、识别主要控藏因素的需求，进而支持多学科专家基于研究主题的协同研讨和勘探目标综合评价。

基于图形的空间信息叠合一般通过四个步骤展开：①图形预处理：实现矢量图和位图中关键地质要素和属性信息的抽取与管理；②坐标归一化：实现各类图件坐标系和平面投影模式的统一；③图形校正：根据图形数据畸变程度、类型和系统对数据精度要求的不同，对图形采用线性变换、非线性变换、三角网分块等算法校正；④属性叠合：实现基于图形的属性数据叠合，即在统一的空间信息框架下的属性信息叠合。

4. 触摸交互：对等沟通与过程记录的学术研讨模式

多点触摸交互技术目前广泛应用于各类商品级平板和交互设备，但作为会议研讨与决策的媒介应用较少。基于 DotNet 开发环境上的 Windows 多点触摸 API 大屏编程技术，是近几年刚刚发展起来的一种新的软件技术。本案例依托多点多触摸技术，针对地质综合研究环节的讨论需求，研发了"基于横置大型多点触摸平板的图形交互技术"，通过 Win7 操作系统、图形操作和触摸屏三个技术层面的整合，流畅地实现了基于多人多点手势操作的触摸屏拖动、缩放、旋转图片等功能（图 10-11）。通过触摸技术实现的触摸屏无缝拼接，提升了对更大范围的勘探形势图、地震剖面和综合录井图的交互调用和判释。同时，还可以让用户在不使用物理键盘和鼠标的情况下，快速选择临井、任意测线、解释层位、图件类型以及查询检索各类数据库的相关数据。

图 10-11　基于三层设计的多人多点触摸技术

10.4.4　基于数字盆地的研讨新模式

　　油气资源勘探决策是油田勘探活动中高级智慧的碰撞与创新。随着国际油气勘探领域的技术进展，该领域决策的时效性和实时性需求日趋迫切。其决策分析过程，即油气地质综合研究过程，理应是一个从生产、科研到决策的循环往复过程，也是地质人员对地下地质环境认识的不断深化过程。钱学森曾于 1992 年提出了综合集成研讨厅体系的设想，其含义是把人集成于系统之中，采取人机结合、以人为主的技术路线，充分发挥人的作用，使研讨集体在讨论问题时互相启发，互相激活，使集体创见远远高于一个人的智慧。随着计算机与信息技术的跨越式发展，这种综合研讨厅体系完全可以依托现有的信息化技术将理论和实践效果提高到一个新的层次，成为当前复杂地质问题综合研究和决策的有效手段。特别是上述四项关键就技术的研发和集成，在实践应用上也面临着创新发展的良好态势。

　　油气地质综合研讨厅的协同研讨与决策模式，就是按照钱学森所提出的从定性到定量的综合集成法设计的。这个研讨决策模式，包含组织流程、交互模式、软件支持、场景设计四个环节。每个环节都包含着丰富的内容（表 10-5）。

表 10-5　决策流程及其配套技术体系

组织流程	交互模式	软件支持	场景设计
分专业表达 多学科协同 群体决策	主题陈述 实时检索 数据融合 学科交流 成果分析 知识碰撞	数据索引 知识管理 图形叠合 触摸交互 模拟分析 多屏同步 过程留痕	实时网络 圆桌模式 对等沟通 触摸表达

　　其中，在组织流程环节中的多学科协同，是决策分析的核心，建立在各专业成果信息的综合集成平台之上。在软件支持环节中，集成了多项新的软件技术，提供了全面的信息与功能支持。在场景设计环节中，通过软件功能和实时网络、圆桌模式、对等沟通、触摸表达等场景的设计（图 10-12），形成了全新的研讨决策模式。这种模式不仅保证了研讨团队交互操作的简便性，同时，采用水平横置大屏幕的方式，相对传统的竖立屏幕模式，不再有前后之分，参会专家观看资料和发言机会均等，有助于实现平等的学术交流。所有与会人员，都可以通过实时网络和触摸交互，实现数据的实时检索、集成展示和数据融合处理，通过圆桌模式实现对等交流和知识碰撞。这样做，可以促成专家群体智

慧与业务主题的充分融合，甚至发动针对专题讨论的"头脑风暴"，从而可以有效地降低决策风险。

图 10-12　基于水平横置大屏幕的地质综合研讨厅工作场景示例

　　这样，通过借鉴钱学森综合研讨厅的思路与方法，并充分利用计算机和网络等硬软件技术，设计出了油气勘探地质综合研讨厅。依托这种理论体系建立的综合研讨厅总结如下：

　　（1）提出了一个基于现代信息技术的协同式油气勘探地质综合研究新模式。这是一种通过整合设备、环境、软件的集成设计而形成的，以专家为核心的新决策流程与决策模式，纠正了智能决策分析中侧重软件技术而忽视人及其群智作用的问题。

　　（2）该新模式是从系统思维的角度，提出的基于知识工程的勘探系统和勘探程序的重要改革。通过该模式，研究人员的决策不再孤立的面对问题，而是将问题放到整个勘探生命周期中去认识，形成一种面向地质背景和油气成藏过程的分析方法。

　　（3）探索了油气勘探地质综合研究中多源异构异质数据融合的技术方案。针对目前地质综合研究中所涉及的构造分析、沉积相分析、地震属性分析、圈闭评价与储量矿权研究等多源异构异质数据，探讨了以图形叠合为代表的数据融合技术方案。

　　（4）建立了一种全新的图形化沟通与交流的协同工作平台。通过大型圆桌触摸式交流沟通工具的设计和研发，提供了一个平等、自由、均衡的交互研讨平台，改变了过去由单一专家主导的单向式讨论模式，深刻地改变了传统研究决策的讨论模式。

　　通过胜利油田的示范应用，证明了该油气勘探地质综合研讨厅是一种有效的多学科多专家协同决策方法。这种决策方法，将专家决策变为团队决策，将集中决策变为实时的伴随性决策，有效地提高了决策的灵活性与科学性，促进了管理的扁平化和高效化。

　　这种多学科多专家协同研讨、决策方法，不仅可用于油气地质综合研究阶段，也可用于油气勘探和开发决策阶段；不仅适合于油气勘探和开发，甚至还可以推广应用到其他矿产资源勘查、工程地质勘察，以及地质灾害预警的综合研究和决策中去。

10.5　本　章　小　结

　　本章通过业务实践案例来探索基于数字盆地的技术研究深化和业务应用扩展。

　　综合来说，数字盆地的建设，本身是通过综合信息化技术，提供了一种多维度、多学科的信息集成，为地质专家认识剖析地质目标提供了一种认知模式的载体。这种载体作为地质专家认识地质目标的重要手段和方法，其本身也是随着技术的发展而不断扩展的。基于数字盆地的数据、软件和模型体系，数字盆地成为油气勘探实践活动的支撑平台，在这一平台上，通过基于数字盆地的功能体系扩展，为油气地质研究、生产管理与决策、工作方法改进提供了更加易于扩展的智能化体系建设。

　　本章基于前期数字盆地的理论体系建设基础，通过针对地质研究、决策支持和工作模式三个重要方向的业务革新的实践，将数字盆地的技术体系落实到业务活动之中。

　　首先，我们以"基于有限地质模型的成藏过程模拟"这一案例来探讨如何依托数学模型的设计，将地质理论和地质认识从定性向定量方向落实，实现数据化和工具化。这一实践案例就是在此出发点上设计的一种基于层面构造格架的流体模拟算法。与前期的地质体网格模拟虽然存在适用性和模拟技术的不同，但同为数字盆地的数学模型部分的一种典型实现。长远来看，以"盆地模拟"和"含油气系统模拟"两种思路为主的、基于地质模型的模拟计算与分析，将是数字盆地技术发展最为核心的部分，也是国际上油气地质研究的专业化软件发展的重要方向。

　　其次，通过"面向'CSI 综合工作法'的知识模型"这一实践案例，将探讨数字盆地技术体系在如何匹配先进的勘探工作模式，以及如何通过知识表述技术的扩展，形成有针对性业务模式的量化表述，从而使数字盆地技术成为针对业务变革的一个信息化定制平台。

最后，我们根据钱学森"综合集成研讨厅"的原理，借鉴戴汝为的工作方式表述和郭小哲的智慧研讨理论，通过"'地质综合研讨厅'的理念与实现"这一案例，探讨如何通过数字盆地技术来将专家团队的智慧与机器智慧，以及基于前人智慧的知识体系融为一体，形成一个具有多种智能因素系统整合的群体研究与决策模式。最终通过这种前人经验、机器智能和专家智慧有效整合的方式，探索数字盆地迈向智能化之路。

第11章　从数字盆地到智能勘探

油气勘探首先是一种工作模式，也是一种理论体系，更是一种哲学理念。

由于石油地质的复杂性，油气勘探的突破需要一种创新的思维模式的指导。多年来，在思维模式和地质理论创新的引领下，国内的地质学家依托有限的资源和落后的工具条件，不断开拓发展了石油地质的理论与实践范畴，在油气勘探及其技术方法上取得了丰硕的成果。

数字盆地本身就是一种针对勘探目标的认知模式表达，因此作为一种信息技术，数字盆地技术与地质理论具有一种相互影响、相互促进的关系。近年来，随着信息化技术的发展，尤其是数据、软件和计算方法的积累与突破，为勘探哲学理论的发展带来了充分的实践基础，这为后期的理论创新和方法突破提供了新的可能性。反之，如何从油气勘探的思维模式出发，从油气勘探智慧产生的方式着手，思考数字盆地的可视化、可量化以知识传递和思维沟通的作用，通过各类软硬件技术与方法的整合，建立地质专家充分认识和分析地质现象的有效工具，通过认知模式的建立来催生和促进行业智慧，是数字盆地理论今后发展的一个重要方向。

11.1　数字盆地的智能化趋势分析

基于前文所述的数字盆地的五个层次（数据模型、地质模型、数学模型、理论模型与智能化），作者认为，数字盆地作为一种信息化解决方案，作为前四层次的信息技术核心，可以分别作如下解释：①数据模型层是全盆地数据资源接口，它实现各专业和平台信息导入；②地质模型层建立不同级别的三维地质数据模型，实现基于地质目标的信息归一化与多尺度融合；③数学模型层是通过全盆地勘探成果集成，通过模拟分析算法建立地下地质对象的可视化表述；④理论模型层是通过提供的多维度可视化交互分析环境，展开全盆地地质对象的空间交互分析实践，从而形成针对油气成藏过程及机理的理论总结。这四个层次构成了数字盆地的理论和递进关系，为了实现四个层次的递进，我们需要知识体系和软件架构来完成数据集成和应用集成，形成一个有机的整体。

数字盆地作为数据、软件和地质模型的载体，为地质专家提供了一种多维度、多学科、多系统的信息集成，为地质专家去反复地认识剖析地质目标提供了交互平台可有效地促进地质研究过程的智能化提升（图11-1）。因此，数字盆地并非一个独立的技术体系，而是与油气勘探活动，尤其是地质综合研究工作紧密结合在一起，所以，要提升勘探工作本身的智能化水平，就要实现数字盆地的向智能化的发展，而这种发展已经不仅仅是技术本身的问题，而是应该将勘探技术、信息技术以及工作模式、思维模式以及专家团队本身纳入到一个体系中来统一考虑。

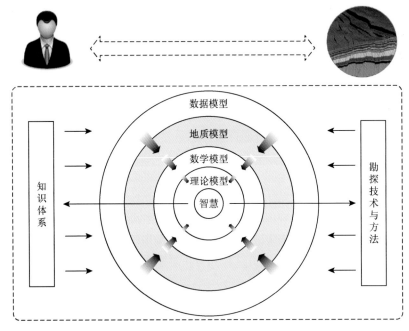

图 11-1　数字盆地促进地质研究智能化提升的主要过程

　　关于数字盆地面向智能化方向的扩展，在前一章节讨论了郭小哲（2011）提出的智慧研讨理论包括三个体系，①专家系统：体现专家的智慧及由专家群体互相交流学习而涌现的群体智慧；②机器体系：利用计算机逻辑分析优势，进行专家智慧的定性到定量转换；③知识体系：用来集成专家及前人的经验知识、相关领域知识、问题求解知识等，还可以由这些知识经过提炼和演化形成新的知识，使得研讨厅成为知识的生产和服务体系。该理论是从钱学森的"智慧综合集成研讨厅"借鉴而来，智慧研讨理论是前人智慧（知识体系）、机器智慧（机器体系）、专家智慧（专家体系）的综合集成，体现了现代智力创新的时代特点和基本出发点。通过剖析了这一理论的设计思路，可以看到其核心是建立包括知识体系、机器体系和专家体系三部分内容的网络虚拟研讨厅，进行专家群体意见的一致性检验和综合集成，达到智慧集成的目的。

　　因此，从这个实现方向作为借鉴，数字盆地的智能化发展也具有三个方向，即数字盆地技术本身的智能化、前人经验的知识化、专家及专家团队智慧整合。

在上一章讨论的内容中，我们针对地质研究、决策支持和工作模式三个重要方向的业务实践，选择了三个数字盆地的技术与功能扩展，实现了将数字盆地的技术体系落实到业务活动之中，而这三个案例本身代表着数字盆地智能化的三个方向。

首先，以"基于有限地质模型的成藏过程模拟"这一案例来探讨如何依托数学模型的设计，将地质理论和地质认识从定性向定量方向落实，实现数据化和工具化。这是基于数字盆地技术本身的智能化发展，即通过模型与算法的改进，引入人工智能或数据挖掘等新技术来提升数字盆地在量化模拟分析上的业务适应能力。

其次，通过"面向'CSI 综合工作法'的知识模型"这一实践案例，探讨数字盆地技术体系如何通过知识表征技术来匹配先进的勘探工作模式。这是一种对前人经验，或者说针对长期历史工作经验形成的工作模式的知识表述技术，通过这种表述，数字盆地技术作为工作模式的一个重要组成部分承担了人与人、流程与流程之间的桥梁，通过针对工作模式流程表述、针对成果模型和成果图档的传递、针对研究主题的体系化整合等知识表述功能，实现了前人经验的知识化。

最后，是将专家与专家，以及不同学科的专家团队之间建立协作模式。通过数字盆地中多种数据、模型和成果的叠加分析功能，通过统一的三维模型提供的交互式环境，通过提供面对面的沟通和交流手段，专家团队之间的协作变得更加紧密和顺畅，专家的智慧将得以有效的催生和发挥。

综上所述，面对更加复杂的地质目标和日趋严峻的行业形势，仅从数字盆地的技术角度提升是不够的，今后数字盆地应用效果的提升，必须引入人的智能和智慧，通过数字盆地来支撑和促进专家的智慧行为，进一步，通过数字盆地技术促进多学科的专家协作配合，通过专家团队的方式建立群体性智能。通过数字盆地技术来将专家团队的智慧与机器智慧，以及基于前人智慧的知识体系融为一体，形成一个具有多种智能因素系统整合的群体智慧模式，是数字盆地向智能勘探发展的重要技术方向。

11.2　油气勘探行业特征对数字盆地的影响

11.2.1　面向地质研究特点的数字盆地

综合而言，作为勘探研究思维的理论总结，可以看到，地质综合研究业务具有横向上的多学科、时间上的全局性和阶段性、方法上的多技术性、成果上的结构性和图示性、决策上的风险性五个方面显著特点。因此，要依托数据盆地技术，建立有效支持地质综合研究的"智能化"，就必须从以上五个特点出发，加强部分关键技术的深入研究和有效应用，这也是我们在设计地质综合研讨厅时的设计思想，这些关键的技术包括：

1. 针对地质研究的学科综合性，建立针对多学科研究成果的有效表述

多学科的地质综合研究重视对勘探对象反复、深入、持久地开展多学科的综合地质研究，从地质学、地球物理、地球化学出发，在构造地质、板块、沉积学、生烃、古生物、层序地层等几个方面综合对盆地整体进行区域性、区带和勘探目标三个层次的研究。因此，数字盆地的设计必须能够实现对上述研究结果有效集成和展示。

2. 针对研究的全局性与阶段性，建立针对地质研究前后过程的表述手段

油气勘探须坚持从全局着眼，整体研究、整体评价。在取全取准第一性资料的基础上，经过认真的综合分析研究，查明其地质结构和构造发展史、沉积史和烃类热演化史，才能选准勘探方向。而在阶段研究中，油气勘探程序分为区域勘探、圈闭勘探和评价勘探 3 个阶段，前一阶段是后一阶段的准备，后一阶段是前一阶段的继续和发展，"阶段不可超越，节奏可以加快"。因此，数字盆地必须提供有效的业务描述能力，能够将地质研究业务上的全局性信息和阶段性主题研究，以有效的信息手段（知识）表述出来。

3. 针对地质研究的多技术综合性，建立多种新技术手段的综合应用

基于勘探研究的技术密集特征，必须把地质研究和综合运用新技术以及两者的紧密结合放在重要地位。多学科的综合研究与各种先进技术手段强化勘探实践，相互参照，相互印证，进而发现油气田。为达到数字盆地的知识碰撞作用，必须建立有效的集成、表达沟通和交互认识的手段，基于新型触摸式的新型信息软件体系，将在这方面具有迫切的应用需求。

4. 针对地质研究的结构性和图示性，建立针对图形化信息的融合模式

正是由于石油地质研究的抽象性和创新性，其勘探研究成果也具有非结构抽象表述和图形表述（即图示）的特点，即目前多数的地质研究过程均以图件和图形作为核心的分析、讨论和决策模式。因此，针对不同学科不同技术产生的图形成果，必须有一种图形化的图形融合模式，通过这种融合模式实现数字盆地中促进交流沟通的目的。

5. 针对地质研究的创新性和风险性，最终建立基于迭代的研讨决策新模式

勘探研究注重提出地质认识上的新思路，即创新思想。需要充分摆脱先

验论的束缚，需要有打破思维定式、创新勘探思路的意识。需要建立勘探目标之间的关联思维，通过综合的勘探项目，使地球物理、地球化学、钻井、测井、录井、油井完井、酸化压裂成为一整套的系统工程。数字盆地的设计，是针对上述技术的整合，在这些技术的基础上，结合软件设计、环境设计、流程设计、制度设计等，最终建立一种新型的研讨工作模式，从而促进地质研讨的过程能够是不断迭代、不断丰富、不断上升的过程，最终充分提升决策的准确性和效率。

11.2.2　面向油气勘探思维模式的数字盆地

油气勘探由于其较为鲜明的行业特点，需要数字盆地建设充分体现和适应这些特点。油气勘探中，我们面临的勘探对象就是一个复杂的系统。浩大的地质空间、漫长的地史演化历程，加上油气的流动性使这一系统变得更加复杂。面对如此复杂的系统，我们的认识带有很大的实践性、探索性和间接性，认识结果具有很强的预测性和不确定性。因此，王根海等（2008）提出，石油勘探的成败除了地质理论和技术方法水平外，更主要取决于勘探者的思维能力。"石油勘探思维有其特殊的思维特征，是各种逻辑和非逻辑思维方法的综合，形象思维和抽象思维的集合，辩证分析和系统思维的结合，一般模式识别和个别特征类比的结合"（王根海，2008）。其中，形象思维、辩证思维和模式类比是石油勘探中应用广泛的思维方法。这些思维的最终目的就是使地质人员知己知彼，正确认识客观对象的地质特征，正确获取和利用信息，以达到对勘探目标的客观评价，减少决策失误提高勘探效益。

首先，石油勘探思维过程包括两个阶段：从个别到一般的抽象思维阶段和从一般到特殊的辩证思维阶段。而辩证思维是相对于抽象思维而言的，是思维活动由抽象上升到具体的高级阶段。辩证思维是石油勘探中一种重要的理性思维方法。辩证思维探索事物的特殊性，是从矛盾关系分析入手去把握事物的分析方法。辩证思维目标是揭示事物内部各要素的对立统一关系，揭示事物内部的矛盾运动，揭示事物发展和转化过程。归纳和演绎是辩证思维的重要体现。在油气勘探过程中，辩证思维体现在四个原则上。

（1）特殊性原则：把石油地质学的普遍规律与本地区地质特殊性相结合，借助模式但不照搬模式，特殊性就是创新。

（2）全面性原则：辩证思维是一种以整体观为核心，把系统中各种因素整合在一起，进行系统的、全面的、整体的分析，对整体与局部、内因和外因、动态与静态、主要与次要矛盾、一般性和特殊性进行思考，深刻理解事物本质。

（3）历史性原则：从发展变化的观点去分析事物。针对新的技术新的信息产生重新认识，勘探过程就是一个对自我能力和勘探对象反复认识和不断深化的过程。

（4）实践性原则：要敢于实践、善于实践。

其次，在油气勘探中，形象思维和抽象思维结合是勘探研究的主要特征。其自始至终贯穿着形象思维和抽象思维反复交替的创造性思维。首先利用地质、地球物理、地化、钻井和实验分析手段观察分析综合各种信息，通过形象思维建立四维地质图景，然后在此基础上利用逻辑能力和抽象思维对地质目标进行理性综合，理解归纳上升为石油地质概念，最后通过形象思维使概念形象化完成制图和三维建模。因此，在数字盆地的建设中，我们要提供用户三维地质模型供用户浏览剖析，最终形成地质理论，然后通过这种理论的模型化建立数学模型，进而通过数学模拟来改进地质理论，进而修正地质模型，这种反复交替的过程，其本质是油气勘探的形象思维与抽象思维结合的过程。

最后，是通过模式和类比来进一步确定研究的目标。类比是针对两个事物某些相似点进行比较，是一种从个别到个别的推理方法。这种举一反三，很大程度上就是积累了大量成功与失败案例，使之成为类比的模式基础。

综上所述，数字盆地的建设，本质上是提供一种可视化和智能化工具，是一种为思维模式定制的分析工具。它提供一个场景供地质专家以形象化和抽象化的方式来探索地质理论，以智能化技术来提供不同地质理论之间的模式匹配和模式类比，从而摸索和寻找油气的成藏机理和地质理论。

11.2.3 面向勘探专家智慧的数字盆地

智慧其实就是人的思维能力。知识和智慧是两个不同的概念，一个具有广博知识的人不一定具有很高的智慧，同样一个具有很高智慧的人也不一定具有很广博的知识。当前，"知识就是力量"的错误造成了填鸭式教育成果。实际上，单凭知识并不能使人具有生命力和竞争力，知识仅仅是一种资源，庞大的知识是一个数据库，知识本身不是力量，知识只有在被合理利用的时候才被转化为力量。因此，衡量一个人的智慧，取决于思维的能力。知识是静态的，而思维是的动态的；知识是封闭的，而智慧是开放的。

油气勘探中的地质研究作为一种复杂的思维活动，是需要以智慧来工作的。

石油勘探以发现油气为目的。要达到这一目的，必须正确认识地下油气田的形成和分布的规律，其实还要具有达到目的的各种技术和方法。对于石油勘探来说，勘探的方法和手段越强大，从地下获取的信息越多。在经济和技术快速发展的今天，也许，我们不缺少人力、资金、信息和知识，在影响勘探成败的各种因素中，更重要的是创造性思维，创造性思维可以带来新的技术和方法，带来新的理论的发现和油气的发现（郭元岭，2010）。

石油勘探中，勘探者找油水过程中要解决一系列复杂的问题：油气田形成的条件是什么？其形成过程如何？油气田分布的规律如何？形成的条件如何？形成的过程等。面对复杂的对象，勘探者面临一大堆的矛盾，其中主要矛盾是主管和客观的之间的矛盾。为什么不同的人对同一事物具有不同的认识？如何使自己的主观认识正确反应客观对象的本质和规律？解决这些矛盾的途径就是要有正确的认识方法和思维方法。

因此，王根海等（2008）认为，在石油勘探者的大脑里，储存了一颗颗记忆树，有含油气盆地的记忆树、油气藏记忆树、地层记忆树等成百上千颗记忆树，每一颗记忆树上长满了国内外各种类型的含油气盆地、油气藏类型以及各种地质年代特征等树枝和绿叶……。当我们思考时，大脑就会帮助我们将不同的记忆树联系在一起，通过不同的记忆树将相似的信息链接起来。正由于这种连接，我们才会有分类、类比、演绎、归纳、联想、想象等思维活动。当研究一个油气藏时，我们可能要将含油气盆地记忆树、油气藏记忆树、地区油气特点记忆树、海相或陆相油气记忆树等连接起来进行思维。或者说，大脑是一台复杂的计算机，不仅可以按设计进行逻辑思维，也可以进行直觉灵感等创造性思维。

在油气勘探的研究工作中，创造性思维是一项非常重要的思维模式，"只有很少的地质学家具有创造性素质，能把握含糊混杂的数据，并由此推断和得出有油的新想法。根据保守估计，20 位地质学家只有一位能够找到石油"（Rush Sheldon Knowles，1983），同时，要针对大量不确定的信息展开创造性的思维绝非易事，这需要对复杂数据的梳理和分析能力，"一般石油地质人员他们只是数据的保管员和操作员，在他们思维中，这些数据是静态的、孤立的，而在具有创造性思维的勘探者思维，这些数据是动态的、相互关联的，他们将这些数据和信息结合他们的经验和知识，把各种表面上似乎不相关的事物联系起来，通过想象在脑海中组合成油气藏的图景"（Edward A.Beaumont，1999）。当然，依托有限数据构建对地质目标的认知是一项极其复杂的脑力活动。但是，随着计算机技术不断发展，依托数字盆地技术中数据组织、知识管理、地质建模和盆地模拟技术的应用，通过数据明确地下地质构造和油气展布已经不是困难，这个时候，如何在数字盆地的数据集成基础上，通过不同专业和不同领域的专家有效协作，实现对地下地质理论和规律的更为有效地推导和把握，是数字盆地在今后更为重要的任务，从这个意义上说，数字盆地其实是提供了一个环境，对地质目标模拟和分析的环境，通过这个环境实现不同领域专家智慧的融会贯通。

11.3　智能化勘探的发展分析

11.3.1　智能勘探的技术框架

若要探讨智能勘探的未来技术框架，便要理清石油行业中各个业务环节的智能化实施策略，这需要从业务和信息两个角度一起剖析油气勘探行业的技术本质。

1. 油气勘探的智能化是信息技术的智能化发展

国内外油气公司针对油气勘探业务流程做了长期的梳理，对其特点从各个角度做出了定义和描述，如本书绪论部分中关于埃克森美孚的盆地油气勘探的业务体系图中，从勘探规划到油藏评价的流程中，充分体现着业务的智能化的过程。这种智能化体现在两个方面，一个是数据的智能化过程，即数据的应用是一个从数据、信息，到知识的加工提炼过程。数据的应用是利用数据进行认识和分析油气目标，进而形成针对油气藏的认识，并最终成为业务解决方案，指导油气生产和研究的过程；另一个是软件的智能化，油田数据应用是通过软件工具实现，软件根据地质理论提供数据的模型化和可视化，油田业务是针对地下地质状况和油气藏现状进行预测和分析的过程，是一个根据探测的数据，通过软件不断加深对地下地质认识的过程。

因此，从信息技术本身来看，所谓的油气勘探的智能化，就是通过数据处理技术和软件功能的深化来推进数据集成与软件集成，实现从勘探业务从自动化向智能化发展。油田数据最终是要形成一个完整的数据模型并通过软件以可视化的方式来表述地下地质概况，进而通过智能化信息技术实现部分过程的自动化模拟计算与评价，从而提供油气工作者直观认识地质对象的丰富手段。

2. 油气勘探的工作流程和思维模式代表着油气勘探的智慧

国内针对油气勘探智慧的研究与探索也是历史悠久，油气勘探本身有着清晰的勘探系统和勘探程序的思维与工作模式。如在胜利油田的勘探业务体系中，由生产与科研过渡到第二层次的勘探过程管理，再到最核心的勘探决策。我们可以发现，勘探业务的过程，就是依托有限信息进行分析判断，从而不断接近勘探目标的地质事实的过程。例如，从勘探生产过程，勘探研究过程，勘探管理过程，最终到勘探决策过程，虽然工作内容并不相同，但其实是在不断的梳理和凝练一种对地质目标的认识，而这种地质认识最终以概率和量化指标表述，通过层层的抽象，最后形成针对地质目标的描述，因此，油气勘探的本质就是从数据的分析到知识的创造。

综上所述，基于数字盆地的发展，在逐步与油气勘探业务深度融合之后，便是广义的数字盆地概念，这种广义的数字盆地概念在一定意义上等同于智能勘探体系。

基于本书前述章节较为系统的业务描述，我们可以认识到：油气勘探是一项具有高度复杂性的高风险行业，石油勘探，尤其是地质研究的过程需要流程化和形象化的逻辑思维，也需要创新性和抽象性的抽象思维。当前，智能勘探乃至智慧勘探技术体系的提出，便是顺应了胜利油田的快速勘探、高效勘探的需求。

落实到智能勘探的技术框架，首先便要解释什么是数字化、什么是智能化、什么是智慧化？这三者有什么关系？从信息系统角度来分析，传统的数字化实际是一种对业务活动的数据化表述，通过数据采集和管理建立对勘探活动的认识，形成对勘探目标的系统化数据管理和文字化、图形化展示，这被称为数字化；数据通过软件模块被处理和加工，通过各类数学模型和算法，通过自动化或人工智能技术，实现含油气盆地地质过程的模拟、分析与评价的过程，这被称为智能化；而智慧却是一种较高层次的智能，是能够综合运用各类智能化方法和工具，做出基于业务角度最合理的判断与结论，被称为智慧，到目前为止，国内针对智慧的讨论并不清晰，但有一点共识就是，目前油气勘探的智慧，更多的是存在于专家以及专家团队的决策之中。

基于这种认识，智能勘探的信息技术框架，就是一个从数据到决策支持的多层框架体系，从业务目标角度，其建设策略是以业务目标为出发点的信息技术的持续整合；从技术创新角度，其目标是多学科多因素交融的智慧系统。因此，数字化、智能化和智慧化其实是油气勘探发展的不同丰富程度，其本质就是以人——即业务专家智慧为起点，应用信息化技术建立的机器智能，针对勘探目标进行反复和持续认识的过程。

在智能勘探的设计与思考中，我们不能回避先进技术和关键技术的作用。随着近年来信息技术与互联网技术的发展，云计算、大数据、物联网和移动计算等新技术不断应用到油田的勘探生产和地质研究中，那么，什么才是数字油田的关键技术？要回答这个问题，首先要明白针对业务目标这些技术有什么作用。在国家 863 计划"数字油气田关键技术研究"的实施中，我们设计了数字油田的软件框架，但如国内大多数油田的软件框架一样，存在过多注重信息技术而忽略了与业务相关的功能体系设计的问题。这种偏离是目前信息化建设中普遍存在的问题，由于偏离了业务需求，整体技术框架便缺失了目标，导致技术框架存在内容空虚的问题。因此，一个优秀的面向特定业务的软件技术框架，需要在数据模型和软件架构基础之上，有一个业务智能化的技术层面，实现软件技术与业务的有效衔接，这就需要我们展开油气勘探的业务层，丰富其内容，形成信息与业务之间的桥梁（图 11-2）。通过细化技术框架内容，这部分可以重新细化为四个部分，①油气知识管理平台：信息组织；②数字盆地支持平台：业务认知；③智能业务协同平台：模拟分析；④智库系统决策中心：决策指挥。

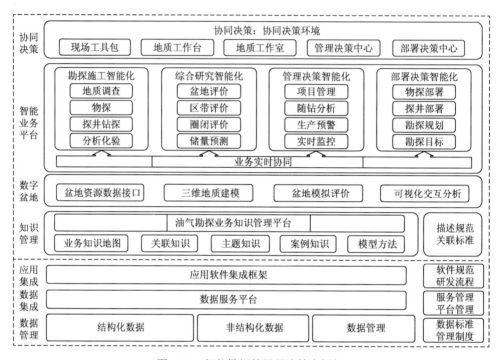

图 11-2　智能勘探的四层次技术框架

　　第一个层次，也是最基础的层次是油气勘探知识管理平台。这是在信息集成和软件集成基础上，建立的针对勘探业务的主题化表述，其内容，就是本书第六章所叙述的"信息组织与知识表征模型"，其内容包括业务知识地图（图谱）、关联知识、主题知识、案例知识和模型方法知识，即前文所述的"5K 知识模型"。

　　第二个层次是数字盆地。盆地是含油气系统中最大的地质单元，油田是组织勘探、生产的实体单元。数字盆地关注于地下多尺度地质元素集中管理和图形化表达，建立全盆地的交互分析环境，提供油气勘探研究、分析和决策的基础平台。

　　数字盆地技术作为智能勘探理论的核心可划分为四个部分，分别是全盆地数据资源接口：实现各专业和平台信息导入；三维地质数据建模：实现信息归一化与多尺度融合；全盆地勘探成果集成：实现地下地质对象的可视化表述；全盆地可视化交互分析环境：实现全盆地地质对象的空间交互分析。目前的数字盆地从三个方面实现信息集成：传统成果集成、地面为核心的三维集成和地下为核心的三维集成。未来的数字盆地将逐步形成地面地下一体化、地质与工程一体化的全三维地质模型集成，成为勘探研究与管理的基础平台。

数字盆地第一部分实现数据接入，第二部分实现地质模型，第三部分是实现模拟分析模型，达到地质研究成果的定量化、可视化和知识化。

如何理解定量化、可视化与知识化呢？前文中提到"石油在地质学家的脑海中"这句话，说明油气勘探的成功来自于地质学家的创新认识。但是面对同样的勘探目标，不同地质学家脑海中的认识差异是不可见的，也是难以对比的，因此，存在一个如何评判不同地质学家对相关地质机理认识的正确性问题、存在一个专家智慧如何沟通和共享问题、存在一个专家经验如何表述和传递问题等。在这里，我们通过这一层次的智能业务协同平台，实现将地质认识从定性描述，转化为地质过程量化表述；将地质理论的文字描述，转换为可模拟运算的数学模型；将概要性模糊表述的文字与图形，转化为更为直观的三维可视化场景，这一系列的协同平台技术实现，形成了一个全新的业务表述工具和协同模式，这种全新的工作模式将逐步的实现隐性知识到显性知识的转变、实现专家个人想法到多学科团队认识的转变、实现个体专家知识经验，到建立行业思维模式和建设框架的转变。

数字盆地第四部分为"可视化交互分析"，就是解决这种思维模式的工具化问题。智能业务协同平台针对从地质综合研究到建模，到含油气系统模拟与评价，到圈闭评价，到油气资源评价的全部地质过程。其主要内容包括四个组成部分，第一是盆地知识工具，实现含油气盆地内多学科的研究成果的知识化管理；第二是数学地质模拟工具，针对地质构造演变、沉积、剥蚀、地热、地压，生排烃、油气运移与聚集等专业化过程，提供智能化的模拟算法与数学模型；第三是针对各研究环节的成果设计的分析评价模型、预测决策模型等。上述三种工具体系用于提供勘探各环节的智能化分析。

第三个层次为智能业务平台，它是从勘探施工、地质综合研究、生产管理决策和部署决策四个环节的业务活动的功能块，该层次是以一个石油地质研究协同平台作为四部分业务的底层，用以实现各团队中智能化业务的有效协同，这种协同包括两个方面，一个是纵向层次协同：建立纵向信息快速流转机制，实现勘探施工→地质研究→勘探管理→勘探决策全过程的信息实时、全面传递；另一个是横向流程协同：建立同层面的管理沟通，实现针对同一研究主题的决策过程能够在多学科分析中快速流转，促进理论认识不断迭代提升。

第四个层次，即智能勘探框架的最高一层，我们称为智库系统，即智慧化的决策中心。智慧化决策中心设计是以"人"（团队）为核心的智能化目标解决方案，形成信息、知识、工具与方法的综合应用。

如图 11-3 所示，智能化的决策中心具有以下四个特点：首先是业务知识体系的建立，形成了业务背景，使我们的研究和管理能够从盆地区带到圈闭这样一个宏观的、历史的、系统的角度来看待问题；其次是场景实时动态支持，即勘探最新的生产动态、研究动态、流程变更都会实时反映到决策中心，保证决策的针对性；再次是智能交互分析，通过提供不同粒度的预测模型、预警模型、决策模型，提供三维交互分析环境，使复杂问题简单化；最后是团队的智慧协作，通过多学科协同、沟通和交流技术等信息交互技术的设计，实现从个人决策到团队决策的转变，让个人的智慧形成了团队的智慧，这就是未来的智能决策中心的新模式。

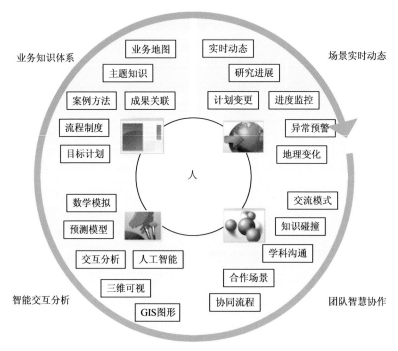

图 11-3　智能化决策中心

11.3.2　智能勘探的创新思维

智能勘探的创新思维，就是建立多学科、多因素共同作用的支持系统，油气勘探工作的核心在油气地质理论的创造和创新，勘探活动本身就是知识收集和知识创造的过程。因此，油气勘探的认识过程就是认知、归纳、创新、决策的循环提升过程，油气勘探的思维模式就是总结归纳的创新过程。

我们来以胜利油田勘探决策支持模式这一最高层次来探讨智能勘探的创新模式。我们知道，传统基于"春、秋季论证会"的决策管理模式沿用至今，确保了胜利油田长期的增储上产，非常行之有效。但是，随着信息技术和管理模式的演变，这种传统决策管理模式永远行之有效吗？要回答这个问题，我们就要做一个分析，原有决策模式行之有效原因是什么？继而，可以探讨现今科研决策中沟通的要求，以及现今研究决策和管理决策模式的发展方向如何。

原有决策模式行之有效的原因是什么？是综合集成研讨厅理论指导下的知识、机器与人的有效结合，是如何在有限资源下充分发挥系统性和整体性的组合优势。原有决策模式依赖的原因是什么？同时，我们不得不承认，胜利油田原有的"春、秋季论证会"模式恰恰是信息与沟通支持技术严重不足导致的，由于网络与数据组织技术的匮乏，我们提供不了不同地理位置的各学科专家进行远程讨论，也无法提供全面的信息和针对主题定制的模型和场景，因此必须建立多专家现场会议的模式，通过面对面进行基础信息的交流。那么，现今科研决策中沟通的要求是什么？可以归结为三点，那就是信息组织，实现针对研讨主题的信息快速定制；快速交互：实现各专家能够针对问题，基于统一的模型和场景展开直观的讨论和交互操作；快速迭代：在决策中，提供思考和解决问题的流程记录，通过多次重复讨论实现同一主题多次迭代，使得认识不断的加深。基于上述的思考，我们可以得出现今研究决策和管理决策模式，那就是依托实时信息组织，针对问题发展随时随地地伴随决策，同时，在决策中，能够通过多学科多专家的协作实现团队智慧。

因此，面对快速交互，快速迭代的要求，面对实时信息、伴随决策和团队智慧的要求，新的决策模式要求我们从组织流程、信息管理、智能方法上改进；要求我们针对快速决策、高效决策、实时决策的要求，针对决策建立扁平化支持模式，通过组织流程、交互模式、软件支持和场景设计四个方面，形成新型的管理决策技术理论（图 11-4）。

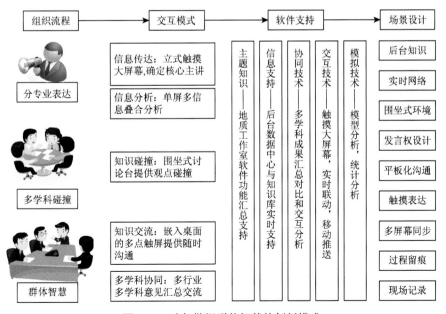

图 11-4 油气勘探群体智慧的创新模式

首先，针对一项业务，我们在组织流程上划分多个流程；针对这种流程在人机交互模式上，确定信息传达、分析、知识碰撞、沟通、协同模式；针对这种交互模式，要确定相关的软件技术；针对软件的应用，要确定应用的配套场景、配套网络、软硬件和数据库、知识库体系。在这种综合思想下建立的新决策模式，通过前人知识的集中实现了知识传递，通过二、三维图形和交互模式实现了高效交流，通过多学科分析评价模型实现了智能决策。

数字勘探、智能勘探、智慧勘探是勘探信息化建设的不同时期，数字勘探以数据为中心，智能勘探以业务为中心，智慧勘探以人为中心。因此，油气勘探业务的智能化程度，取决于数字油田中数字化、智能化、智慧化支持技术形成的有机整体，他们是数字勘探发展的不同阶段。

数字盆地，或者更为宏观上的智能勘探，其本质是一个行业各因素相互影响、共同运转的复杂系统，这个系统的整体效率的提升与突破，不仅仅是局部的技术革新和方法革新，更需要从目标出发的一种系统思维来看待其发展，需要明确目标突破所需要的系列技术改进和方法改进。因此，作为信息人员，我们提出了"智能勘探是业务思维领导下的新技术革新"这一论点作为数字盆地理论后期发展的指导。这一理论及其实践活动的推进，需要业务专家和信息专家共同合作，密切结合，以一个整体来推动这一技术革新，助力油田勘探的长远发展。

同时，正如华为公司的任正非指出的"华为之所以能取得今天的成绩，就是因为十几年来认认真真、恭恭敬敬地向西方老师学习科学管理，真正走上了西方公司走过的路。这是一条成功之路、必由之路。"（程东升，2016）我想这也清楚地指出了石油地质行业的信息化技术发展的路线，那就是充分借鉴国内外高效的技术与管理经验，形成科学而务实的技术路线。我们也应该看到，无论国内还是国外，优秀的勘探信息化实践，不是依靠某一项独立的技术，也不是找到了一条技术捷径，而是在系统发展的宏观规划之下，依靠大量的关键环节集成与整合，快速有效地打通一个个业务流程，通过这样的系列化突破，依靠一步步的基础积累逐步构建形成稳固而有效的信息支撑体系。因此，作为信息技术人员，不仅应有引入新技术引领行业变革的想法，更应该针对这个行业特征一步步的建立系统的、科学的可持续的技术框架和技术路线，这是油气勘探智能化发展的基本规律。

油田勘探的信息化建设，其最朴实的方法，也许就是最快的方法。

11.4　本　章　小　结

本章探讨数字盆地的深化建设，以及如何向智能勘探迈进的问题。

数字盆地作为数据、软件和地质模型的载体，为地质专家提供了一种多维度、多学科、多系统的信息集成，为地质专家去反复的认识剖析地质目标提供了交互平台。因此，数字盆地并非一个独立的技术体系，而是与油气勘探活动，尤其是地质综合研究工作紧密结合在一起，所以，要提升勘探工作本身的智能化水平，就要实现数字盆地向智能化的发展，而这种发展已经不仅仅是技术本身的问题，而是应该将勘探技术、信息技术以及工作模式、思维模式以及专家团队本身纳入到一个体系中来统一考虑。

本章针对行业特点剖析了数字盆地在行业环境下的需求发展方向。首先面对地质研究活动的业务特点对数字盆地技术体系发展的影响；其次针对勘探思维模式的特点的剖析，确定了数字盆地在形象思维、抽象思维和辩证思维，以及模式类比等思维模式上的支持；最后是针对专家本身的工作智慧，进一步探讨了数字盆地的支持模式。本章较为系统地从技术框架和创新思维两个方面对智能勘探的本质做了思考和阐述，提出了"智能勘探是业务思维领导下的新技术革新"的智能勘探定义。

参 考 文 献

安小米. 2012. 知识管理方法与技术. 南京：南京大学出版社.

蔡睿妍. 2012. 基于 Kinect 的多点触控系统的设计与实现. 电脑知识与技术，08（16）：3987-3989.

蔡希源. 2012. 油气勘探工程师手册. 北京：中国石化出版社.

陈克强. 2011. 地质图的产生、发展和使用. 自然杂志，33（4）：222-230.

陈强，王宏琳. 2002. 数字油田：集成油田的数据、信息、软件和知识. 石油地球物理勘探，
　　37（1）：90-96.

陈新发，曾颖，李清辉. 2008. 数字油田建设与实践：新疆油田信息化建设. 北京：石油工业出
　　版社.

陈新发，曾颖，李清辉，等. 2013. 开启智能油田. 北京：科学出版社.

程东升. 2016. 华为三十年. 贵州：贵州出版社.

崔建国. 2011. 东营凹陷南斜坡西段孔——沙四下亚段红层成藏特征. 中国石油大学胜利学院
　　学报，25（1）：4-6.

戴汝为，王珏，田捷. 1995. 智能系统的综合集成. 杭州：浙江科技出版社.

邓志鸿，唐世渭，张铭，等. 2002. Ontology 研究综述. 北京大学学报（自然科学版），38（5）：
　　730-738.

丁贵明，张一伟，吕鸣岗，等. 1997. 油气田勘探工程. 北京：石油工业出版社.

丁家永. 1998. 知识的本质新论——一种认知心理学的观点. 南京师范大学学报：社会科学
　　版，（2）：67-70.

杜睿山，尚福华，吴雅娟. 2010. 基于本体的石油开发领域知识构建研究. 科学技术与工程，
　　10（19）：4656-4662.

段鸿杰. 2003. 胜利油田信息化框架构建研究. 东营：胜利油田博士后流动站出站报告.

段鸿杰. 2004. 数字油田——从理论到实践. 数字化工，（09）：11-13.

高长林，何将启，黄泽光，等. 2009. 中国油气盆地研究新阶段：数字盆地. 石油实验地质，
　　31（5）：433-440.

高志亮，等. 2001. 数字油田在中国：理论、实践与发展. 北京：科学出版社.

高志亮，高倩，等. 2015. 数字油田在中国-油田数据工程与科学. 北京：科学出版社.

龚建华，李文航，马蔼乃，等. 2013. 地理综合集成研讨厅的方法与实践. 北京：科学出版社.

郭秋麟，宋国春，曾磊，等. 2001. 圈闭评价系统（TrapDEM2.0）. 石油勘探与开发，28（3）：
　　41-45.

郭小哲. 2011. 油气科技创新思维决策及战略管理. 北京：中国石化出版社有限公司.

郭元岭. 2006. 成熟探区勘探地质风险评价——以济阳坳陷为例. 油气地质与采收率，13（5）：
　　94-97.

郭元岭. 2010. 油气勘探发展规律及战略研究方法. 北京：石油工业出版社.

郝石生，柳广弟，黄志龙，等. 1994. 油气初次运移的模拟模型. 石油学报，15（2）：21-31.

何生厚，肖波，毛峰，等. 2005. 石油企业信息化技术. 北京：中国石化出版社.

胡军. 2006. 知识论. 北京：北京大学出版社.

黄保翁、陈酉玫、李杨. 2011. ASP. NET MVC 2 开发实战. 北京: 电子工业出版社.

黄伟恺, 陈岭, 陈根才. 2011. 基于多点触控桌的多用户协同地图浏览与决策. 东南大学学报:
自然科学版, 40（z2）: 242-247.

姜振学, 庞雄奇, 曾溅辉, 等. 2005. 油气优势运移通道的类型及其物理模拟实验研究. 地学前
缘, 12（4）, 507-515.

景瑞林. 2012. 石油天然气勘探开发数据标准体系研究. 标准科学,（4）: 42-46.

孔凡群, 李亚辉. 2000. 永 8 地区断层控油作用研究. 石油勘探与开发, 27（6）, 12-13.

李道银, 余忠凯, 田海. 2007. 数字油田应用系统建设构想. 石油天然气学报, 29（03）: 324-326.

李国辉, 汤大权, 武德峰. 2003. 信息组织与检索. 北京: 科学出版社.

李虎. 2008. 基于 RBAC 的二维访问控制模型设计. 中国高新技术企业, 20（20）: 123.

李剑锋, 等. 2006. 数字油田. 北京: 化学工业出版社.

李立平. 2010. 基于数据挖掘的勘探随钻分析系统. 上海: 上海交通大学硕士学位论文.

李曼, 王琰, 赵益宇, 等. 2005. 基于关系数据库的大规模本体的存储模式研究. 华中科技大学
学报: 自然科学版, 33（1）: 217-220.

李明诚. 1994. 油与天然气运移. 第二版. 北京: 石油工业出版社.

李清辉, 文必龙, 曾颖. 2008. 数字油田信息平台架构. 北京: 石油工业出版社.

李伟忠, 刘明新. 2009. 数字油田、数字油藏与数字盆地特征分析. 东北石油大学学报, 33（1）:
8-11.

李振, 曹谢东, 李世齐. 2006. 基于 CORBA 的异构油气田信息系统集成与数据交换. 计算机应
用研究,（12）: 236-238.

廖明光, 等. 2011. 油气地质与勘探概论. 北京: 石油工业出版社.

林毅夫. 2011. 新结构经济学——重构发展经济学的框架. 经济学, 10（1）: 1-32.

凌云翔, 张国华, 李锐, 等. 2010. 基于多点触摸的自然手势识别方法研究. 国防科技大学学报,
32（1）: 127-132.

刘传虎, 韩宏伟, 高永进. 2011. 陆相红层沉积、成藏与勘探实践——以济阳坳陷为例//第四届
中国石油地质年会.

刘娜, 刘超. 2008. 纯梁地区沙四段滩坝砂油藏特征及勘探方法探讨. 内江科技, 26（1）: 84-85.

刘志锋, 魏振华, 吴冲龙, 等. 2010. 基于角点网格模型的"迷宫式"油气运聚模拟研究. 石油
实验地质, 32（6）: 596-599.

龙飞. 2014. 勘探井位部署论证辅助决策支持系统研究与应用. 断块油气田, 21（1）: 49-52.

罗晓容. 2004. 油气成藏动力学研究之我见. 天然气地球科学, 19（2）, 149-154.

马涛, 许增魁, 王铁成, 等. 2010. 数字油田软件系统架构研究. 信息技术与信息化, 41-45.

毛小平, 吴冲龙, 袁艳斌. 1999. 三维构造模拟方法——体平衡技术研究. 地球科学-中国地质大
学学报, 24（5）: 506-508.

庞雄奇. 2003. 地质过程定量模拟. 北京: 石油工业出版社.

庞雄奇, 李丕龙, 张善文, 等. 2007. 陆相断陷盆地相-势耦合控藏作用及其基本模式. 石油与天
然气地质, 28（5）, 641-652.

庞雄奇, 张一伟, 等. 2006. 油气田勘探. 北京: 石油工业出版社.

钱学森, 于景元, 戴汝为. 1990. 一个科学的新领域——开放的复杂巨系统及其方法论. 自然杂
志, 13（1）: 3-10.

邱中建，龚再升. 1999. 中国油气勘探：第一卷 总论. 北京：石油工业出版社.

石广仁. 2004. 油气盆地数值模拟方法. 第三版. 北京：石油工业出版社.

时念云，杨晨. 2007. 基于领域本体的语义标注方法研究. 计算机工程与设计，28（24）：5985-5987.

宋国奇. 2002. 多因素油气聚集系数的研究方法及其应用. 石油实验地质，24（2）：168-171.

宋国奇，隋风贵，赵乐强. 2010. 济阳坳陷不整合结构不能作为油气长距离运移的通道. 石油学报，31（5）：744-747.

孙旭东，吴冲龙，陈历胜. 2015. 油气地质综合研讨厅的设计思路与关键技术. 石油实验地质，37（3）：383-389.

孙旭东，周霞，陈述腾，等. 2012. 油气成藏数模系统企业级软件框架设计. 油气地球物理，10（1）：8-12.

田涛，吴春波，等. 2012. 下一个倒下的会不会是华为. 北京：中信出版集团.

田宜平，毛小平，张志庭，等. 2012. "玻璃油田"建设与油气勘探开发信息化. 地质科技情报，31（6）：16-21.

童晓光，何登发，等. 2001. 油气勘探原理和方法. 北京：石油工业出版社.

王德鑫，张茂军，熊志辉. 2009. 多重触控技术研究综述. 计算机应用研究，26（7）：2404-2406.

王根海. 2008. 石油勘探哲学与思维. 北京：石油工业出版社.

王洪伟，吴家春，蒋馥. 2003. 基于描述逻辑的本体模型研究. 系统工程，21（3）：101-106.

王辉. 2006. 数字油田建设与实践. 数字石油和化工，（12）：10-14.

王权. 2003. 大庆油田有限责任公司数字油田模式与发展战略研究. 天津：天津大学硕士学位论文.

王权. 2004. 油田信息化的新阶段——数字油田时代. 数字化工，（9）：1-3.

文必龙，王守信，文义红. 2004. 一个基于 XML 的数据交换模型. 大庆石油学院学报，28（2）：65-68.

文必龙，肖波，陈新荣. 2012. 石油勘探开发数据元管理技术. 大庆石油学院学报，36（1）：83-87.

吴冲龙，林忠民，毛小平，等. 2009. "油气成藏模式"的概念、研究现状和发展趋势. 石油与天然气地质，30（6）：673-683.

吴冲龙，刘刚，田宜平，等. 2014. 地质信息科学与技术概论. 北京：科学出版社.

吴冲龙，刘海滨，毛小平，等. 2001. 油气运移和聚集的人工神经网络模拟. 石油实验地质，3（2）：203-212.

吴冲龙，毛小平，田宜平，等. 2006. 三维数字盆地构造——地层格架模拟技术. 地质科技情报，25（4）：1-8.

吴冲龙，毛小平，王燮培，等. 2001. 三维油气成藏动力学建模与软件开发. 石油实验地质，23（3）：301-310.

吴东胜，时德，孔垂显. 2005. 基于 GIS 的油气勘探集成系统的研究. 长江大学学报（自科版），2（1）：68-71.

吴欣松. 2001. 油气田勘探. 北京：石油工业出版社.

肖波，文必龙，邵庆. 2014. 基于业务模型的油气勘探开发数据标准体系设计. 东北石油大学学报，38（4）：86-91.

熊才权，李德华. 2006. 面向复杂问题求解的综合集成研讨厅技术研究. 湖北工业大学学报，21（4）：58-61.

徐大伟，杨丽萍，焦学理. 2012. ASP. NET 应用开发案例教程——基于 MVC 模式的 ASP. NET+C#+ADO. NET. 北京：清华大学出版社.

徐会建. 2011. 大庆油田勘探项目管理体系再造研究. 长春：吉林大学硕士学位论文.

许增魁，马涛，王铁成. 2012. 数字油田技术发展探讨. 中国信息界，225（9）：28-33.

杨传书，赵金海，张克坚. 2011. 新版 WITSML 井场数据交换标准特征及应用分析. 石油工业技术监督，27（12）：36-40.

杨起. 1996. 中国煤变质作用. 北京：煤炭工业出版社.

杨义忠，王承勇，林淑凤. 1994. 石油主题词表. 北京：石油工业出版社.

野中裕次郎，竹内弘高. 2006. 知识管理的螺旋. 北京：知识产权出版社.

于鑫刚，李万龙. 2008. 基于本体的知识库模型研究. 计算机工程与科学，6（6）：134-136.

袁国铭，李洪奇. 2011. 关于决策支持系统发展综述. 微型机与应用，29（23）：5-7.

袁国铭，陈殊聪，辛盈，等. 2011. 本体构建理论在石油领域的应用研究. 计算技术与自动化，30（03）：113-118.

袁磊，张浩，陈静，陆剑峰. 2006. 基于本体化知识模型的知识库构建模式研究. 计算机工程与应用，42（30）：65-68.

袁满，武峰林，于春生. 2010. 基于混合本体和 Mediator/Wrapper 的语义数据集成模型. 大庆石油学院学报，34（1）：84-88.

翟光明，王玉普，何文渊，等. 2007. 中国油气勘探综合工作法. 北京：石油工业出版社，2007.

詹丽，杨昌明，杨东福. 2007. 中国西部某盆地圈闭地质条件评价方法与模型. 地质科技情报，26（1）：82-86.

张厚福，等. 1999. 石油地质学. 北京：石油工业出版社.

张善文. 2006. 济阳坳陷第三系隐蔽油气藏勘探理论与实践. 石油与天然气地质，27（6）：731-740.

张卫海，查明，曲江秀，等. 2003. 油气输导体系的类型及配置关系. 新疆石油地质，24（2）：118-120.

张文坡，张守昌，陈刚，等. 2012. 辽河数字油田建设探索. 中国信息界，219（7）：48-51.

章勇，吕俊白. 2011. 基于 Protege 的本体建模研究综述. 福建电脑，1（1）：43-45.

赵丰年，曲寿利. 2010. 石油勘探开发数据标准体系分析. 石油物探，49（2）：198-202.

赵杰阳. 2012. 多点触控手势识别算法的研究与设计. 北京：北京工业大学硕士学位论文.

赵文智，何登发，等. 1999. 石油地质综合研究导论. 北京：石油工业出版社.

周德群，方志耕，等. 2005. 系统工程概论. 北京：科学出版社.

周德群，章玲，张立菠，等. 2013. 系统工程概论. 北京：科学出版社.

周霞，申龙斌，孙旭东，等. 2009. 油田探井位部署决策支持系统应用. 勘探地球物理进展，32（4）：299-300.

周霞，申龙斌，孙旭东，等. 2010. 数据库技术在油田勘探井位部署决策中的应用. 中国石油勘探，15（1）：63-66.

周霞. 2010. 油气成藏过程定量模拟软件系统设计. 油气地质与采收率，17（6）：47-50.

朱筱敏. 2008. 沉积岩石学. 北京：石油工业出版社.

Abi-Jaoudeh N，Kruecker J，Kadoury S，et al. 2012. Multimodality Image Fusion-Guided Procedures：Technique，Accuracy，and Applications. Cardiovascular & Interventional Radiology，35（5）：

986-998.

Ahmad S，Simonovic S P. 2006. An Intelligent Decision Support System for Management of Floods. Water Resources Management，20（3）：391-410.

Baker K，Harris P，O'Brien J. 1997. Data fusion：an appraisal and experimental evaluation. Journal of the Marketing Research Society，39（1）：225-271.

Beaumont E A，Foster N H，Vincelette R R，et al. 1999. Treatise of Petroleum Geology/Handbook of Petroleum Geology：Exploring for Oil and Gas Traps. Chapter 1：Developing a Philosophy of Exploration.

Bechhofer S，Harmelen F V，Hendler J，et al. 2004. OWL Web Ontology Language Reference. W3C Recommendation 10 Feb 2004 http：//www.w3.org/2004/OWL，40（8）：25-39.

Benko H，Wilson A D，Baudisch P. 2006. Precise selection techniques for multi-touch screens// Proceedings of the SIGCHI Conference on Human Factors in Computing Systems. New York：ACM.

Berg R R，Gangi A F. 1999. Primary migration by oil-generation microfracturing in low-permeability source rocks：Application to the Austin Chalk，Texas. AAPG Bulletin，83（5）：727-756.

Bhatnagar G，Wu Q M J，Liu Z. 2013. Human visual system inspired multi-modal medical image fusion framework. Expert Systems with Applications，40（5）：1708-1720.

Chen Q，Sidney S. 1997. Seismic attribute technology for reservoir forecasting and monitoring . The Leading Edge，16（5）：445-456.

Cheung W，Leung L C，Tam P C F. 2005. An intelligent decision support system for service network planning. Decision Support Systems，39（3）：415-428.

Constantinos S P，Pattichis M S，Micheli-Tzanakou E. Medical imaging fusion applications：An overview. 2001，2（2）：1263-1267.

Das C，Mohan G，Roy R，et al. 2010. Quo vadis，SaaS a system dynamics model based enquiry into the SaaS industry//Information Management and Engineering（ICIME），2010 The 2nd IEEE International Conference on. IEEE.

Durand B. 1998. Understanding of HC migration in sedimentary basins（present state of knowledge）. Organic Geochemistry，13（1-3）：445-459.

Energistics Inc [EB/OL]. 2015. http：//www.energistics.org.

England W A Mackenzie A S，Mann D M，et al. 1987. The movement and entrapment of petroleum fluid in the subsurface. Journal of the Geological Society，144：327-347.

Erl T. 2009. SOA 服务设计原则. 郭耀译. 北京：人民邮电出版社.

Fielding R T. 2000. Architectural styles and the design of network-based software architectures，Doctoral dissertation. University of California Irvine，64（3）：303.

Fielding R T. 2000. Architectural styles and the design of network-based software architectures. Dissertation：the University of California.

Fowler M. 2002. Patterns of Enterprise Application Architecture. Upper Saddle River：Addison-Wesley Professional.

Gamma E，Johnson R，Helm R. 1994. Design Patterns：Elements of Reusable Object-Oriented Software. Upper Saddle River：Addison-Wesley Professional.

Glaso O. 1980. Generalized pressure-volume-temperature correlations. Journal of Petroleum Technology，32（5）：785-795.

Gruber T R. 1993. A translation approach to portable ontology specifications. Knowledge Acquisition，5（2）：199-220.

Gruber T R. 1995. Toward principles for the design of ontologies used for knowledge sharing. International Journal of Human and Computer Studies，43（5/6）：907-928.

iBatis[EB/OL]. 2006. http：//ibatis.apache.org/.

IBM DW. 2005. Service-Oriented Architecture[EB/OL]. http：//tech.ccidnet.com/.

IBM DW. 2005. SOA and Web Services[EB/OL]. http：//www-128.ibm.com/developerwork/cn/webservices/.

Jeong B K，Stylianou A C. 2010. Market reaction to application service provider（ASP）adoption：An empirical investigation. Information & management，47（3）：176-187.

Josuttis N M. 2008. SOA in Practice：The Art of Distributed System Design. 南京：东南大学出版社.

Josuttis N. 2009. SOA in practice：the art of distributed system design. Nanjing：Southeast university press.

JSON[EB/OL]. 2004. http：//www.json.org.

Knowles R S. 1983. The first pictorial history of the American oil and gas industry，1859—1983. Athens：Ohio University Press.

Kotwal K，Chaudhuri S. 2013. A novel approach to quantitative evaluation of hyperspectral image fusion techniques. Information Fusion，14（1）：5-18.

Kumbhar A，Kulkarni A，Sutar U. 2013. Fusion of multiple features in magnetic resonant image segmentation using genetic algorithm//IEEE International Advance Computing Conference. New York：IEEE.

Lee S，Buxton W，Smith K C. 1985. A multi-touch three dimensional touch-sensitive tablet. Acm Sigchi Bulletin，16（4）：21-25.

Levorsen A I. 1967. Geology of Petroleum. San Francisco：WH Freeman and Company.

Li S，Yang B，Hu J. 2011. Performance comparison of different multi-resolution transforms for image fusion. Information Fusion，12（2）：74-84.

Li X H，Liu T C，Li Y，et al. 2008. SPIN：Service Performance Isolation Infrastructure in Multi-tenancy Environment//Service-Oriented Computing ICSOC 2008，Sydney.

Log4net[EB/OL]. 2002. http：//logging.apache.org/log4net/.

Mackenzie A S，Mann D M，England W A，et al. 1987. The movement and entrapment of petroleum fluid in the subsurface. Journal of the Geological Society，144：327-347.

Martin. Fowler. 2002. Patterns of Enterprise Application Architecture. New Jersey：Addison-Wesley Professional.

Mcguinness D L，Harmelen F. 2004. OWL web ontology language overview. February，63（45）：990-996.

Memcached[EB/OL]. 2003. http：//memcached.org/.

Mercier E，Higgins S. 2014. Creating joint representations of collaborative problem solving with multi-touch technology. Journal of Computer Assisted Learning，30（6）：497-510（14）.

Nakayama K，Lerche I. 1987. Basin analysis by model simulation：effects of geologic parameters on 1D and 2D fluid flow systems with application to an oil Field. Gulf Coast Association of Geological Societies Transaction，37：175-184.

Nicolai M. Josuttis. 2008. SOA in Practice：The Art of Distributed System Design. 南京：东南大学出版社

Noy N F，Fergerson R W，Musen M A. 2002. The knowledge model of Protege-2000 combining interoperability and flexibility//Proc. 2nd Int. Conf. Knowledge Engineering and Knowledge Management. Heidelberg：Springer-Verlag.

Ozkaya I. 1991. Computer simulation of primary oil migration in Kuwait. Journal of Geology，14（1）：37-48.

Papazoglou M P. 2009. Web 服务：原理和技术. 龚玲，等译. 北京：机械工业出版社.

Paul C. Brown. 2009. SOA 实践指南——应用整体架构. 胡键，宋玮，祁飞译. 北京：机械工业出版社.

Pedersen S I，Randen T，Sonneland L. 2002. automaitic fault extraction using artificial ants. SEG Technical Program Expanded Abstracts，21（1）：512-515.

Pratt W E. 1984. 找油的哲学. 钱凯译. 国外油气勘探，（1）：3-6.

RBAC[EB/OL]. 2002. http：//en.wikipedia.org/wiki/RBAC.

REST 和 SOAP[EB/OL]. 2010. http：//www.infoq.com/cn/articles/rest-soap-when-to-use-each.

Richardson L，Ruby S. 2008. RESTful Web Service 中文版. 徐涵，李红军，胡伟译. 北京：电子工业出版社.

Saha A，Bhatnagar G，Wu Q M J. 2013. Mutual spectral residual approach for multifocus image fusion. Digital Signal Processing，23（4）：1121-1135.

Schöning J，Hook J，Bartindale T，et al. 2011. Building Interactive Multi-Touch Surfaces. Tabletops-Horizontal Interactive Displays，14（3）：35-55.

Seely S. 2002. SOAP：XML 跨平台 Web Service 开发技术. 杨涛，杨晓云，王建桥，等译. 北京：机械工业出版社.

Shan F，Xu L. 1999. An intelligent decision support system for fuzzy comprehensive evaluation of urban development. Expert Systems with Applications，16（1）：21-32.

Snell J，MacLeod Ken，Tidwell D，et al. 2005. Programming Web Services With Soap. Oreilly & Associates Inc，7：324-343.

SOA[EB/OL]. 2000. http：//www.soa.org/.

SOAP[EB/OL]. 2002. http：//en.wikipedia.org/wiki/Representational_State_Transfer.

Standing M B. 1947. A pressure-volume-temperature correlations for mixture of california oil and gases. API：Drill. And Produ. Prac.

Storey V C，Dey D，Ullrich H，et al. 1998. An ontology-based expert system for database design. Data and Knowledge Engineering，28（1）：31-46.

Style of WebService：REST vs. SOAP[EB/OL]. 2008. http：//cenwenchu.iteye.com/blog/316717.

Tan K H，Lim C P，Platts K，et al. 2006. An intelligent decision support system for manufacturing technology investments. International Journal of Production Economics，104（1）：179-190.

Tehrani F T，Roum J H. 2008. Intelligent decision support systems for mechanical ventilation.

Artificial Intelligence in Medicine，44（3）：171-182.

Tomai E，Kavouras M. 2004. From onto-geoNoesis to onto-genesis the design of geographic ontologies. Geoinformatica，8（3），285-301.

Vazquez M，Beggs H D. 1980. Correlations for Fluid Physical Property Prediction. Journal of Petroleum Technology，32（6）：968-970.

Webber J，Parastatidis S，Robinson I. 2011. REST 实战. 李锟 等译. 南京：东南大学出版社.

Wu C L，Liu G，Tian Y P，et al. 2014. Geologic information science and technology outline. Beijing：Science press.

Wu C L，Mao X P，Wang X P，et al. 2001. Dynamics model building and software development of 3D reservoir forming. Petroleum test geology，23（3），301-310.

Xinhui Li，Tiancheng Liu，Ying Li，et al. 2008. SPIN：Service Performance Isolation Infrastructure in Multi-tenancy Environment//International Conference on Service-Oriented Computing ICSOC.

Yang B，Li S. 2012. Pixel-level image fusion with simultaneous orthogonal matching pursuit. Information Fusion，13（1）：10-19.

Yuhendra，Alimuddin I，Sumantyo J T S，et al. 2012. Assessment of pan-sharpening methods applied to image fusion of remotely sensed multi-band data. International Journal of Applied Earth Observation & Geoinformation，18：165-175.

后记：用最慢的方式前行

本书关于数字盆地的基本理念和研究框架其实多年前就已基本确定，并且多次在国内数字油田会议上进行汇报分享。虽然其中许多内容并没有完全落地，其实践效果也远远没有达到预期构想，但作为用心之作，我们还是决定将这套技术解决方案的理论和经验在这里系统地阐述出来，供大家批评和指导。

这本编写已久的技术书籍即将出版，作为作者其实压力巨大。我与毛教授本质上都是一名程序员，对于这个领域的技术探索深度有限，因此，我们始终对于石油地质这个行业以及我们遇到的众多行业专家保持着一种深深的敬畏。虽然这本书是最近几年多个大型项目的实践成果，但由于石油地质业务体系的庞大和信息技术本身的繁杂艰难，还是无法避免其中的某些内容有所疏漏。

1996年，我第一次做研发负责人研发"勘探生产动态系统"时，便痴迷于软件研发这个世界上最灿烂和有趣的工作，恍惚间，二十年时光已然飞逝。这些年，我在噼啪敲击之中，既奉献过大量优秀的大型系统，也做过昙花一现的软件。如今回过头来，我发现那些正常运行十余年且依旧强壮的系统，如大型网站内容管理与发布系统、勘探源头采集系统、地质数据迁移系统、勘探辅助决策系统等的共同特点就是：密切的需求沟通和设计分析、反复的重构与迭代、两年以上密集升级与功能沉淀……，虽然这些软件系统都使用了当时最新的架构与编码技术，但从未刻意地追求不切实际的理论与技术创新，现在想想，所谓"近乎偏执地满足行业与用户的需求"，就是优秀软件的本质吧！

近年来，我们似乎开始反复追求国际领先的模型、架构、算法和技术，项目一个比一个复杂，团队一次比一次庞大，承担的任务越来越多。我们开始变得焦虑和急迫，开始急于求成，期待跳跃基础的积累直接进入更高的层次。但现今的一切说明：面对行业软件这种需要全面协同的系统性工程，严谨的学术态度、科学的流程和靠谱的方法才是科学探索必不可少的要素，几乎所有的探索过程和技术积累似乎都是不可跨越的，所有一点一滴的基础工作都是不能忽略的。

随着年龄逐渐地增长，我越来越喜欢用最笨的方式来工作，因为开始觉得，所谓最笨的方式无非就是最慢的方式，可很多时候，放缓前进的步伐，把一个技术和步骤做到极致，坚持一步一步地做下来，我们才能够走得更远。

严格地说，这里提出的数字盆地技术体系仅是一系列关键技术的汇总和整合，这是多年积累和沉淀的必然成果。有太多的人是这个积累过程中需要特别感谢的。

感谢自 1993 年带领我建立油田第一代大型勘探数据库的师傅梁党卫、周霞，你们是我行业生涯的领路人；感谢胜利油田的赵铭海、路慎强、隋志强等行业专家和师傅的多年指导；感谢中国石油大学的李洪奇团队、刘展团队，他们是数字油田知识管理与图形技术的探索者；感谢我的导师吴冲龙教授，将我带进了数字盆地技术研发的核心地带；特别感谢架构师姜志辉，在数字盆地技术发展过程中天才般的表现和感染力；同时感谢中国地质大学（武汉）吴冲龙团队的伙伴们，我们的合作开启了两支团队在数字盆地领域新的发展；感谢胜利油田物探研究院陈历胜、申龙斌、李虎、刘长治、隋国华等团队伙伴们多年的支持，恕我不能一一列举。回过头来看，这些年在我们一起通宵达旦、精益求精的创造中，突破了如此多的勘探信息关键技术。

感谢石油地质专家高瑞祺先生为本书作序，高教授以辽阔的视野和丰富的知识面为本书提出了大量面向专业的修改意见，这是数字盆地阐述能够更落地、更贴近行业的重要一步；感谢长安大学高志亮教授为本书作序，高教授不仅通读本书，也代为修改了近百处概念和描述的不足，其细致与耐心令我们真心钦佩；感谢大庆油田王权为本书作序，王权先生不仅全程跟进本书的设计和编写，而且通过通读原稿不断提出系列修改建议，这是这本书能够最终完成的重要原因。

但正如我的导师吴冲龙所说，石油地质研究需要一种新模式、新思维，而信息化技术将在这里承担重要作用。我想，数字盆地技术的提出和发展，将为国内地质研究探索的提升添砖加瓦，共筑地质信息技术发展的未来。

孙旭东

2017 年 3 月